教育部高等学校电子信息类专业教学指导委员会规划教材

高等学校电子信息类专业系列教材

现代电气
与可编程控制器

三菱PLC原理、架构与开发实践

王阿根　王晰　编著

清华大学出版社

北京

内 容 简 介

本书以三菱 FX$_{3U}$ 型可编程控制器为蓝本,兼顾 FX$_{2N}$ 型可编程控制器,从 PLC 的结构和工作原理、指令的应用和编程的技巧出发,详细介绍 PLC 的实际应用。书中详细讲解 PLC 三大指令(基本逻辑指令、步进顺控指令和应用指令)的编程方法与编程实例。这些实例均是从作者长年潜心研究、反复推敲的实例中精心挑选出来的,有很强的实用价值。实例设计时尽量考虑短小精悍,突出重点,以便于理解。

本书配套较详细的辅助教学资源:教学课件(PPT)、习题解答、课程设计、教学视频、工程案例、练习题库等。

本书可作为高等院校电子信息工程、自动化、电气工程及其自动化、机械工程及其自动化、机电一体化等专业的教材,也可作为初学者的参考用书,还可供机电工程技术人员参考。

图书在版编目(CIP)数据

现代电气与可编程控制器:三菱 PLC 原理、架构与开发实践/王阿根,王晰编著.—北京:清华大学出版社,2023.8

高等学校电子信息类专业系列教材

ISBN 978-7-302-62698-5

Ⅰ. ①现…　Ⅱ. ①王…②王…　Ⅲ. ①电气控制－高等学校－教材 ②可编程序控制器－高等学校－教材　Ⅳ. ①TM571.2②TM571.6

中国国家版本馆 CIP 数据核字(2023)第 026853 号

策划编辑:盛东亮
责任编辑:钟志芳
封面设计:李召霞
责任校对:时翠兰
责任印制:杨　艳

出版发行:清华大学出版社
　　　网　　　址:http://www.tup.com.cn,http://www.wqbook.com
　　　地　　　址:北京清华大学学研大厦 A 座　　　邮　　编:100084
　　　社 总 机:010-83470000　　　邮　　购:010-62786544
　　　投稿与读者服务:010-62776969,c-service@tup.tsinghua.edu.cn
　　　质量反馈:010-62772015,zhiliang@tup.tsinghua.edu.cn
　　　课件下载:http://www.tup.com.cn,010-83470236
印 装 者:三河市君旺印务有限公司
经　　销:全国新华书店
开　　本:185mm×260mm　　印　　张:18.5　　　　字　　数:449 千字
版　　次:2023 年 8 月第 1 版　　　　　　　　印　　次:2023 年 8 月第 1 次印刷
印　　数:1～1500
定　　价:59.00 元

产品编号:098781-01

序
FOREWORD

我国电子信息产业占工业总体比重已经超过 10%。电子信息产业在工业经济中的支撑作用凸显,更加促进了信息化和工业化的高层次深度融合。随着移动互联网、云计算、物联网、大数据和石墨烯等新兴产业的爆发式增长,电子信息产业的发展呈现了新的特点,电子信息产业的人才培养面临着新的挑战。

(1)随着控制、通信、人机交互和网络互联等新兴电子信息技术的不断发展,传统工业设备融合了大量最新的电子信息技术,它们一起构成了庞大而复杂的系统,派生出大量新兴的电子信息技术应用需求。这些"系统级"的应用需求,迫切要求具有系统级设计能力的电子信息技术人才。

(2)电子信息系统设备的功能越来越复杂,系统的集成度越来越高。因此,要求未来的设计者应该具备更扎实的理论基础知识和更宽广的专业视野。未来电子信息系统的设计越来越要求软件和硬件的协同规划、协同设计和协同调试。

(3)新兴电子信息技术的发展依赖于半导体产业的不断推动,半导体厂商为设计者提供了越来越丰富的生态资源,系统集成厂商的全方位配合又加速了这种生态资源的进一步完善。半导体厂商和系统集成厂商所建立的这种生态系统,为未来的设计者提供了更加便捷却又必须依赖的设计资源。

教育部 2020 年颁布了新版《高等学校本科专业目录》,将电子信息类专业进行了整合,为各高校建立系统化的人才培养体系,培养具有扎实理论基础和宽广专业技能的、兼顾"基础"和"系统"的高层次电子信息人才给出了指引。

传统的电子信息学科专业课程体系呈现"自底向上"的特点,这种课程体系偏重对底层元器件的分析与设计,较少涉及系统级的集成与设计。近年来,国内很多高校对电子信息类专业课程体系进行了大力度的改革,这些改革顺应时代潮流,从系统集成的角度,更加科学合理地构建了课程体系。

为了进一步提高普通高校电子信息类专业教育与教学质量,推动教育与教学高质量发展,教育部高等学校电子信息类专业教学指导委员会开展了"高等学校电子信息类专业课程体系"的立项研究工作,并启动了"高等学校电子信息类专业系列教材"(教育部高等学校电子信息类专业教学指导委员会规划教材)的建设工作。其目的是推进高等教育内涵式发展,提高教学水平,满足高等学校对电子信息类专业人才培养、教学改革与课程改革的需要。

本系列教材定位于高等学校电子信息类专业的专业课程,适用于电子信息类的电子信息工程、电子科学与技术、通信工程、微电子科学与工程、光电信息科学与工程、信息工程及其相近专业。经过编审委员会与众多高校多次沟通,初步拟定分批次建设约 100 门核心课程教材。本系列教材将力求在保证基础的前提下,突出技术的先进性和科学的前沿性,体现创新教学和工程实践教学；将重视系统集成思想在教学中的体现，鼓励推陈出新，采用"自顶向下"的方法编写教材；将注重反映优秀的教学改革成果，推广优秀的教学经验与理念。

　　为了保证本系列教材的科学性、系统性及编写质量，本系列教材设立顾问委员会及编审委员会。顾问委员会由教指委高级顾问、特约高级顾问和国家级教学名师担任，编审委员会由教育部高等学校电子信息类专业教学指导委员会委员和一线教学名师组成。同时，清华大学出版社为本系列教材配置优秀的编辑团队，力求高水准出版。本系列教材的建设，不仅有众多高校教师参与，也有大量知名的电子信息类企业支持。在此，谨向参与本系列教材策划、组织、编写与出版的广大教师、企业代表及出版人员致以诚挚的感谢，并殷切希望本系列教材在我国高等学校电子信息类专业人才培养与课程体系建设中发挥切实的作用。

吕志伟 教授

前言
PREFACE

随着可编程控制器(PLC)在各行各业的广泛应用,PLC已成为计算机和工业控制的主要控制技术。

本书分常规电器及控制、PLC理论基础和PLC设计基础三部分,其讲解方式与众不同。例如书中介绍的上升沿常闭接点、比较型接点的画法是其他书中所没有的。为了突出编程的重点,在尽量保证编程实例完整的前提下,本书省略部分枝节电路,如简单的电动机主电路、PLC的电源接线、控制电路的保护以及信号部分等。在未说明的情况下,输入接点默认为常开接点。请读者在实际应用中加以注意。书中的编程实例一般不给出指令表。

本书的编写思路新颖,以编程方法和编程技巧为核心,用实例展示编程方法和编程技巧。可编程控制器通常分为三大类指令:基本逻辑指令、步进顺控指令和应用指令(也称功能指令)。考虑一般书中基本指令介绍得比较多,应用指令介绍得比较少,所以本书加大了对应用指令编程实例的介绍,以提高读者用应用指令编程的能力。

书中实例难易结合,便于读者自学,每一个实例都给出说明,以方便读者理解。由于任何一个编程实例的编程方法都不是唯一的,为了对比基本逻辑指令、步进顺控指令和应用指令的编程特点,在有些例子中给出了几种不同的编程方法,以帮助读者比较不同指令的编程特点。

目前市面上各种有关可编程控制器的图书大量涌现,但是不少人看了很多书之后,在真正进行编程时往往还是束手无策,不知从何下手,其原因是什么呢?那就是缺少一定数量的练习。如果只靠自己冥思苦想,则结果往往收效甚微。为了使读者能够熟练掌握PLC的应用和编程技巧,书中介绍了大量PLC的编程实例,供读者参考。学习和借鉴别人的编程方法也是一条学习的捷径。笔者编写本书的目的就是为读者提供一个快速掌握PLC编程方法的学习捷径。

本书主要由王阿根、王晰编写,宋玲玲、李小凡、李爱琴、姚志树、杨晓东、陈丽兵、吴帆、王军、潘秀萍等也参与了部分内容的编写。

除了书中讲解的实例外,本书还配套提供针对不同电气设备的PLC控制工程案例(读者可关注"人工智能科学与技术"微信公众号获取),以提高读者的编程水平。书中的实例均为笔者多年潜心研究的成果,大多数实例都经过实际应用或在仿真软件中经过验证,但是难免还有疏漏之处,敬请读者批评指正,笔者表示由衷的感谢。

编　者
2023 年 6 月

目 录
CONTENTS

第一部分 常规电器及控制

第二部分 PLC 理论基础

第三部分 PLC 设计基础

常规电器及控制

用常规电器对电路进行控制是电气控制的基础,也是 PLC(可编程控制器)控制的基础。PLC 必须要和常规电器配合才能组成一个完整的电路控制系统。同时 PLC 的控制原理也是来源于常规电路控制。只有了解掌握常规电器和常规电路控制原理才能了解 PLC 的工作原理。

PLC 的输入端和输出端连接的均为低压电器,因此在常用低压电器章节中讲解的都是与 PLC 相关的电器。在电路中,用于发布指令的电器元件叫输入元件,如按钮、行程开关、温度开关等;用于执行控制电路结果的电器元件叫输出元件,如接触器、电磁铁和信号灯等。只有掌握了这些电器的工作原理和作用,才能对常规控制电路和 PLC 进行理解、操作、设计和维护。

在电气控制电路基础中,着重介绍用常规低压电器控制三相异步电动机的控制电路,均为基本的逻辑控制电路,相当于 PLC 中的基本逻辑控制电路(梯形图)。通过对电动机的起动、停止、制动、调速控制、时间控制、保护等控制,掌握电路的自锁、互锁、点动、连动及节点竞争等基本逻辑控制理论。

由于篇幅所限,书中简单地介绍了控制电路的设计,要想完美地进行控制电路的设计,要进行长期的训练和实践才能完成,书中给出了一些电路设计题目,供读者练习。

第 1 章

常用低压电器

低压电器是指额定电压等级在交流 1200V、直流 1500V 以下的电器。在我国工业控制电路中最常用的三相交流电压等级为 380V(相电压 220V)。

在工矿企业的电气控制设备中,采用的基本上都是低压电器。因此,低压电器是电气控制中的基本组成元件,可编程控制器在电气控制系统中需要大量的低压控制电器才能组成一个完整的控制系统,因此,熟悉低压电器的基本知识是学习可编程控制器的基础。

低压电器种类繁多,功能各样,下面简单介绍常用的低压电器。

1.1 电力开关

电力开关用于电力线路和电气设备的电源控制。常用的电力开关有刀开关、组合开关、负荷开关和断路器等。电力开关的文字符号为 Q。

1.1.1 刀开关

刀开关是一种手动电器,常用的刀开关有 HD 型单投刀开关(见图 1-1)、HS 型双投刀开关、HR 型熔断器式刀开关等。

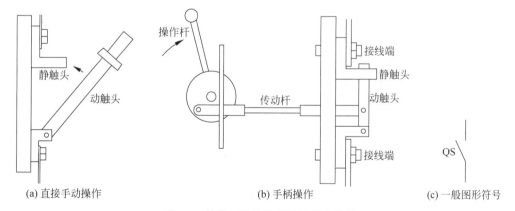

(a) 直接手动操作　　　　　　　(b) 手柄操作　　　　　　　(c) 一般图形符号

图 1-1　单投刀开关示意图及图形符号

刀开关主要用于成套配电装置中作为隔离开关,装有灭弧装置的刀开关也可以控制一定范围内的负荷线路。隔离开关断开时有明显的断开点,有利于检修人员的停电检修工作。隔离刀开关由于控制负荷能力很小,也没有保护线路的功能,所以通常不能单独使用,一般要和能切断负荷电流及故障电流的电器(如熔断器、断路器和负荷开关等电器)一起使用。

1.1.2 组合开关

组合开关又称转换开关,控制容量比较小,结构紧凑,常用于空间比较狭小的场所,如机床和配电箱等。组合开关一般用于电气设备的非频繁操作、切换电源和负载,以及控制小容量感应电动机和小型电器。

组合开关的结构示意图及图形符号如图 1-2 所示。

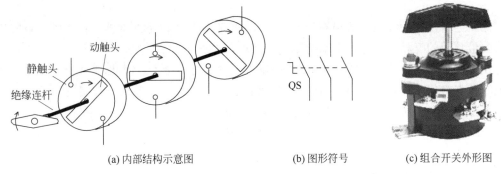

(a) 内部结构示意图　　　　(b) 图形符号　　　　(c) 组合开关外形图

图 1-2　组合开关的结构示意图及图形符号

1.1.3 负荷开关

负荷开关是一种手动电器,有开启式负荷开关和封闭式负荷开关两种,如图 1-3 所示,可以直接接通和断开电气设备的负荷电流,故称负荷开关。负荷开关常和熔断器配合使用,以便保护电路的短路。常用在电气设备中作电源开关用,也用于直接启动小容量的鼠笼型异步电动机。

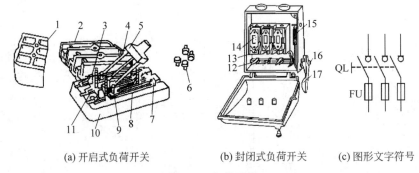

(a) 开启式负荷开关　　　　(b) 封闭式负荷开关　　　　(c) 图形文字符号

图 1-3　负荷开关

1—上胶盖;2—下胶盖;3—插座;4—触刀;5—操作手柄;6—固定螺母;7—出线端;8—熔丝;9—触点座;
10—底座;11—进线端;12—触刀;13—插座;14—熔断器;15—速断弹簧;16—转轴;17—操作手柄

开启式负荷开关俗称闸刀或胶壳刀开关,由于它结构简单、价格便宜、使用维修方便,故得到广泛应用。该开关主要用作电气照明电路和电热电路、小容量电动机电路的不频繁控制开关,也可用做分支电路的配电开关。

HK 型开启式负荷开关和 HH 型封闭式负荷开关都是由负荷开关和熔断器组成,其图形符号也是由手动负荷开关 QL 和熔断器 FU 组成,如图 1-3(c)所示。

1.1.4　断路器

低压断路器俗称自动开关或空气开关,用于低压配电电路中不频繁的通断控制。在电路发生短路、过载或欠电压等故障时能自动分断故障电路,是一种控制兼保护电器。

断路器主要由三个基本部分组成,即触头、灭弧系统和各种脱扣器,包括过电流脱扣器、失压(欠电压)脱扣器、热脱扣器、分励脱扣器和自由脱扣器。

图 1-4 所示为断路器工作原理示意图及图形符号。断路器开关是靠操作机构手动或电动合闸的,触头闭合后,自由脱扣机构将触头锁在合闸位置上。当电路发生上述故障时,通过各自的脱扣器使自由脱扣机构动作,自动跳闸以实现保护作用。分励脱扣器则作为远距离控制分断电路之用。

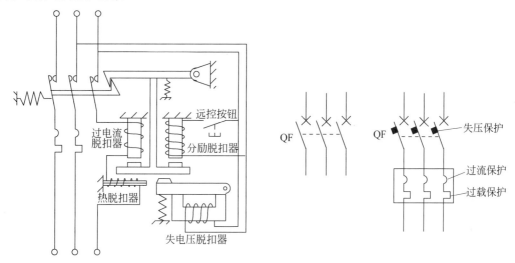

图 1-4　断路器工作原理示意图及图形符号

过电流脱扣器用于线路的短路和过电流保护,当线路的电流大于整定的电流值时,过电流脱扣器所产生的电磁力使挂钩脱扣,动触点在弹簧的拉力下迅速断开,实现断路器的跳闸功能。

热脱扣器用于线路的过负荷保护,工作原理和热继电器相同。

失压(欠电压)脱扣器用于失压保护,如图 1-4 所示,失压脱扣器的线圈直接接在电源上,处于吸合状态,断路器可以正常合闸;当停电或电压很低时,失压脱扣器的吸力小于弹簧的反力,弹簧使动铁芯向上使挂钩脱扣,实现断路器的跳闸功能。

分励脱扣器用于远方跳闸,当在远方按下按钮时,分励脱扣器得电产生电磁力,从而使其脱扣跳闸。

不同断路器的保护是不同的,使用时应根据需要选用。另外,在图形符号中也可以标注其保护方式,如图 1-4 所示,断路器图形符号中标注了失压、过载(负荷)和过流保护三种保护方式。

1.2　控制开关

控制开关可分为用于控制电路中的主令电器和用于主电路中的凸轮控制器、倒顺开关等。

主令电器用于在控制电路中以开关接点的通断形式来发布控制命令,使控制电路执行对应的控制任务。主令电器应用广泛、种类繁多,常见的有按钮、行程开关、接近开关、转换开关、主令控制器和凸轮控制器、选择开关及足踏开关等。

凸轮控制器主要用于绕线型异步电动机的调速、启动和停止。倒顺开关主要用于鼠笼型异步电动机的正反转控制。控制开关的文字符号为 S。

1.2.1　按钮

按钮是一种最常用的主令电器,其结构简单,控制方便。在控制电路中作远距离手动控制电磁式电器用,也可以用来转换各种信号电路和电器联锁电路等。

按钮由按钮帽、复位弹簧、桥式触点和外壳等组成,其结构示意图及图形符号如图 1-5 所示。触点采用桥式触点,额定电流在 5A 以下。触点又分常开触点(动断触点)和常闭触点(动合触点)两种。

按钮从外形和操作方式上可以分为平钮和急停按钮,急停按钮又称蘑菇头按钮,如图 1-5(c)所示。除此之外,还有钥匙钮、旋钮、拉式钮、万向操纵杆式及带灯式等多种类型。按运动形式可分为直动式、微动式等。

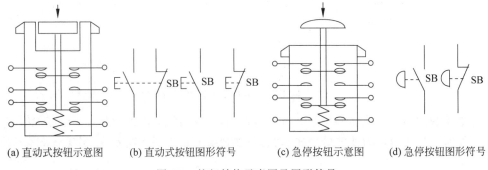

(a) 直动式按钮示意图　　(b) 直动式按钮图形符号　　(c) 急停按钮示意图　　(d) 急停按钮图形符号

图 1-5　按钮结构示意图及图形符号

1.2.2　行程开关与接近开关

1. 行程开关

行程开关又称限位开关,它的种类很多,按运动形式可分为直动式、微动式和转动式行程开关等;按触点的性质分可为有触点式和无触点式行程开关。它用于控制生产机械的运动方向、速度、行程大小或位置等,其结构形式多种多样。

有触点式行程开关其工作原理和按钮相同,区别在于它不是靠手的按压,而是利用生产机械运动的部件碰压而使触点动作来发出控制指令的主令电器。图 1-6 所示为几种操作类型的行程开关结构示意图及图形符号。

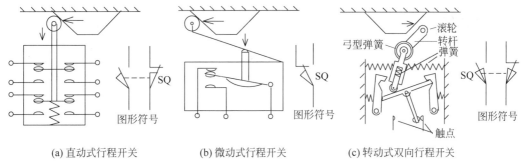

(a) 直动式行程开关　　　(b) 微动式行程开关　　　(c) 转动式双向行程开关

图 1-6　行程开关结构示意图及图形符号

2. 接近开关

接近开关可分为无触点接近开关和有触点接近开关,它可以代替有触点式行程开关来完成行程控制和限位保护,由于它具有非接触式触发,动作速度快,重复定位精度高。

图 1-7 所示为三线式有源型接近开关结构框图。

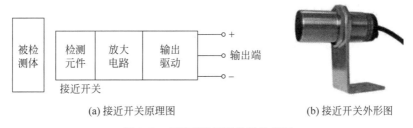

(a) 接近开关原理图　　　　　　(b) 接近开关外形图

图 1-7　有源型接近开关结构框图

无触点接近开关输出形式有两线、三线和四线式等几种,晶体管输出类型有 NPN 型和 PNP 型两种,按外形可分为方形、圆形、槽形等,按结构可分为分离型等多种。

图 1-8 所示为槽形三线式 NPN 型光电式接近开关和远距分离型光电开关的工作原理图,当挡板挡住光线时,图 1-8(a)继电器线圈得电接点动作,图 1-8(b)光电开关导通。

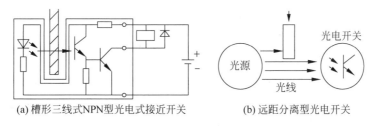

(a) 槽形三线式NPN型光电式接近开关　　(b) 远距分离型光电开关

图 1-8　槽形和分离型光电开关

有触点无源接近开关常用的有干簧管。干簧管由一组或几组导磁簧片封装在惰性气体的玻璃管中,导磁簧片既是磁路又是接点,如图 1-9(a)所示,当干簧管靠近永久磁铁时,干簧管中的两根导磁簧片被磁化而相互吸引接触到一起,接点闭合接通电路,当干簧管离开永久磁铁时,磁场消失,簧片靠自身的弹性分断。接近开关的图形符号如图 1-10 所示。

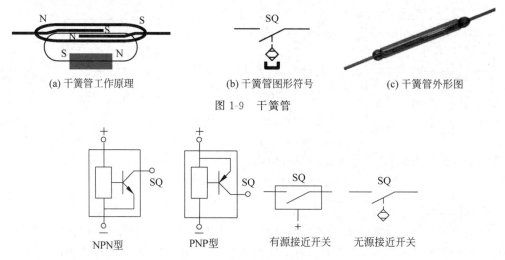

(a) 干簧管工作原理   (b) 干簧管图形符号   (c) 干簧管外形图

图 1-9   干簧管

NPN型   PNP型   有源接近开关   无源接近开关

图 1-10   接近开关的图形符号

1.2.3   转换开关

转换开关是一种多挡位、多触点,以及能够控制多回路的主令电器,其主要用于各种控制设备中线路的换接、遥控和电流表、电压表的换相测量等,也可用于控制小容量电动机的启动、换向和调速。如图 1-11 所示,其工作原理与凸轮控制器类似。

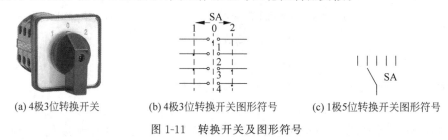

(a) 4极3位转换开关   (b) 4极3位转换开关图形符号   (c) 1极5位转换开关图形符号

图 1-11   转换开关及图形符号

1.2.4   主令控制器和凸轮控制器

主令控制器和凸轮控制器都是手动操作电器,其工作原理和转换开关的工作原理都是一样的,不同的是转换开关主要用于控制和测量电路。主令控制器(又称主令开关)主要用于电气传动装置中,由于凸轮控制器可直接控制电动机工作,所以,其触头容量大并有灭弧装置。凸轮控制器的优点是控制线路简单、开关元件少、维修方便等;缺点是体积较大。

图 1-12(a)为 1 极 12 位凸轮控制器示意图,图 1-12(b)为 1 极 12 位凸轮控制器图形符号,图形符号虚线上的黑点表示接通,为 1 极开关,共有 12 个位置,当控制器转到 2,3,4,10位置时接点接通,其他位置断开。

图 1-12(c)为 5 极 12 位凸轮控制器示意图,图 1-12(d)为 1 极 12 位凸轮控制器图形符号,表示为 5 极开关,共有 12 个位置,当控制器转到 1 位置时 1 号开关接点接通,转到 2 位置时,2,3,4,5 号开关接通,其他位置断开。

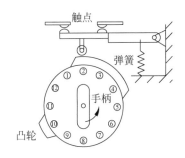

(a) 1极12位凸轮控制器示意图

(b) 1极12位凸轮控制器图形符号

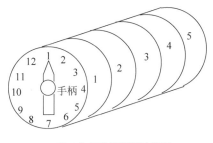

(c) 5极12位凸轮控制器示意图

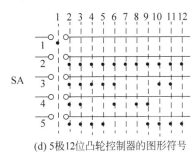

(d) 5极12位凸轮控制器的图形符号

图 1-12 凸轮控制器的结构原理示意图、图形符号

1.3 接触器和控制继电器

接触器和各种控制继电器是控制电路中的主要电器元件,以控制电路的接通和断开。

接触器的主触点连接在主电路中,各种控制继电器的触点一般只用于控制电路中。

控制继电器用于电路的逻辑控制。继电器具有逻辑记忆功能,能组成复杂的逻辑控制电路,其用于将某种电量(如电压、电流)或非电量(如温度、压力、转速、时间等)的变化量转换为开关量,以实现对电路的自动控制功能。

继电器的种类很多,按输入量可分为电压继电器、电流继电器、时间继电器、速度继电器和压力继电器等;按工作原理可分为电磁式继电器、感应式继电器、电动式继电器和电子式继电器等;按用途可分为控制继电器和保护继电器等。

接触器和各种控制继电器的文字符号为K。

1.3.1 接触器

接触器主要用于控制电动机、电热设备、电焊机及电容器组等,能频繁地接通或断开交、直流主电路,实现远距离自动控制。它具有低电压释放保护功能,在电力拖动自动控制线路中被广泛应用。

接触器有交流接触器和直流接触器两种类型。下面介绍交流接触器。

图 1-13 所示为交流接触器的结构示意图及图形符号。

接触器的控制原理很简单,当线圈接通额定电压时,产生电磁力,克服弹簧反力,吸引动铁芯向下运动,动铁芯带动绝缘连杆和动触头向下运动使常开触头闭合,常闭触头断开。当线圈失电或电压低于释放电压时,电磁力小于弹簧反力,常开触头断开,常闭触头闭合。

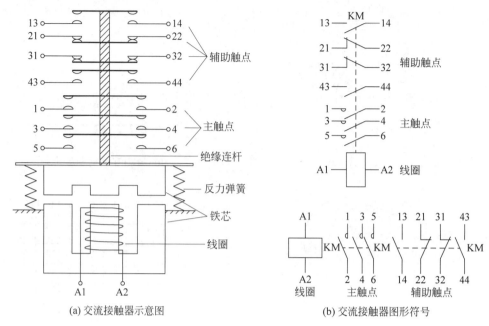

(a) 交流接触器示意图   (b) 交流接触器图形符号

图 1-13　交流接触器的结构示意图及图形符号

1.3.2　中间继电器

中间继电器是最常用的继电器之一，它的结构和接触器基本相同，如图 1-14(a)所示，其图形符号如图 1-14(b)所示。

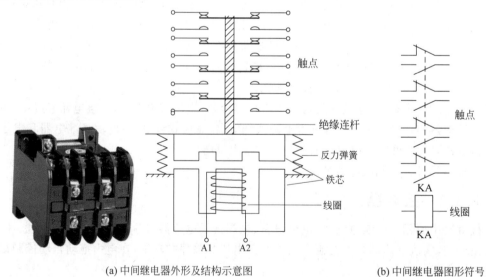

(a) 中间继电器外形及结构示意图   (b) 中间继电器图形符号

图 1-14　中间继电器的结构示意图及图形符号

中间继电器在控制电路中具有逻辑变换和状态记忆的功能，其用于扩展接点的容量和数量，触点较多，一般为四常开和四常闭触点。

1.3.3　电磁式继电器

1. 电磁式继电器的结构

电磁式继电器的结构和工作原理与接触器相似,主要由电磁机构和触点组成。电磁式继电器也有直流和交流两种。图 1-15(a)所示为直流电磁式继电器结构示意图,在线圈两端加上电压或通入电流,产生电磁力,当电磁力大于弹簧反力时,吸动衔铁使常开常闭接点动作;当线圈的电压或电流下降或消失时衔铁释放,接点复位。

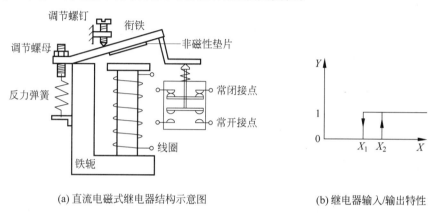

(a) 直流电磁式继电器结构示意图　　　　(b) 继电器输入/输出特性

图 1-15　直流电磁式继电器结构示意图

2. 电磁式继电器的特性

继电器的主要特性是输入/输出特性,又称继电特性,如图 1-15(b)所示。

当继电器输入量 X 由 0 增加至 X_2 之前,输出量 Y 为 0。当输入量增加到 X_2 时,继电器吸合,输出量 Y 为 1,表示继电器线圈得电,常开接点闭合,常闭接点断开。当输入量继续增大时,继电器动作状态不变。

在输出量 Y 为 1 的状态下,输入量 X 减小;当输出量小于 X_2 时,Y 值仍不变;当 X 再继续减小至小于 X_1 时,继电器释放,输出量 Y 变为 0,X 再减小,Y 值仍为 0。

在继电特性曲线中,X_2 称为继电器吸合值,X_1 称为继电器释放值。$k = X_1/X_2$,称为继电器的返回系数,它是继电的重要参数之一。

1.3.4　时间继电器

时间继电器在控制电路中用于时间的控制,其种类很多,按其动作原理可分为电磁式、空气阻尼式、电动式和电子式时间继电器等;按延时方式可分为通电延时型和断电延时型时间继电器。图 1-16 为空气阻尼式时间继电器示意图及图形符号。

通电延时型时间继电器:当线圈通电后,其延时接点达到设定时间后接 4 点动作,当线圈失电后,其延时接点瞬时断开。

断电延时型时间继电器:当线圈通电后,其延时接点瞬时动作;当线圈失电后,其延时接点达到设定时间后接点断开。

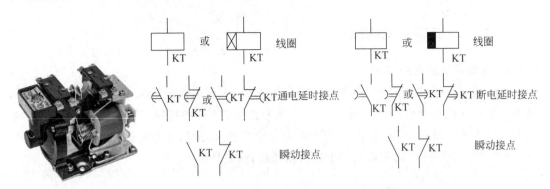

(a) 时间继电器结构示意图　　(b) 通电延时型时间继电器图形符号　　(c) 断电延时型时间继电器图形符号

图 1-16　空气阻尼式时间继电器示意图及图形符号

1.3.5　速度继电器

速度继电器又称为反接制动继电器,主要用于三相鼠笼型异步电动机的反接制动控制。图 1-17 所示为速度继电器的结构示意图、图形符号及外形图,它主要由转子、定子和触头 3 部分组成。转子是一个圆柱形永久磁铁,定子是一个鼠笼型空心圆环,由硅钢片叠成,并装有鼠笼型绕组。其转子的轴与被控电动机的轴相连接,当电动机转动时,转子(圆柱形永久磁铁)随之转动产生一个旋转磁场,定子中的鼠笼型绕组切割磁力线而产生感应电流和磁场,两个磁场相互作用,使定子受力而跟随转动,当达到一定转速时,装在定子轴上的摆锤推动簧片触点运动,使常闭触点断开,常开触点闭合。当电动机转速低于某一数值时,定子产生的转矩减小,触点在簧片作用下复位。

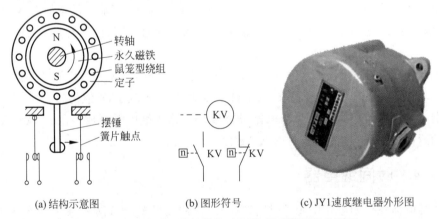

(a) 结构示意图　　　　(b) 图形符号　　　　(c) JY1速度继电器外形图

图 1-17　速度继电器的结构示意图、图形符号及外形图

1.3.6　液位继电器

液位继电器主要用于对液位的高低进行检测并发出开关量信号,以控制电磁阀、液泵等设备对液位的高低进行控制。液位继电器的种类很多,工作原理也不尽相同。下面介绍 JYF-02 型液位继电器,其结构示意图及图形符号如图 1-18 所示。

浮筒置于液体内,浮筒的另一端为一根磁钢,靠近磁钢的液体外壁也装一根磁钢,并和动触点相连,当水位上升时,受浮力上浮而绕固定支点上浮,带动磁钢条向下,当内磁钢 N

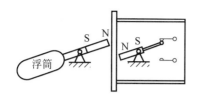

(a) 液位继电器（传感器）结构示意图   (b) 图形符号

图 1-18 JYF-02 型液位继电器

极低于外磁钢 N 极时,由于液体壁内外两根磁钢同性相斥,壁外的磁钢受排斥力迅速上翘,带动触点迅速动作。同理,当液位下降,内磁钢 N 极高于外磁钢 N 极时,外磁钢受排斥力迅速下翘,带动触点迅速动作。液位高低的控制是由液位继电器安装的位置来决定的。

1.3.7 压力继电器

压力继电器主要用于对液体或气体压力的高低进行检测并发出开关量信号,以控制电磁阀、液泵等设备对压力的高低进行控制。图 1-19 所示为压力继电器结构示意图及图形符号。

压力继电器主要由压力传送装置和微动开关等组成,液体或气体压力经压力入口推动橡皮膜和滑杆,克服弹簧反力向上运动,当压力达到给定压力时,触动微动开关,发出控制信号,旋转调压螺母可以改变给定压力。

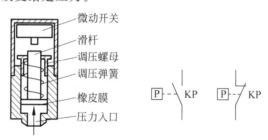

图 1-19 压力继电器结构示意图及图形符号

1.4 保护电器

保护电器在电路中主要起短路、过载、欠流、过压、欠压等保护作用,常用的保护电器有熔断器、热继电器、电压继电器、电流继电器及断路器等。

保护电器的文字符号为 F。

1.4.1 熔断器

熔断器在电路中主要起短路保护作用,用于保护线路。熔断器的熔体串接于被保护的电路中,熔断器以其自身产生的热量使熔体熔断,从而自动切断电路,实现短路保护及过载保护。熔断器具有结构简单、体积小、重量轻、使用维护方便、价格低廉、分断能力较高、限流能力良好等优点,因此在电路中得到了广泛应用。

熔断器种类很多,如图 1-20(a)、(b)所示。熔断器串接于被保护电路中,电流通过熔体时产生的热量与电流平方和电流通过的时间成正比,电流越大,则熔体熔断时间越短,这种特性称为熔断器的反时限保护特性或安秒特性,如图 1-20(c)所示。熔断器图形符号如图 1-20(d)所示。

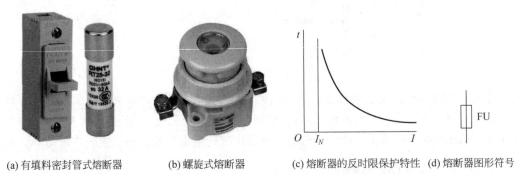

(a) 有填料密封管式熔断器　　(b) 螺旋式熔断器　　(c) 熔断器的反时限保护特性　(d) 熔断器图形符号

图 1-20　熔断器外形、保护特性及图形符号

1.4.2　热继电器

热继电器主要用于电气设备(主要是电动机)的过负荷保护,它是一种利用电流热效应原理工作的电器,具有与电动机容许过载特性相近的反时限动作特性,主要与接触器配合使用,用于对三相异步电动机的过负荷和断相保护。

三相异步电动机在实际运行中常会遇到因电气或机械原因等引起的过电流现象。如果过电流不严重,持续时间较短,绕组不超过允许温度升高,则这种过电流是允许的;如果过电流情况严重,持续时间较长,则会加快电动机绝缘老化,甚至烧毁电动机,因此,在电动机回路中应设置电动机保护装置。常用的电动机保护装置种类很多,使用最多、最普遍的是双金属片式热继电器。目前,双金属片式热继电器均为三相式,有带断相保护和不带断相保护两种。

图 1-21 所示为双金属片式热继电器的结构示意图及其图形符号。由图 1-21 可见,热继电器主要由双金属片、热元件、复位按钮、传动杆、拉簧、调节旋钮、复位螺钉、触点和接线端子等组成。

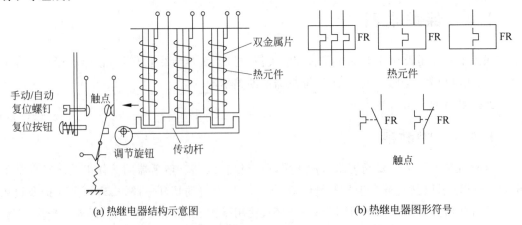

(a) 热继电器结构示意图　　　　　　　　　(b) 热继电器图形符号

图 1-21　双金属片式热继电器结构示意图及图形符号

1.4.3 电流继电器和电压继电器

1. 电流继电器

电流继电器的输入量是电流,它是根据输入电流大小而动作的继电器。电流继电器的线圈串入电路中,以反映电路电流的变化,其线圈匝数少、导线粗、阻抗小。电流继电器可分为欠电流继电器和过电流继电器。

欠电流继电器用于欠电流保护或控制,如直流电动机励磁绕组的弱磁保护、电磁吸盘中的欠电流保护、绕线式异步电动机启动时电阻的切换控制等。

过电流继电器用于过电流保护或控制,如起重机电路中的过电流保护。常用的电流继电器的型号有JL12、JL15等。

电流继电器的外形及图形符号如图1-22所示。当电流继电器作为保护电器时,文字符号为FI,作为控制电器时,文字符号为KI。

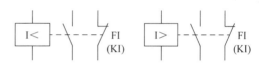

(a) 欠电流继电器外形　　(b) 过电流继电器外形　　(c) 欠电流继电器图形符号　(d) 过电流继电器图形符号

图 1-22　电流继电器的外形及图形符号

2. 电压继电器

电压继电器的输入量是电路的电压大小,其根据输入电压大小而动作。与电流继电器类似,电压继电器也分为欠电压继电器和过电压继电器两种。在低压控制电路中使用较少。

电压继电器的外形及图形符号如图1-23所示。当电压继电器作为保护电器时,文字符号为FV,作为控制电器时,文字符号为KV。

(a) 电压继电器外形　　(b) 欠电压继电器图形符号　　(c) 过电压继电器图形符号

图 1-23　电压继电器的外形及图形符号

1.5 其他常用电器

1.5.1 电阻器

工业用电阻器件,简称电阻器,用于低压强电交直流电气线路的电流调节,以及电动机的启动、制动和调速等。电阻器可分为固定接线电阻器和变阻器两种。电阻器的图形符号如图 1-24 所示。

常用固定接线电阻器有 ZB 型板形和 ZG 型管形电阻器,用于低压电路中的电流调节。ZX 型电阻器主要用于交直流电动机的启动、制动和调速等。

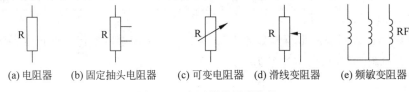

(a)电阻器　(b)固定抽头电阻器　(c)可变电阻器　(d)滑线变阻器　(e)频敏变阻器

图 1-24　电阻器的图形符号

1.5.2 电磁铁

常用的电磁铁有 MQ 型牵引电磁铁、MW 型起重电磁铁和 MZ 型制动电磁铁等。

MQ 型牵引电磁铁用于在低压交流电路中作为机械设备及各种自动化系统操作机构的远距离控制。

MW 型起重电磁铁用于安装在起重机械上吸引钢铁等磁性物质,MZD 型单相制动电磁铁和 MZS 型三相制动电磁铁一般用于组成电磁制动器。

由制动电磁铁组成的 TJ2 型交流电磁制动器的示意图如图 1-25(a)所示,通常电磁制动器和电动机轴安装在一起,其电磁制动线圈和电动机线圈并联,二者同时得电或电磁制动线圈先得电之后电动机紧随其后得电。电磁制动器线圈得电吸引衔铁使弹簧受压,闸瓦和固定在电动机轴上的闸轮松开,电动机旋转;当电动机和电磁制动器同时失电时,在压缩弹簧的作用下闸瓦将闸轮抱紧,使电动机制动。

电磁铁的图形符号和电磁制动器一样,文字符号为 YA。

电磁制动器的图形符号如图 1-25(b)所示。

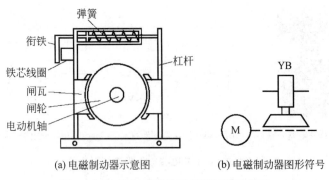

(a)电磁制动示意图　　　(b)电磁制动器图形符号

图 1-25　电磁制动器的示意图及图形符号

1.5.3 信号灯

信号灯又称指示灯,主要用于在各种电气设备及线路中作电源指示、显示设备的工作状态及操作警示等。信号灯发光体主要有白炽灯、氖灯和发光二极管等。

信号灯有持续发光(平光)和断续发光(闪光)两种发光形式,一般信号灯用平光灯,当需要反映下列信息时用闪光灯。信号灯的图形符号如图 1-26 所示。

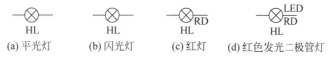

(a) 平光灯　　(b) 闪光灯　　(c) 红灯　　(d) 红色发光二极管灯

图 1-26　信号灯的图形符号

如果要在图形符号上标注信号灯的颜色,可在靠近图形处标出对应颜色的字母。

红色:RD;黄色:YE;绿色:GN;蓝色:BU;白色:WH。

如果要在图形符号上标注灯(信号灯或照明灯)的类型,可在靠近图形处标出对应类型的字母。氖:Ne;氙:Xe;钠:Na;汞:Hg;碘:I;白炽:IN;电发光:EL;弧光:ARC;荧光:FL;红外线:IR;紫外线:UV;发光二极管:LED。

1.5.4 报警器

常用的报警器有电铃和电喇叭等,一般电铃用于正常的操作信号(如设备启动前的警示)和设备的异常现象(如变压器的过载、漏油)。电喇叭用于设备的故障信号(如线路短路跳闸)。报警器的图形符号如图 1-27 所示。

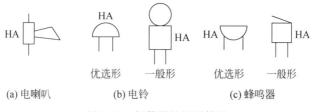

　　　　　　　　　　优选形　一般形　　　　优选形　一般形

(a) 电喇叭　　　　　(b) 电铃　　　　　　(c) 蜂鸣器

图 1-27　报警器的图形符号

1.6　电器的文字符号和图形符号

1.6.1　电器的文字符号

电器的文字符号目前执行国家标准 GB 5094《电气技术中的项目代号》和 GB T7159《电气技术中的文字符号制定通则》。这两个标准都是根据 IEC 国际标准而制定的。

在 GB 7159《电气技术中的文字符号制定通则》中将所有的电气设备、装置和元件分成 23 个大类,每个大类用一个大写字母表示。文字符号分为基本文字符号和辅助文字符号。

基本文字符号分为单字母符号和双字母符号两种。单字母符号应优先采用,每个单字母符号表示一个电器大类,如表 1-1 所示。例如,C 表示电容器类,R 表示电阻器类等。

双字母符号由一个表示种类的单字母符号和另一个字母组成,第一个字母表示电器的大类,第二个字母表示对某电器大类的进一步划分。例如,G 表示电源大类,GB 表示蓄电池,S 表示控制电路开关,SB 表示按钮,SP 表示压力传感器(继电器)。

文字符号用于标明电器的名称、功能、状态和特征。同一电器如果功能不同,其文字符号也不同,例如,照明灯的文字符号为 EL,信号灯的文字符号为 HL。

辅助文字符号表示电气设备、装置和元件的功能、状态和特征,由 1～3 位英文名称缩写的大写字母表示,例如,辅助文字符号 BW(BackWard 的缩写)表示向后,P(Pressure 的缩写)表示压力。辅助文字符号可以和单字母符号组合成双字母符号,例如,单字母符号 K (表示继电器接触器大类)和辅助文字符号 AC(交流)组合成双字母符号 KA,表示交流继电器;单字母符号 M(表示电动机大类)和辅助文字符号 SYN(同步)组合成双字母符号 MS,表示同步电动机。辅助文字符号可以单独使用,例如,图 1-26 中的 RD 表示信号灯为红色。

1.6.2　电器的图形符号

电器的图形符号目前执行 2018 年发布的国家标准 GB/T 4728《电气简图用图形符号》,有 13 个部分,共有 1900 个图形符号,也是根据 IEC 国际标准制定的。该标准给出了大量的常用电器图形符号,表示产品特征。通常用比较简单的电器作为一般符号。对于一些组合电器,不必考虑其内部细节时可用方框符号表示,如表 1-1 中的整流器、逆变器和滤波器等。

国家标准 GB/T 4728 的一个显著特点就是图形符号可以根据需要进行组合,在该标准中除了提供了大量的一般符号之外,还提供了大量的限定符号和符号要素,需要注意的是,限定符号和符号要素不能单独使用,它相当于一般符号的配件。将某些限定符号或符号要素与一般符号进行组合就可组成各种电气图形符号,例如图 1-4 所示的断路器的图形符号就是由多种限定符号、符号要素和一般符号组合而成的,如图 1-28 所示。

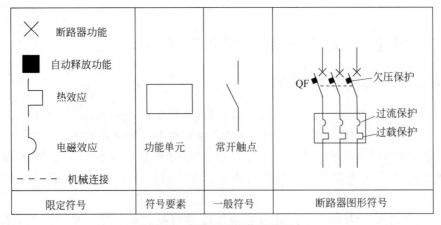

图 1-28　断路器图形符号的组成

表 1-1　常用电器分类及图形符号、文字符号举例

分　类	名　称	图形符号 文字符号	分　类	名　称	图形符号 文字符号
A 组件 部件	起动装置	SB1 SB2 KM A KM HL	F 保护器件	欠电流继 电器	I< FA
B 变换器 （将电量 变换成非 电量,将非 电量变换 成电量）	扬声器	B （将电量变换成非电量）		过电流继 电器	I> FA
	传声器	B （将非电量变换成电量）		欠电压继 电器	U< FV
C 电容器	一般电 容器	C		过电压继 电器	U> FV
	极性电 容器	+ C		热继电器	FR FR FR FR FR
	可变电 容器	C			
D 二进制元件	与门	D &		熔断器	FU
	或门	D ≥1	G 发生器,发 电机,电源	交　流　发 电机	G ~
	非门	D		直　流　发 电机	G
E 其他	照明灯	EL		电池	GB +

分 类	名 称	图形符号 文字符号	分 类	名 称	图形符号 文字符号
H 信号器件	电喇叭	HA	L 电感器 电抗器	电感器	L（一般符号） L（带磁芯符号）
	蜂鸣器	HA HA 优选形 一般形		可变电感器	L
	信号灯	HL		电抗器	L
I	（不使用）			鼠笼型电动机	U V W M 3～
J	（不使用）		M 电动机	绕线型电动机	U V W M 3～
K 继电器 接触器	中间继电器	KA KA		他励直流电动机	M
	通用继电器	KA KA		并励直流电动机	M
	接触器	KM KM		串励直流电动机	M
	通电延时型时间继电器	KT 或 KT KT 或 KT KT KT		三相步进电动机	M
	断电延时型时间继电器	KT 或 KT KT KT 或 KT KT		永磁直流电动机	M

续表

分　类	名　称	图形符号 文字符号	分　类	名　称	图形符号 文字符号
N 模拟元件	运 算 放 大 器		Q 电力电路的 开关器件	手动开关	
	反 相 放 大 器			双 投 刀 开 关	
	数-模 转 换 器			组合开关 旋转开关	
	模-数 转 换 器			负荷开关	
O		（不使用）	R 电阻器	电阻	
P 测量设备、 试验设备	电流表			固定抽头 电阻	
	电压表			可变电阻	
	有 功 功 率 表			电位器	
	有 功 电 度 表			频 敏 变 阻 器	
Q 电力电路的 开关器件	断路器		S 控制、记 忆、信号电 路开关器 件选择器	按钮	
	隔离开关			急停按钮	
	刀熔开关			行程开关	

续表

分 类	名 称	图形符号 文字符号	分 类	名 称	图形符号 文字符号
S 控制、记忆、信号电路开关器件选择器	压力继电器	P— KP P— KP	U 调制器变换器	整流器	U
	液位继电器	KL KL		桥式全波整流器	U
	速度继电器	KV n KV n KV		逆变器	U
	选择开关	SA		变频器	$\frac{f_1}{f_2}$ U
	接近开关	SQ SQ	V 电子管晶体管	二极管	V
	万能转换开关、凸轮控制器	SA 2 1 0 1 2		三极管	V V PNP型 NPN型
T 变压器互感器	单相变压器	T		晶闸管	V V 阳极侧受控 阴极侧受控
	自耦变压器	T 形式1 形式2	W 传输通道、波导、天线	导线，电缆，母线	W
				天线	W
	三相变压器（星形/三角形接线）	T 形式1 形式2		屏蔽线	W
				绞线	W
	电压互感器	电压互感器与变压器图形符号相同,文字符号为 TV	X 端子插头插座	插头	XP 优选型 其他型
				插座	XS 优选型 其他型
	电流互感器	TA 形式1 形式2		插头插座	X 优选型 其他型
				连接片	断开时 XB 接通时

续表

分 类	名 称	图形符号 文字符号	分 类	名 称	图形符号 文字符号
Y 电器操作的机械器件	电磁铁	或 YA	Z 滤波器、限幅器、均衡器、终端设备	滤波器	Z
	电磁吸盘	或 YH		限幅器	Z
	电磁制动器	YB			
	电磁阀	或 或 YV		均衡器	Z

习题

1. 为什么闸刀开关在安装时不得倒装？如果将电源线接在闸刀下端，会出现什么问题？

2. 哪些低压电器可以保护线路的短路？

3. 断路器有哪些保护功能？

4. 用一个万能转换开关测量三相电源的线电压，如题图1所示，在1、2、3、4位，电压表所测得的分别是什么电压？

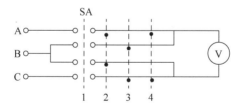

题图1 测量三相电源的线电压

5. 在可编程控制器中常用到BCD码数字开关，它有4个接点开关，共有10个位置，每个位置分别表示一个数字，如题图2所示，试分析它是如何表示10个数字的。

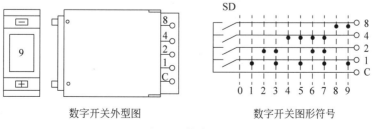

数字开关外型图　　　　　数字开关图形符号

题图2 数字开头

6. 一个继电器的返回系数 $K=0.85$,吸合值为 $100V$,释放值为多少?

7. 热继电器在电路中起什么作用?其工作原理是什么?热继电器接点动作后,能否自动复位?

8. 按钮和行程开关有什么不同?各起什么作用?

9. 为什么一般不能用刀开关断开线路负荷?

10. 两个同型号额定电压为 $110V$ 交流继电器的线圈可以串联接到 $220V$ 交流电源上吗?两个同型号额定电压为 $110V$ 直流继电器的线圈可以串联接到 $220V$ 直流电源上吗?

11. 什么是保护电器的反时限动作特性?常用的具有反时限动作特性保护电器有哪些?

12. 熔断器和热继电器的保护作用有什么不同?

13. 电流继电器有哪几种类型和作用?

14. 凸轮控制器、主令控制器和万能转换开关各有什么特点?分别用于什么地方?

第2章
CHAPTER 2

电气控制电路基础

电气控制电路又称为电器控制电路或继电接触控制电路,是指由常用低压电器(如控制开关、按钮、限位开关、断路器、接触器和继电器等)组成的控制电路,属于开关量逻辑控制电路。电器控制电路具有电路简单、价格低廉、逻辑关系清楚、维修便利、控制功率大等优点。即使在当前可编程控制器(PLC)应用十分广泛的情况下,也离不开这些常规的低压控制电器。可编程控制器沿袭和发展了电气控制电路的控制原理和方法,由于二者的控制方法和原理基本上是一致的,因此,掌握好电气控制电路的控制原理是学习可编程控制器控制原理的基础。

在工矿企业的电力拖动控制中,主要采用三相交流异步电动机。三相交流异步电动机有鼠笼型和绕线型两种。由于鼠笼型异步电动机有结构简单、坚固耐用、维护方便、价格便宜等优点,所以其使用数量占拖动设备总台数的85%左右。

2.1 鼠笼型电动机直接起动控制电路

三相鼠笼型异步电动机的起动有两种方式:直接起动(全压起动)和降压起动。

直接起动是一种最简单、可靠的起动方式,在小型电动机(容量一般在10kW以下)中广泛使用。电动机直接起动时,起动电流为额定电流的4~7倍,过大的起动电流将会造成电网电压显著下降,影响在同一电路上的其他电动机及用电设备的正常运行。另外,电动机频繁起动会严重发热,加速线圈老化,缩短电动机的寿命,所以,直接起动电动机的容量受到了一定的限制。电动机是否能直接起动通常要根据电动机容量、起动电流、变压器容量,以及机械设备的机械特性等因素确定。

1. 单向直接起动控制电路

图 2-1 所示为三相鼠笼型异步电动机的单向直接起动控制电路,可分为主电路和控制电路两部分。

主电路主要由电源开关、保护元件、接触器主触点及电动机组成。电源开关主要用于电动机和电源的连接,可采用刀开关、组合开关、隔离开关(如主电路 1)或断路器(如主电路 2)等。

控制电路为常用的最简单的停止优先电路,控制电路的电压可直接采用电动机的电压,一般为~380V,也可以根据要求采用220V和127V的电压,在安全性要求比较高的场所下应采用控制变压器将电源电压降为36V安全电压。

1）电路的控制原理

如图 2-1 所示，合上电源开关（QS 或 QF），起动时，按下起动按钮 SB1，接触器 KM 线圈得电，主电路中的接触器 KM 主触点闭合，电动机直接接通电源，全压起动，控制电路中的 KM 常开接点闭合自锁（KM 常开接点称为自锁接点），当松开 SB1 时，接触器 KM 线圈仍得电，电动机 M 继续运行。

停止时，按下停止按钮 SB2，接触器 KM 线圈失电，其主触点断开，电动机失电。松开 SB2，其常闭接点闭合时，但 KM 自锁接点断开，不会使接触器线圈得电。

图 2-1(c) 和图 2-1(d) 控制效果基本一致，但是当图 2-1(c) 电路的连续多个按钮同时按下时，KM 不得电；图 2-1(d) 电路的连续多个按钮同时按下时，KM 得电。

从安全角度考虑，一般用停止优先控制电路。

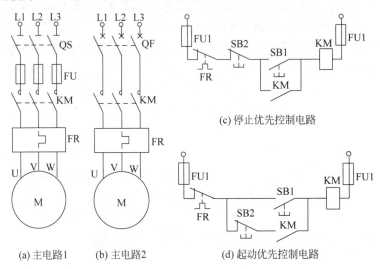

(a) 主电路1 (b) 主电路2 (c) 停止优先控制电路 (d) 起动优先控制电路

图 2-1 单向直接起动控制电路

2）电路的保护环节

（1）短路保护：在电动机主电路中常用熔断器 FU 或断路器 QF 对电动机的电路和电动机的内部绕组进行短路保护。在使用熔断器保护时，其熔体的额定电流应保证在正常起动时不熔断，一般可取电动机额定电流的 1.5～2.5 倍。在使用断路器保护时，其过电流脱扣器的动作电流应大于电动机的起动电流。

（2）过载保护：电动机常用热继电器 FR 保护过载而造成电动机烧坏，热继电器 FR 的热元件串在电动机主电路中，当电动机过载时电流也随着增大，在热元件中产生热量使双金属片发热而弯曲，当电动机严重过载时热继电器动作，使控制电路中的热继电器 FR 常闭接点断开，使接触器 KM 线圈失电，断开电动机的电源。

（3）失压与欠压保护：电动机应在额定电压范围内工作，接触器本身具有失压与欠压保护功能，当电源电压由于某种原因下降（欠压）或消失（失压）时，接触器线圈产生的电磁力减小，当电磁力小于弹簧的反力时衔铁释放，使接触器主触点断开而切断电动机的电源。

显然，当电动机停电后再来电时，电动机不会自行起动，以免造成危险。

2．多地点起动停止控制

在某些大型机械设备和控制装置中，往往在多个地点设置控制按钮，以方便在不同地点都能对设备进行控制和操作。图 2-2(a)所示为两个地点控制一台电动机的控制电路,每个地点各设一个起动按钮和一个停止按钮。由图 2-2(a)可知,这是一个停止优先电路,各停止按钮为串联连接,各起动按钮为并联连接。图 2-2(b)所示为另一种多地点控制电路,其特点是各控制点之间的连接导线根数较少,但各控制点之间不存在停止优先的特点。

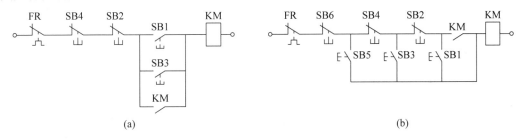

图 2-2 多地点起动、停止控制电路

3. 点动控制

在工业控制中,主要采用上述的具有自锁接点的控制电路,又称为连续动作控制,简称连动控制。但有时需要对设备进行短时的操作调整,称为点动控制。只要将控制电路的自锁接点去掉(或将自锁接点断开)就变成了点动控制电路。图 2-3(a)为点动控制电路,图 2-3(b)~图 2-3(d)为几种既能连动控制又能点动控制的电路。

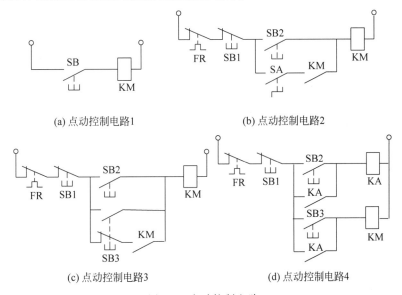

(a) 点动控制电路1　　　　(b) 点动控制电路2

(c) 点动控制电路3　　　　(d) 点动控制电路4

图 2-3 点动控制电路

在图 2-3(a)中,当按钮 SB 按下时,KM 线圈得电,松开时为 KM 线圈失电。

在图 2-3(b)中,当开关 SA 闭合时,自锁接点 KM 起作用,为连动控制;当 SA 断开时,自锁接点不起作用,为点动控制。该电路比较简单,但操作时较麻烦。

在图 2-3(c)中,SB3 作为点动按钮,当 SB3 被按下时,KM 线圈得电,SB3 常闭接点将自锁接点 KM 断开。当松开时,SB3 常开接点先断开,使 KM 线圈失电,其自锁接点 KM 断开,当 SB3 常闭接点随后闭合时,由于自锁接点 KM 已经先断开,所以电路不能自锁。

注意:点动按钮 SB3 应该采用直动式按钮(接点动作慢),如果采用微动式按钮(接点瞬间动作)有可能起不到点动控制的作用。

在图2-3(c)中,当按下按钮SB3时,常开接点闭合,KM线圈得电。

松开按钮时,SB3常开接点断开的瞬间,SB3常闭接点瞬间闭合,KM常开接点未及时断开,KM线圈又经SB3常闭接点KM常开接点得电自锁,就起不到点动作用了。如果KM常开接点先断开,SB3常闭接点后闭合,则KM线圈不得电。如果KM常开接点未断开,SB3常闭接点就闭合,则KM线圈得电。这种现象叫作接点竞争。

在控制电路设计中尽量避免接点竞争。

图2-3(d)电路控制可靠,但是要多加一个中间继电器KA。动作原理可自行分析。

4. 互锁控制

互锁主要用于控制电路中有两路或多路输出时保证只有其中一路输出,其主要包括输入互锁和输出互锁(在电路中,发布指令的电气元件叫作输入元件,如按钮、行程开关、温度开关等;执行控制电路结果的电气元件叫作输出元件,如接触器、电磁铁和信号灯等)。

图2-4(a)所示为两个复合按钮SB1和SB2(也可以用开关)分别控制两个接触器的点动控制电路,当SB1动作时,KM1线圈得电,其SB1常闭接点断开,使KM2不能得电;同样,当SB2动作时,KM1线圈也不能得电。当两个按钮都按下时,两个线圈都不得电。

图2-4(b)所示为两个常开按钮分别控制两个接触器的点动控制电路,利用输出线圈的常闭接点作为互锁。当SB1动作时,KM1线圈得电,其KM1常闭接点断开,使KM2不能得电;同样,当SB2动作时,KM1线圈也不能得电。当两个按钮都按下时,先按下的按钮有效,后按下的按钮无效。

图2-4(c)所示为两个按钮互锁和输出线圈常闭接点互锁的双互锁点动控制电路。

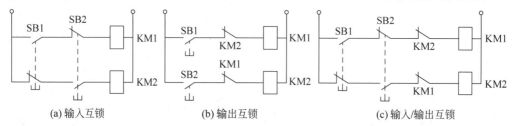

图2-4　常用的互锁形式

5. 正/反转直接起动控制电路

在许多机械传动控制中要求正反两个方向的运动,这就要求电动机能够正/反转。改变三相交流异步电动机的旋转方向只要改变电源的相序即可。一般用两个接触器改变电动机的电源相序,由于电动机不可能既正转又反转,所以两个接触器必须互锁。电动机的正/反转控制电路既可以采用如图2-4所示的点动互锁控制电路,也可以采用如图2-5所示的连动正/反转控制电路。

图2-5(b)所示为输出互锁型连动正/反转控制电路。SB2、SB3分别为正、反转起动控制按钮,如按下SB2,KM1线圈得电,主电路中的KM1主触点闭合,电动机得电正转。控制电路中的KM1常开触点闭合(自锁),KM1常闭触点断开,KM2线圈(互锁)。此时,如按下反转起动按钮SB3,则不起作用,必须先按下停止按钮SB1,使KM1失电后才能反转起动。

图2-5(c)所示为输入/输出互锁型连动正/反转控制电路。其控制原理和图2-13(b)类似,其特点是正/反转起动按钮同时按下时线圈不得电。

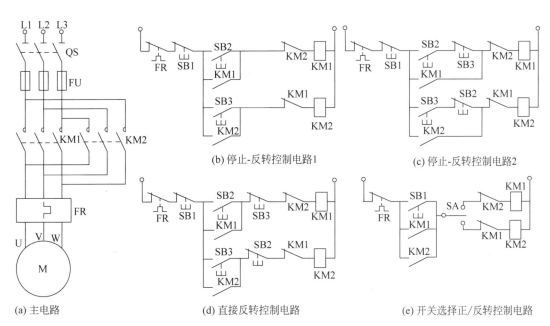

图 2-5　正/反转控制电路

图 2-5(d)所示也为输入/输出互锁型连动正/反转控制电路。其控制原理和图 2-5(c)类似,其特点是当电动机正转(KM1 得电)时,按反转起动按钮 SB3 可以直接使 KM2 得电,电动机反转,而不需要按停止按钮,这种电路称为直接反转控制电路。正/反转控制电路有多种接线方式,图 2-5(e)所示为另一种正/反转控制电路,其控制原理可自行分析。

注意:上述互锁接点除了有互锁作用之外,还有两种作用。

一是减少或消除主触点在正/反转互换时产生的电弧对触点的损坏。例如,在如图 2-5(d)所示的直接反转控制电路中,去掉 KM1 和 KM2 常闭接点(互锁接点),在 KM1 得电正转时,按下反转按钮 SB3,KM1 失电,KM2 得电,主触点 KM1 断开时所产生的电弧要持续一段时间,在电弧未完全熄灭时 KM2 主触点迅速闭合,这样就会造成短时间的弧光短路,很容易将主触点烧坏。而加了互锁接点后,这时主触点 KM1 先断开,KM1 常闭接点(互锁接点)后闭合,再使 KM2 线圈得电,之后 KM2 主触点才闭合,这样就使得从主触点 KM1 断开后,到 KM2 主触点闭合之间有一个比较长的过渡时间,使主触点 KM1 产生的电弧有较长的灭弧时间,从而减少或消除了电弧对触点的损坏。

二是可以防止主触点因电弧而熔焊在一起时,再反向起动时正/反转主触点同时闭合而造成短路。例如,图 2-5 中正转起动主触点 KM1 闭合时所产生的电弧将动触点烧焊在一起,这样即使 KM1 线圈失电,主触点 KM1 也不会断开,如果没有互锁接点,当 KM2 得电主触点闭合时就会造成电源短路。而当有了互锁接点后,主触点 KM1 熔焊或机械故障就不能断开,由接触器的结构可知,辅助常闭接点就不能闭合,KM2 线圈就得不了电,从而防止出现短路故障。

6. 多路输出互锁控制

前面所述的是两路输出互锁的控制电路,由电路分析可知,当某一路有输出时,为了防止其他输出不得电,只要将这一路的输出线圈的常闭接点串到其他输出电路即可。图 2-6所示为三路输出互锁控制电路。

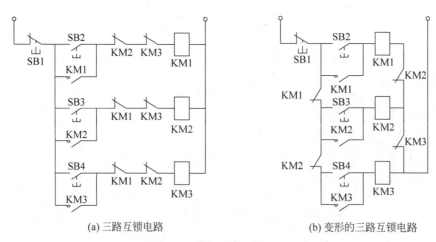

(a) 三路互锁电路　　　　　　　　　　　　(b) 变形的三路互锁电路

图 2-6　三路输出互锁控制电路

图 2-6(a) 所示为三路互锁的基本控制电路,由图可知,当 KM1 线圈得电时,串联在 KM2、KM3 线圈电路中的 KM1 常闭互锁接点断开,使 KM2、KM3 线圈不能得电,同样, KM2、KM3 线圈的常闭互锁接点也串联在其他线圈电路中,从而保证了在同一个时间内只能有一个线圈得电。根据这个电路特点,可以得出四路或更多路的互锁电路。

注意:互锁的路数越多,互锁接点的数量就越多,但采用变形的互锁电路,如图 2-6(b) 所示的电路形式,可以减少互锁接点的数量。

2.2　鼠笼型电动机降压起动控制电路

三相鼠笼型异步电动机能否直接起动主要取决于电源变压器的容量,一般适用于小型电动机。当鼠笼型电动机不满足直接起动条件时应采用降压起动控制。起动时降低加在电动机定子绕组上的电压,以减小起动电流,减少对线路电压的影响,起动后再将电压恢复到额定电压。

常用的降压起动控制电路有定子串电阻(或电抗)、星形-三角形换接、自耦变压器及延边三角形起动等起动方法。

1. 定子串电阻降压起动控制电路

图 2-7 所示为定子串电阻降压起动控制电路。起动时在电动机定子电路中串接电阻,使电动机定子绕组电压降低,起动一段时间后,起动电流减小后再将电阻短接,电动机在额定电压下正常运行。这种起动方式由于不受电动机接线形式的限制,设备简单,所以在中小型生产机械中应用较广。

起动前,合上电源开关 QS,按下起动按钮 SB2,KM1 得电吸合并自锁,电动机串电阻 R 起动,接触器 KM1 得电,同时时间继电器 KT 得电吸合,经一段延时后,KM2 得电动作,将主回路电阻 R 短接,电动机在全压下正常运转。

定子串电阻降压起动的控制电路可有多种方式,图 2-7(b) 所示为一种比较简单的控制电路,其可靠性高。由主回路可知,起动后只要 KM2 得电,即使 KM1 断开也能使电动机正常运行。但图 2-7(b) 所示的控制电路在电动机起动后 KM1 和 KT 一直得电,不利于节能。此时只需对图 2-7(b) 略加改动,使其变为图 2-7(c) 即可解决这个问题。接触器 KM2 得电

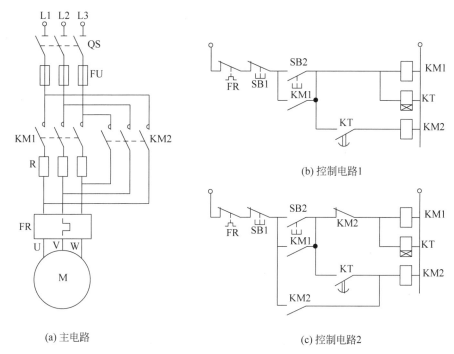

(a) 主电路

(b) 控制电路1

(c) 控制电路2

图 2-7 定子串电阻降压起动控制电路

后,用其常闭触点将 KM1 及 KT 的线圈切断失电,同时 KM2 自锁。这样,在电动机起动后,只有 KM2 得电。但值得注意的是,图 2-7(c)所示为一个具有接点竞争的控制电路,在一定的情况下将造成起动控制失败。

分析如图 2-7(c)所示的电路,按下起动按钮 SB2,KM1、KT 同时得电吸合并自锁,KT 经一段延时后,KT 延时接点闭合,KM2 线圈得电,KM2 常闭接点先断开,使 KM1、KT 线圈失电,KM1、KT 接点打开,如果 KM2 常开(自锁)接点没有在 KM1、KT 接点打开之前闭合,这样就会造成 KM2 线圈失电,结果使电动机停止运行。

低压电动机的起动电阻一般采用由电阻丝绕制的板式电阻或铸铁电阻,电阻功率大,能够通过较大电流,但能量损耗较大。在高压电动机中为了节省电能,常采用电抗器来代替电阻。

2. 自耦变压器降压起动控制电路

自耦变压器降压起动控制电路的控制原理和串电阻降压起动控制电路类似,不同的是起动时串入自耦变压器,也是用时间继电器控制起动时间。电动机起动电流的限制是依靠自耦变压器的降压作用实现的。起动时,先接通自耦变压器的电源,由自耦变压器的抽头向电动机定子绕组提供较低的二次电压,一旦起动完毕,自耦变压器便被断开,由电源直接向电动机全电压供电。

图 2-8 所示为一种自耦变压器降压起动的控制电路。

该电路采用了两个接触器。起动时,合上电源开关 QS,按下起动按钮 SB2,接触器 KM1 的线圈和时间继电器 KT 的线圈通电,KT 瞬动常开触头闭合自锁,接触器 KM1 主触头闭合,将电动机定子绕组经自耦变压器接至电源,开始降压起动。时间继电器经过一定延时后,其 KT 延时常闭触头打开,使接触器 KM1 线圈断电,KM1 主触头断开,从而将自耦变

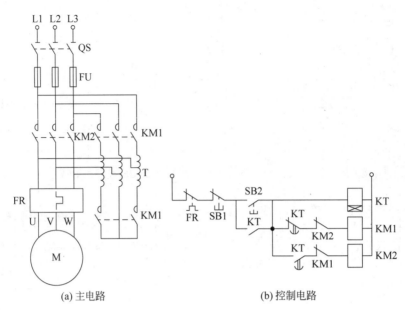

(a) 主电路　　　　　　　　　(b) 控制电路

图 2-8　自耦变压器降压起动的控制电路 1

压器切除。而 KT 延时常开触头闭合,使接触器 KM2 线圈通电,电动机直接接到电源上,完成了整个起动过程。

在如图 2-8(b)所示的控制电路中,如果去掉 KM1、KM2 常闭互锁接点也能互锁和控制,因为 KT 常开和常闭延时接点本身就具有互锁作用,能确保 KM1、KM2 线圈不会同时得电。但是在前面介绍互锁接点的作用时曾提到过,上述互锁接点除了有互锁作用之外,还有两种作用,一是减少或消除 KM1、KM2 主触点在互换时产生的电弧对触点的损坏;二是可以防止 KM1、主触点因电弧而熔焊在一起时,KM2 主触点再闭合而造成短路,所以不应省去。

自耦变压器在降压起动过程中,起动电流与起动转矩的比值按变压比的平方降低。因此,从电网取得同样大小的起动电流,采用自耦变压器降压起动比采用电阻降压起动产生较大的起动转矩。自耦变压器可以通过改变抽头的连接位置得到不同的起动电压,适用于起动较大容量的电动机,它的缺点是价格较高,而且不允许频繁起动。

一般工厂常用的自耦变压器起动方法是采用成品的自耦变压器起动器,又称为补偿器。成品的补偿降压起动器有手动、自动操作两种形式。

图 2-9 所示为另一种控制电路,该电路在主电路中采用了两个常闭触点,适用于不频繁起动、电动机容量在 30kW 以下的设备。控制变压器 TC 控制 3 个信号灯:HL1、HL2 和 HL3,分别表示电路的运行、起动和停止状态。工作过程可自行分析。

在第 1 章中提到交流接触器一般只有 3 个主触点、两个常开和两个常闭辅助触点。将辅助触点用于主电路一般是不允许的,当一个接触器主触点的数量不足时,可以用两个或多个接触器并联使用。另外,有的交流接触器还可以根据需要增减辅助触点数量。

3. 改接线降压起动控制电路

改接线降压起动控制电路常见的有星形-三角形降压起动、延边三角形-三角形降压起动及星形-延边三角-三角形降压起动控制电路等。改接线降压起动控制电路一般只能用于正常工作为三角形接线的电动机。一般功率在 4kW 以上的电动机均为三角形接线,由于这种降压起动方式只需改变电动机绕组的接线,无须专门的降压设备,所以应用十分广泛。

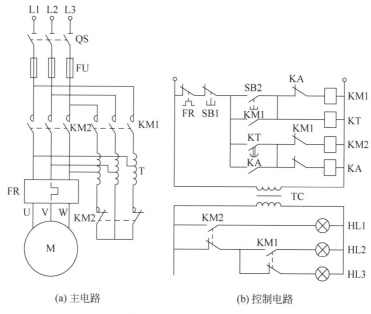

(a) 主电路　　　　　　　　　　　(b) 控制电路

图 2-9　自耦变压器降压起动控制电路 2

电动机常见的接线有星形、三角形接线和延边三角接线,如图 2-10 所示。在正常工作时,电动机的接线为三角形接线,每相绕组的电压为 380V。在起动时,如果将三相绕组接成星形接线,则每相绕组的电压为 220V,从而达到了降压起动的目的。采用星形-三角形降压起动时,起动电流为三角形接线直接起动电流的 1/3,但是起动转矩也为三角形接线直接起动转矩时的 1/3,所以这种方法适用于空载或轻载起动的设备。

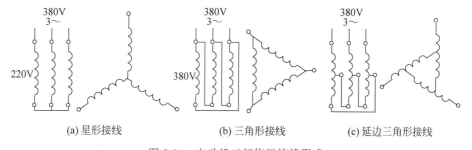

(a) 星形接线　　　　　(b) 三角形接线　　　　　(c) 延边三角形接线

图 2-10　电动机三相绕组接线形式

为了提高起动电压,以便提高起动转矩,可采用延边三角形-三角形降压起动控制电路,即在起动时将三相绕组接成延边三角形接线。延边三角形接线实际上是将绕组的一部分接成三角形接线,另一部分接成星形接线。三角形接线部分越小,起动电压越接近 220V;三角形接线部分越大,起动电压越接近 380V,可见每相绕组的电压为 220V~380V,从而达到了改变起动电压的目的。但是延边三角形接线的电动机要有 9 个接线端,电动机和控制装置之间有 9 条导线,为了节省导线,电动机和控制装置一般安装在同一地点,所以这种控制方式受到一定限制。

图 2-11(a)~图 2-11(c)所示为星形-三角形降压起动控制的主电路,起动时由接触器

KM1、KM2 将电动机 M 的三相绕组接成星形接线降压起动。当起动结束时接触器 KM2 失电，接触器 KM3 得电，将三相绕组接成三角形接线，全压运行。

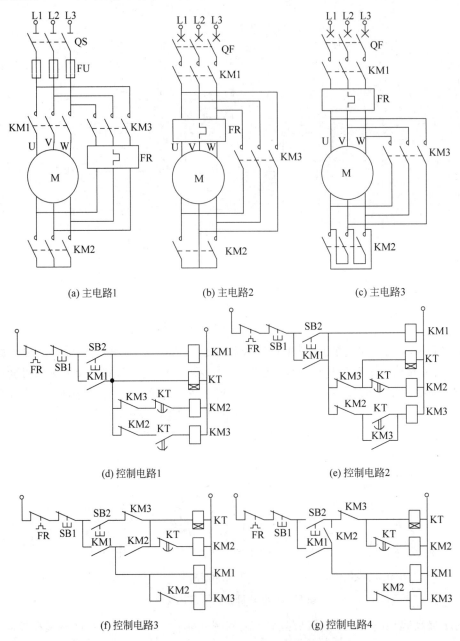

(a) 主电路1   (b) 主电路2   (c) 主电路3

(d) 控制电路1   (e) 控制电路2

(f) 控制电路3   (g) 控制电路4

图 2-11 星形-三角形降压起动电路

主电路中用于过载保护的热继电器 FR 一般有三种接法。图 2-11(a)中的热继电器 FR 接在三角形回路中，在起动时没有电流流过，在运行时流过的是相电流，整定动作电流时应按相电流整定。图 2-11(b)中的热继电器 FR 在起动时流过起动电流(线电流)，在运行时流过的是相电流，整定动作电流时应按相电流整定，不宜用于频繁起动的场合。图 2-11(c)中的热继电器 FR 在起动时流过起动电流(线电流)，在运行时也流过线电流，整定动作电流时应按额定电流(线电流)整定。

主电路中的接触器 KM2 用于绕组的星形接线,一般有三种接法。图 2-11(a)所示为 Y 形接线,在起动时流过的是线电流,断开的是相电压;图 2-11(b)所示为 V 形接线,在起动时流过的也是线电流,断开的是线电压;图 2-11(c)所示为△接线,在起动时流过的是相电流,断开的是线电压。

星形接线简单,使用的也比较多,V 形接线使用的比较少,△接线的触点电流小,当其中一个触点因故障断开时相当于 V 形接线,仍可以正常工作,是一种较好的接线方式。

主电路中的接触器 KM1 有两种接线方式,图 2-11(a)中 KM1 在工作时流过的是相电流,可采用较小容量的接触器,而图 2-11(b)和图 2-11(c)中 KM1 在工作时流过的是线电流,要求接触器的容量较大。

图 2-11(d)~图 2-11(g)为控制电路。

图 2-11(d)的工作原理如下:按下 SB2 起动按钮,KM1、KT、KM2 通电吸合,将电动机 M 接成星形(或延边三角形)降压起动,随着电动机转速的升高,起动电流下降,当时间继电器 KT 延时时间到时,其延时常闭接点断开,因而 KM2 断电释放,KM3 通电吸合,电动机 M 接成三角形正常运行。该电路较简单,没有接点竞争,但 KT 在运行时带电。

图 2-11(e),在运行时 KT 线圈不带电,但该电路有接点竞争,工作不可靠。

图 2-11(f)工作原理如下:按下 SB2 起动按钮,KT、KM2 通电吸合,KM2 触点动作使 KM1 也通电吸合并自锁,将电动机 M 接成星形(或延边三角形)降压起动。随着电动机转速的升高,起动电流下降,时间继电器 KT 延时时间到时,其延时常闭接点断开,使 KM2 断电释放,KM3 通电吸合,时间继电器也断电释放,电动机 M 接成三角形正常运行。该电路没有接点竞争,时间继电器 KT 在运行时不带电,是一种较好的控制电路。

图 2-11(g)和图 2-11(f)的工作原理相同,只是 KM2 常开接点接法不同。

2.3 绕线型异步电动机起动控制电路

三相鼠笼型异步电动机具有结构简单、价格便宜、坚固耐用及控制方便等优点,是工业控制中使用最多的一种电动机。但是鼠笼型异步电动机在直接起动时起动电流大,如果降压起动,虽然减小了起动电流,但是起动转矩将大大减小,在起动转矩要求较高、转速要求较低的场合下就无能为力了,这时可采用三相绕线型异步电动机。

三相绕线型异步电动机的转子回路可以通过滑环外串接可变电阻来减小起动电流,以达到提高转子电路功率因数和起动转矩的目的。在一般要求起动转矩较高的场合下,绕线转子异步电动机得到了广泛的应用。

调节转子回路电阻的方法很多,有分段调节和连续调节两种。分段调节有时间原则调节、电流原则调节、速度原则调节及综合原则调节等。连续调节有频敏变阻器、变阻器、水电阻器调节等多种方式。

1. 时间原则转子回路串接电阻起动控制电路

图 2-12 所示为时间原则转子回路串接电阻起动控制电路,三相绕线型异步电动机的定子绕组经电源开关 QS、熔断器 FU、接触器 KM1 和热继电器 FR 接到三相交流电源上。转子绕组串接三相起动电阻,一般接成星形。在起动前,起动电阻全部接入电路,起动过程中

电阻被逐段地短接。短接的方式有三相电阻不平衡(不对称)短接法和三相电阻平衡(对称)短接法两种。

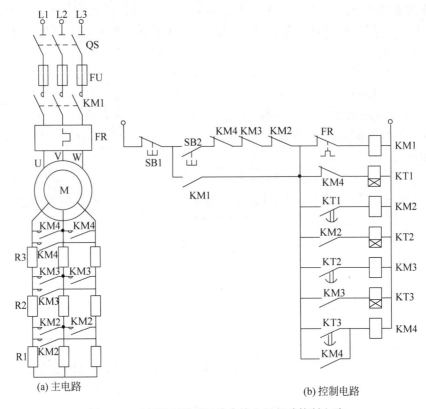

(a) 主电路　　　　　　　　　　(b) 控制电路

图 2-12　时间原则转子回路串接电阻起动控制电路

不平衡短接是每相的起动电阻轮流被短接,而平衡短接是三相的起动电阻同时被短接。串接在绕线转子异步电动机转子回路中的起动电阻,无论采用不平衡短接法还是平衡短接法,其作用基本相同。图 2-12 和图 2-13 为平衡短接。图 2-22 为不平衡短接。

凸轮控制器中各对触头闭合顺序一般按不平衡短接法设计,使得控制电路简单,采用不平衡短接法。用接触器来短接起动电阻,采用平衡短接法。

起动时,按下起动按钮 SB2,KM1 得电自锁,电动机转子回路串入全部电阻起动。时间继电器 KT1 得电经过一段延时,KT1 延时常开接点闭合使 KM2 得电,KM2 主接点闭合短接一段起动电阻 R1,KT2 线圈得电延时……逐次延时短接 R1、R2、R3 后,全部起动电阻短接。KM4 自锁,KM4 常闭接点断开,顺次使 KT1、KM2、KT2、KM3、KT3 这 5 个继电器断电。工作时电路中只有 KM1、KM4 长期通电,可起到节省电能和延长使用寿命的作用。

为了防止用于短接起动电阻用的接触器 KM2、KM3、KM4 在起动前由于熔焊或机械卡阻而使主触点处于闭合状态,使部分或全部起动电阻被短接而造成直接起动,在起动按钮 SB2 回路中串入了 KM2、KM3、KM4 的常闭接点,当主触点处于闭合状态时,常闭接点断开,从而防止了直接起动。

2. 电流原则转子回路串接电阻起动控制电路

图 2-13 所示为绕线型异步电动机电流原则转子回路串接电阻起动控制电路,它是利用

电动机起动转子电流大小的变化来控制电阻切除的。KI1、KI2、KI3 为欠电流继电器,其线圈串接在电动机转子电路中。这 3 个继电器的吸合电流均相同,但释放电流不同,其中,KI1 的释放电流最大,KI2 次之,KI3 最小。

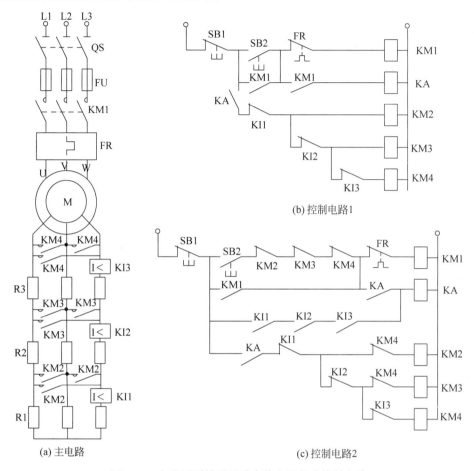

图 2-13　电流原则转子回路串接电阻起动控制电路

图 2-13(b)所示为一种较简单的控制电路。起动时按下起动按钮 SB2,接触器 KM1 得电自锁,转子回路串接全部电阻起动,起动电流很大,KI1、KI2、KI3 都吸合,它们的常闭触头断开,考虑到常闭触头断开有一定的短延时,为了防止接触器 KM1 动作时 KM2、KM3、KM4 短时得电,在电路中增加一个中间继电器 KA 以延缓 KM2、KM3、KM4 回路的通电时间。

当电动机转速升高后电流减小,KI1 首先释放,它的常闭触头闭合,使接触器 KM2 线圈通电,短接电阻 R1,这时转子电流又重新增加,随着转速升高,电流逐渐下降,使 KI2 释放,接触器 KM3 线圈通电,短接电阻 R2,如此下去,直到将转子全部电阻短接,电动机起动完毕。

图 2-13(b)所示的电路有一定的缺陷,一是 KM2、KM3 在起动结束后已经不起作用,但是仍带电;二是如果 KM2～KM4 主触点因故障断不开,将会造成直接起动;三是由中间继电器 KA 延缓 KM2、KM3、KM4 回路的通电时间不够可靠。将图 2-13(b)改进成图 2-13(c)即可避免上述缺陷,其原理请自行分析。

3. 转子回路串频敏变阻器起动控制电路

绕线型异步电动机转子回路串接电阻起动,在起动过程中,由于逐段减小电阻,电流和转矩会突然增加,造成一定的机械冲击力,其起动电路复杂,工作不可靠,而且电阻本身比较笨重,能耗大,控制箱体积较大。采用频敏变阻器起动不仅起动转矩大,起动电流小,且起动平稳没有机械冲击力,控制电路也比较简单,是一种较为理想的起动设备,常用于较大容量的绕线式异步电动机的起动控制。

在起动过程中,频敏变阻器的阻抗能够随着转子电流频率的下降逐渐减小。频敏变阻器实质上是一个铁芯损耗非常大的三相电抗器,它由数片 E 形钢板叠成,分铁芯、线圈两个部分,采用星形接线。将其串接在转子回路中,相当于转子绕组接入一个铁损较大的电抗器。在起动过程中,转子频率是变化的,刚起动时,转速 n 等于零,转子电动势频率 f_2 最高($f_2 = 50\text{Hz}$),此时频敏变阻器的电感与电阻均为最大,因此,转子电流相应受到抑制,由于定子电流取决于转子电流,从而使定子电流不致很大。又由于起动中,串入转子电路中的频敏变阻器的等效电阻和等效电抗是同步变化的,因而其转子电路的功率因数基本不变,从而保证有足够的起动转矩。当转速逐渐上升时,转子频率逐渐减小,当电动机运行正常时,f_2 很低(为 5%~10% 电源频率),又由于其阻抗与 f_2 平方成正比,所以其阻抗变得很小。

由以上分析可见,在起动过程中,转子等效阻抗及转子回路感应电动势都是由大到小,从而实现了近似恒转矩的起动特性,这种起动方式在空气压缩机等设备中获得了广泛应用。频敏变阻器有各种结构形式,RF 系列各种型号的频敏变阻器可以应用于绕线转子异步电动机的偶然起动和重复起动。重复短时工作时,常采用串接方式,不必用接触器等短接设备。在偶然起动时,一般用一只接触器,起动结束时将频敏变阻器短接。

图 2-14 所示为转子回路串频敏变阻器起动控制电路,该线路可以实现自动和手动控

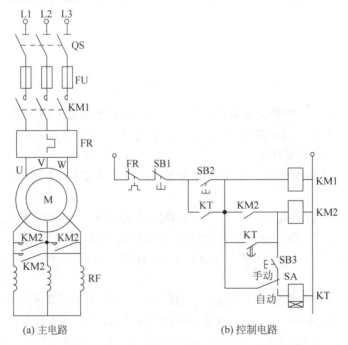

(a) 主电路　　　(b) 控制电路

图 2-14　转子回路串频敏变阻器起动控制电路

制。自动控制时将选择开关 SA 扳向"自动"位置,接入时间继电器 KT,按下起动按钮 SB2,KM1 得电并自锁,电动机接入电源,转子串频敏变阻器 RF 起动,时间继电器 KT 得电延时一段时间后,其延时接点接通接触器 KM2 并自锁,将频敏变阻器 RF 短接。选择开关 SA 扳到"手动"位置时,时间继电器 KT 不起作用,利用按钮 SB3 手动控制接触器 KM2 的动作。

调节频敏变阻器的匝数,可以改变起动电流的大小;调节频敏变阻器的上下铁芯间的气隙,可以改变起动转矩的大小。

2.4 异步电动机的制动控制电路

电动机在脱离电源后,由于惯性的作用,要经过一段时间才能停止转动,这将影响生产效率,有些生产机械要求能准确停位,在这种情况下应对拖动电动机采取有效的制动措施。交流异步电动机的制动方法有机械制动和电气制动两种。

机械制动是利用机械装置使电动机迅速停转。常用的机械制动装置有电磁抱闸制动、电液闸制动、带式制动和盘式制动等。

电气制动是在电动机上产生一个与原转子转动方向相反的制动转矩,迫使电动机迅速停转。电气制动方法有反接制动、能耗制动、阻容制动和发电制动等。

1. 机械制动

机械制动的特点是停车准确,不受中途断电或电气故障的影响而造成事故。机械制动的制动力矩在一定范围内可以克服任何外加力矩,例如,当提升重物时,由于抱闸的作用力,可以使重物停留在需要的高度,这是电气制动所不能达到的。但从另一方面来看,制动时间越短,冲击振动也就越大。机械制动需要在电动机的轴伸出端安装机械制动装置,这对某些空间位置比较紧凑的生产机械来说就有些困难了。机械制动一般常用在起重卷扬等设备上。

下面说明电磁抱闸制动的控制原理。电磁抱闸装置主要由制动电磁铁和闸瓦制动器组成,有断电制动型和通电制动型两种。将制动电磁铁的线圈切断或接通电源,使机械制动动作,通过机械抱闸制动电动机。

图 2-15(a)所示为断电制动的电磁抱闸制动控制电路,当电动机起时,电磁制动器 YB 同时通电而吸合使抱闸打开,电动机转动。在按下停止按钮 SB2 时,电动机 M 和电磁制动器 YB 同时失电,制动器在弹簧的压力下将电动机的转轴闸紧。断电制动的优点是能在失电的情况下及时制动;缺点是电源切断后,主轴就被刹住不能转动,手动调整比较困难。

图 2-15(b)所示为通电制动的电磁抱闸制动控制电路,这种电路中的电磁制动器在有电源时起制动作用。当按下停止按钮 SB2 时,接触器 KM1 释放,电动机断电,同时制动接触器 KM2 吸合,使电磁制动器 YB 动作,抱闸抱紧使电动机停止。当松开 SB2 时,电磁制动器释放,抱闸放松。显然,这种电路在失电时不能制动。

2. 电气制动

1) 反接制动

反接制动是在电动机停止时向定子绕组中输入反向序的电压,给转子一个反向转矩,使

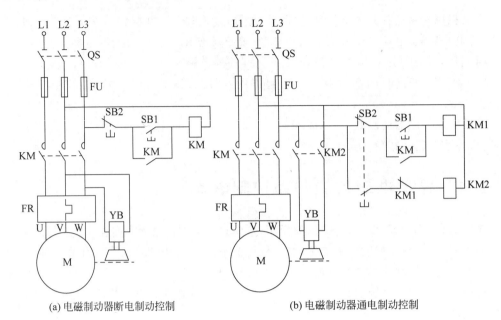

(a) 电磁制动器断电制动控制　　　　　　　(b) 电磁制动器通电制动控制

图 2-15　电磁抱闸制动控制电路

电动机产生一个向反方向旋转的力,使电动机转速迅速下降到零,当转速下降至接近零时及时将电源切除,以防电动机反向起动。

反接制动时,由于转子与旋转磁场的相对速度接近 2 倍的同步转速,所以,定子绕组中流过的反接制动电流相当于全压起动时起动电流的 2 倍,冲击电流很大。为减小冲击电流,需要在电动机主电路中串接一定的电阻以限制反接制动电流,该电阻称为反接制动电阻。

下面介绍几种常用的反接制动控制电路。

(1) 单向反接制动控制电路。

反接制动的关键在于当转速下降至接近零时,能自动将电源切除。为此,在反接制动过程中采用速度继电器检测电动机的速度变化。速度继电器在转速为 120~3000r/min 的范围内触点动作,当转速低于 100r/min 时,其触点恢复原位。

图 2-16 所示为单向反接制动控制电路。图中 KM1 为单向运行接触器,KM2 为反接制动接触器,SV 为速度继电器,R 为反接制动电阻。

图 2-16(b)所示为控制电路之一,起动时按下起动按钮 SB2,KM1 得电,其常闭接点断开使 KM2 不能得电(互锁),常开接点闭合自锁,主触点闭合,电动机起动。当转速高于120r/min 时速度继电器 SV 触点动作,为制动做好准备。

按下停止按钮 SB1,KM1 失电,电动机暂时脱离电源。KM1 常闭接点闭合,由于电动机的惯性仍在转动,所以,速度继电器 SV 触点仍然闭合使 KM2 得电。电动机串入反接制动电阻 R 进行反接制动,当转速低于 100r/min 时速度继电器 SV 触点复位,使 KM2 失电,电动机停止转动。

图 2-16(b)所示的控制电路有一点不足,就是在电动机停止时,若有人转动机械部分使电动机轴正向转动,速度继电器 SV 触点就会闭合使 KM2 得电,从而使电动机得电而反向制动,不利于安全。而图 2-16(c)所示的控制电路可避免出现这种情况。

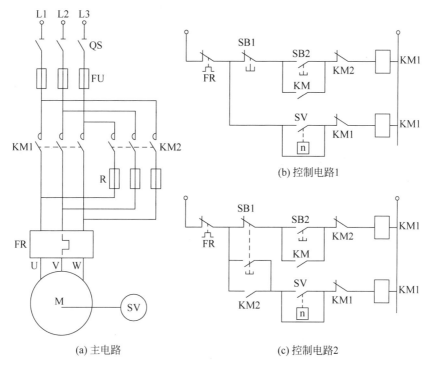

(a) 主电路

(b) 控制电路1

(c) 控制电路2

图 2-16 单向反接制动控制电路

（2）可逆反接制动控制电路。

图 2-17 所示为电动机可逆运行的反接制动的控制电路。速度继电器 SV 有两组触点，SV-正触点在正转时动作，SV-反触点在反转时动作。其起动过程和图 2-16 所示的单向反接制动控制电路基本相同，只是在反转回路中串联了一个 SV 的常闭触点，以防止在反接制动时反转制动接触器自锁。

图 2-17(b) 所示为控制电路 1，起动时按下起动按钮 SB2，KM1 得电，其常闭接点断开使 KM2 不能得电（互锁），常开接点闭合自锁，主触点闭合，电动机起动正转。当转速高于 120r/min 时速度继电器 SV 正转触点 SV-正动作，为制动做好准备。

按下停止按钮 SB1，KM1 失电，电动机暂时脱离电源。KM1 常闭接点闭合，由于电动机的惯性仍在转动，所以速度继电器 SV-正触点仍然闭合，KM2 得电，电动机进行反接制动，当转速低于 100r/min 时速度继电器 SV-正触点复位，使 KM2 失电，电动机停止转动。

图 2-17(b) 所示的电路不能防止人为转动电动机轴而使电动机得电的现象，而图 2-17(c) 所示的电路可以防止出现这种情况。

这种反接制动电路的缺点是主电路没有限流电阻，反接制动电流大，一般用于小功率电动机的控制。

图 2-18 所示为具有反接制动电阻的正反向反接制动控制电路，主电路中电阻 R 是反接制动电阻，用于限制反接制动电流，但也具有限制起动电流的作用。

主电路的控制要求如下：如正转起动，先将 KM1 闭合，电动机串接电阻 R 起动，当电

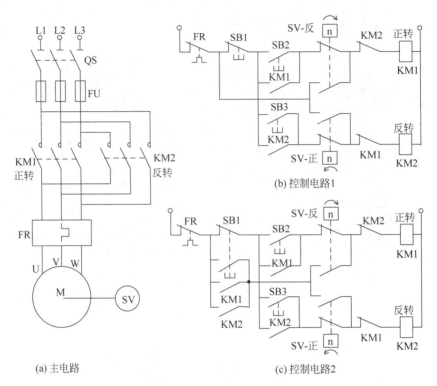

图 2-17　电动机可逆运行的反接制动控制电路

动机转速高于 120r/min 时 KM3 闭合，将电阻 R 短接，电动机全压运行。停止时将 KM1、
KM3 同时打开，再闭合 KM2，电动机串接电阻 R 反接制动，当电动机转速低于 100r/min
时，由速度继电器 SV 断开 KM2，电动机制动结束。

　　与图 2-17 所示的控制电路相比，图 2-18 所示的控制电路只多了一个接触器 KM3 和两
个 KM1、KM2 的常开接点，其控制电路可参照图 2-17 自行分析。

　　2) 能耗制动

　　能耗制动就是在电动机脱离三相交流电源之后在定子绕组上加一个直流电压，即通入
的直流电流在定子绕组中产生一个静止磁场，由于转子的惯性而旋转切割磁力线，利用转子
感应电流与静止磁场的作用以达到制动的目的。根据能耗制动时间控制原则，可用时间继
电器进行控制，也可以根据能耗制动速度原则，用速度继电器进行控制。

　　下面以单向能耗制动控制电路为例来说明。

　　图 2-19(a)所示为常见的一种单向能耗制动控制电路，其制动用的直流电源由变压器
TC 和单相桥式整流电路 U 组成，制动效果较好。对于功率较大的电动机可采用三相整流
电路，但所需设备多，成本高。对于 10kW 以下的电动机，在制动要求不高时，可采用无变压
器单管能耗控制电路，如图 2-19(b)所示，其特点是设备简单，体积小，成本低。

　　图 2-19(c)所示为时间原则控制的单向能耗制动控制电路。在电动机正常运行时，若按
下停止按钮 SB1，SB1 常闭接点断开，KM1 断电释放，电动机脱离三相交流电源，SB1 常开
接点闭合，使接触器 KM2 和时间继电器 KT 线圈通电并自锁，KM2 主触头闭合，将直流电
源通入定子绕组，于是电动机进入能耗制动状态。当其转子的惯性速度接近于零时，时间继
电器延时打开的常闭触头断开接触器 KM2 线圈，KM2 自锁接点复位，KT 线圈被断开，

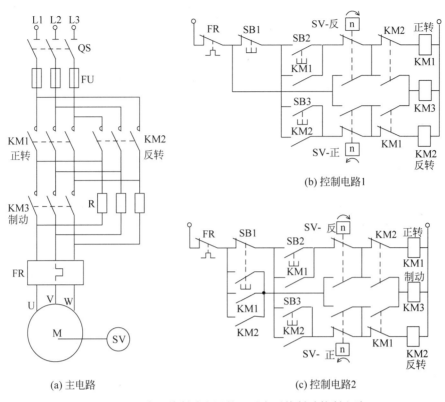

(a) 主电路

(b) 控制电路1

(c) 控制电路2

图 2-18 具有反接制动电阻的正反向反接制动控制电路

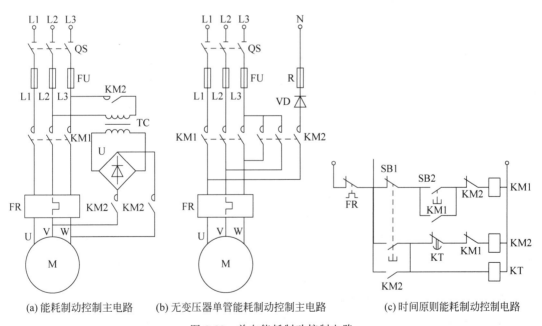

(a) 能耗制动控制主电路

(b) 无变压器单管能耗制动控制主电路

(c) 时间原则能耗制动控制电路

图 2-19 单向能耗制动控制电路

KM2 主触点断开电动机的直流电源,电动机能耗制动结束。如果控制电路中的时间继电器 KT 线圈断线或出现机械卡住故障,则电动机在制动时由于接触器 KM2 线圈不能延时断开,所以,使得电动机定子绕组将长期接入能耗制动的直流电流。为了防止出现这种情况,可将时间继电器 KT 的瞬动常开接点和 KM2 自锁接点串联。

另外,如图 2-19 所示的单向能耗制动电路也可以采用速度原则控制的单向能耗制动控制电路,其控制过程和如图 2-16 所示的单向反接制动控制电路一样,所以,图 2-16(b)和图 2-16(c)所示的控制电路也可以用于速度原则控制的单向能耗制动控制电路。

2.5 异步电动机的调速控制电路

对于异步电动机,根据转速公式 $n = 60(1-s)f_1/p$,可知调速的方法有:改变转差率 s——串级调速,改变电源频率 f_1——变频调速,改变极对数 p——变极调速。下面介绍鼠笼型异步电动机改变极对数调速及绕线型异步电动机在转子中串接电阻调速。

1. 改变极对数调速控制电路

对于鼠笼型电动机,可采用改变极对数来调速。改变极对数主要是通过改变电动机绕组的接线方式来实现的。接线方式的改变,可以采用手动控制,也可以采用时间继电器按照时间原则来控制。变极电动机一般有双速、三速和四速电动机之分。双速电动机定子既可装一套绕组,也可装两套绕组。三速和四速电动机定子一般装两套绕组。

下面介绍双速变极调速电动机的调速控制电路。

双速电动机三相绕组连接图如图 2-20 所示。图 2-20(a)所示为星形(4 极、低速)与双星形(2 极、高速)连接法,它属于恒转矩调速;图 2-20(b)所示为三角形(4 极、低速)与双星形(2 极、高速)连接法,它属于恒功率调速。由图 2-20 可知,每相绕组分两组,只需在改接线后使其中一组的电流方向改变即可达到改变极对数的目的,从而改变转速。

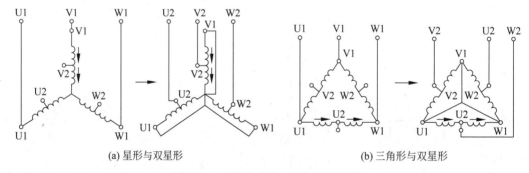

(a) 星形与双星形   (b) 三角形与双星形

图 2-20 双速电动机三相绕组连接图

双速电动机变极调速控制电路如图 2-21 所示。

图 2-21(b)所示为用按钮和接触器控制双速电动机的控制电路。工作原理如下所述。

先合上电源开关 QS,按下低速起动按钮 SB2,低速接触器 KM1 线圈得电,互锁触点断开,自锁触头闭合,KM1 主触头闭合,定子绕组为星形(或三角形)连接,电动机低速运转。如需转为高速运转,可按下高速起动按钮 SB3,于是低速接触器 KM1 线圈断电释放,主触头断开,自锁触头断开、互锁触头闭合,高速接触器 KM2 和 KM3 线圈同时得电,主触头闭合,使电动机定子绕组连成双星形接线,电动机高速运转。

对于双速电动机的起动控制,一般应先低速后高速,以减少起动时的机械冲击力。但该电路若先按下高速起动按钮 SB3,将造成直接高速起动,所以这种电路一般多用于小功率电动机的调速。

需要注意的是,该控制电路实际上和正反转控制电路完全一样。

图 2-21(c)所示为 T68 型卧式镗床控制电路中的一部分,是采用变速手柄、接触器和时间继电器控制双速电动机的控制电路。工作原理如下所述。

图 2-21(c)中,SA 是变速手柄控制开关,变速手柄在控制机械部分的同时也控制电气部分,它有低速、停止和高速 3 个位置。当开关 SA 扳到中间位置(停止位置)时,电动机处于停止。若把 SA 扳到"低速"位置时,接触器 KM1 线圈得电,电动机定子绕组的电动机以低速运转。再把 SA 扳到"高速"位置时,时间继电器 KT 线圈首先得电,它的常开瞬动触头 KT 闭合,接触器 KM1 线圈得电,电动机仍以低速运行。经过一定的延时时间,时间继电器 KT 的延时常闭触头断开,接触器 KM1 线圈断电释放,KT 延时常开触头延时闭合,接触器 KM2、KM3 线圈得电使电动机定子绕组向 3 个出线端 U2、V2、W2 与电源相连接,以高速运转。

如果起动时变速手柄直接扳到"高速"位置,则电动机将是先低速后高速,以避免出现高速直接起动的现象。但该电路也有不足之处,一是当停电后再来电时,电动机将通电自起动,不安全;二是在低速运行时再转为高速运行时还要低速运行一段时间,效率低。

图 2-21(d)所示为采用按钮、接触器和时间继电器的控制电路,它避免了图 2-21(b)和图 2-21(c)的不足之处。其工作原理请自行分析。

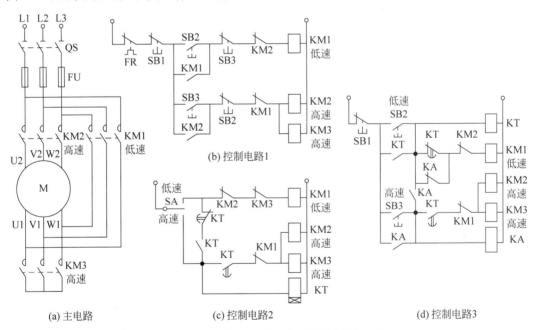

图 2-21　双速变极调速电动机的调速控制电路

2. 改变转差率调速控制电路

对于绕线式异步电动机可采用转子回路串接电阻的方法来实现改变转差率调速。电动机的转差率 s 随着转子回路电阻的变化而变化,使电动机工作在不同的人为特性上,以获得不同转速,从而实现调速的目的。

　　绕线式异步电动机转子回路串接电阻调速控制有两种方式：一种是用凸轮控制器直接控制电动机的主电路，由于控制器的触点容量和数量有限，所以，只用于小容量的电动机；另一种是采用主令控制器和磁力控制屏配合进行控制，适用于大容量的电动机和调速要求比较高、起动和工作比较繁重的场合。下面介绍用凸轮控制器进行起动调速控制的电路。

　　凸轮控制器结构简单、工作可靠、维护方便，它与控制箱（屏）相比外形尺寸较小，广泛用于控制中、小型起重机运行机构和小型起重机起重机构的电动机。

　　图 2-22 所示为绕线式异步电动机转子串接电阻的调速控制电路。图中采用 KT14—25J/1 型凸轮控制器 SA，共有 12 对触点，SA-1 与起动按钮串联，用于零位保护，以保证电动机只有在零位停止状态下才能起动；SA-2 用于正转时将正转过限位开关 SQ2 接通，以防止被控制的机械在运行中超越界限；SA-3 用于反转越限保护；SA-4 和 SA-5 用于控制电动机的正转；SA-6 和 SA-7 用于控制电动机的反转；SA-8～SA-12 用于转子回路的电阻切换。

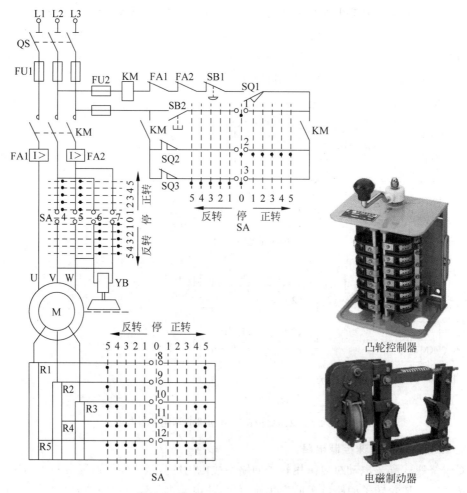

凸轮控制器

电磁制动器

图 2-22　绕线式异步电动机转子串接电阻的调速控制电路

在主电路中,过流继电器 FA1、FA2 用于电动机的过电流保护;电磁制动器 YB 用于电动机的制动,这里采用断电制动方式;在电动机 M 的转子回路中,串接三相不平衡电阻用于起动和调速。

在控制电路中,接触器 KM 用于电动机的电源控制,和 SA 配合起零位保护作用;过流继电器 FA1、FA2 常闭触点用于在过电流时断开电动机的电源;SB1 为急停按钮;SQ1 用于安全门限位开关。SQ1 和 SQ2 分别用于正反转时的越限保护。

起动时,应将安全门关好,SQ1 闭合,将凸轮控制器 SA 的手轮转到 0 位,由图 2-22 可知,SA-1、SA-2、SA-3 触点闭合,SA-4~SA-12 触点断开。按下起动按钮 SB2,接触器 KM 得电并自锁,KM 主触点接通电源。将凸轮控制器 SA 的手轮转到正转的 1 位,由图 2-22 可知,SA-1、SA-3 触点断开,SA-2 仍闭合,接入正转限位开关 SQ2。SA-4 和 SA-5 闭合使电磁制动器 YB 和电动机 M 同时得电,解除制动,电动机转子回路串入全部电阻低速起动并运行。将 SA 转到正转的 2 位,SA-12 触点闭合切断一段电阻 R5,电动机转速上升。将 SA 转到正转的 3 位,SA-11 触点闭合切断一段电阻 R4,电动机转速再上升。将 SA 转到正转的 5 位时全部电阻被切除,电动机在最高转速下运行。

将凸轮控制器 SA 的手轮转到 0 位,电动机失电,电磁制动器 YB 失电进行抱闸制动。

2.6 电气控制电路设计举例

控制三台电动机,按下起动按钮,起动第一台电动机,隔 5s 起动第二台电动机,再隔 5s 起动第三台电动机。按下停止按钮,第三台电动机停止。隔 5s 停止第二台电动机,再隔 5s 停止第一台电动机。

(1)电动机主电路设计:用断路器 QF 做总电源开关及短路保护,每台电动机串接热继电器 FR1~3 做过载保护,接触器 KM1~3 控制电动机的起动停止,如图 2-23(a)所示。

(2)控制电路设计:延时起动电路设计如图 2-23(b)所示,按下起动按钮 SB1,KM1 得电自锁,M1 起动,时间继电器 KT1 延时 5s 接通 KM2,M2 起动,KT2 得电延时 5s 接通 KM3,M3 起动。

(3)延时停止电路设计:如图 2-23(c)所示,按下停止按钮 SB2,时间继电器 KT3 得电自锁,KT3 常闭接点断开 KM3 失电,M3 停止。KT3 常闭接点延时 5s 断开 KM2,M2 停止,KT2 得电延时 5s 断开 KM2,M2 停止。KT3 常开接点延时 5s 接通 KT4,KM1 失电,M1 停止。

(4)控制电路完善修改:

① 图 2-23(c)在停止时,KT3 和 KT4 仍得电,影响以后的操作,将 KM2 以下的电路连接在 KM1 自锁接点之后即可。

② 将热继电器 FR1~FR3 常闭接点分别串接入 KM1~KM3 线圈,对电动机过载保护。

③ 为了安全,增加急停按钮 SB3,在紧急情况下立即停止全部电机运行。

经过多次完善修改的控制电路如图 2-23(d)所示。

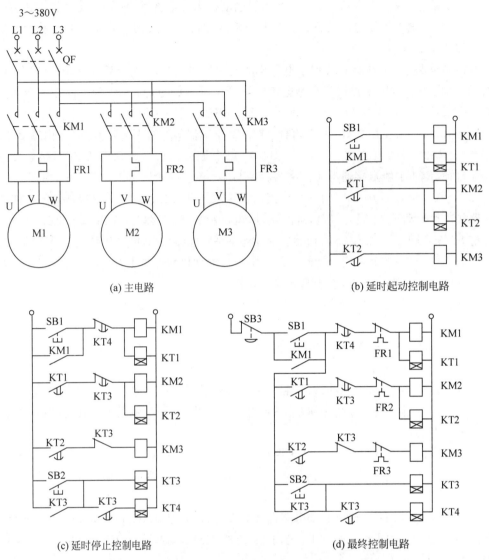

(a) 主电路

(b) 延时起动控制电路

(c) 延时停止控制电路

(d) 最终控制电路

图 2-23　三台电动机顺序延时起动与逆序延时停止电路

习题

1. 画出 4 路输出互锁电路。

2. 画出星形-三角形降压起动控制的主电路和控制电路。

3. 画出用速度原则控制的单向能耗制动控制电路。

4. 分析题图 1(a)～题图 1(d)所示的电路是否能进行点动控制？哪些电路有接点竞争现象？哪些电路没有接点竞争现象？

5. 如何利用如题图 2 所示的电路实现点动控制？

6. 如题图 3 所示为控制两台电动机的控制电路,试分析电路有哪些特点。

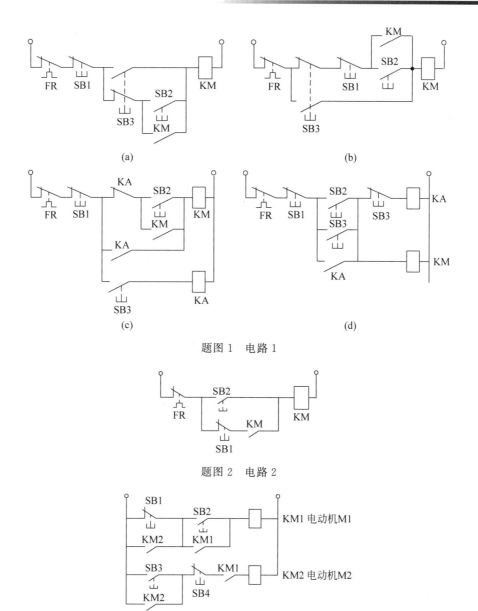

题图 1　电路 1

题图 2　电路 2

题图 3　电路 3

7. 是否可以用如题图 4 所示的电路作为电动机的正反转控制电路？

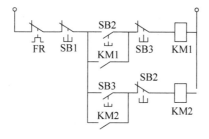

题图 4　电路 4

8. 题图 5 所示为用一个按钮控制电动机的星形-三角形降压起动电路,说明控制电路的操作过程和控制原理。

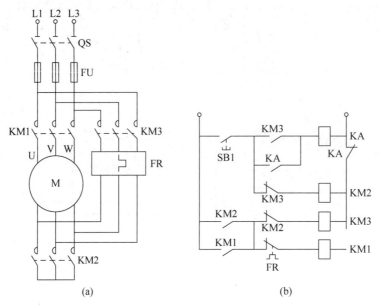

题图 5　电路 5

9. 题图 6 所示为用一个按钮控制绕线型异步电动机转子回路串频敏变阻器起动的控制电路,说明控制电路的操作过程和控制原理。

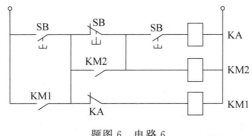

题图 6　电路 6

10. 在如图 2-11 所示的星形-三角形降压、延边三角形-三角形起动电路中,如果时间继电器 KT 断线或损坏,按下起动按钮 SB2 后,电动机将处于什么工作状态?试改进电路,要求当时间继电器断线或损坏时电动机不能起动。

11. 设计一个电路。要求第一台电动机起动后,第二台电动机才能起动;第二台电动机起动后,第三台电动机才能起动;若有一台电动机过载则全部停止。

12. 用传送带运送产品(工人在传送带首端放好产品),传送带由三相鼠笼型电动机控制。在传送带末端安装一个限位开关 SQ,如题图 7 所示,按下起动按钮,传送带开始运行。当产品到达传送带末端并超过限位开关 SQ(产品全部离开传送带)时,传送带停止。试设计传送带电动机的控制电路。

13. 用按钮控制三台电动机,为了避免三台电动机同时起动造成起动电流过大,要求每隔 8s 起动一台,试设计三台电动机的主电路和控制电路。每台电动机应有短路和过载保护,当一台电动机过载时,全部电动机停止。

题图 7　传送带运送产品

14. 用一个按钮点动起动控制电动机,当按钮松开时,对电动机能耗制动,5s 停止,试画出控制电路。

15. 题图 8 所示为预警延时起动控制电路,试说明其控制原理。

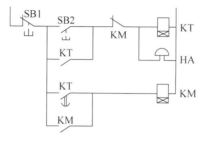

题图 8　电路 7

16. 一个圆盘带动一个活塞杆作往复运动,如题图 9 所示,用按钮控制圆盘的转动,要求按一次按钮,活塞杆往复运动一次,试设计控制电路图。

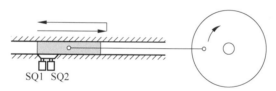

题图 9　圆盘带动活塞杆作往复运动

17. 某机床起动时要求先起动润滑泵电动机,起动 8s 后自动起动主轴电动机自动起动。停止时,要求先停止主轴电动机后才能停止润滑泵电动机。两台电动机均设短路保护和过载保护。试设计两台电动机的主电路和控制电路。

18. 某生产机械有两台电动机,起动时要求先起动第一台电动机,起动 10s 后才能起动第二台电动机。停止时,要求先停止第二台电动机 10s 后才能停止第一台电动机。两台电动机均设短路保护和过载保护。试设计两台电动机的主电路和控制电路。

第二部分

PART 2

PLC 理论基础

　　PLC 主要用于电气设备的控制,PLC 中的软元件基本上是模拟常用低压电器元件的控制原理进行控制的,因此在学习本书时,应掌握一定的电气设备的控制技术,了解常用低压电器的功能和用途,熟悉基本控制电路的工作原理。

　　第二部分为 PLC 理论基础,以日本三菱 FX$_{3U}$ 型 PLC 为主要对象,详细介绍 FX 系列 PLC 基本结构和工作原理,以及 PLC 的三大控制指令:基本逻辑指令、步进顺控指令和应用指令。这些指令只是一些工具,要想设计出好的控制程序,需要大量的电路控制设计的基础和设计经验。这些指令好比是纸和笔,控制程序(梯形图)好比是图画,要想画出精美的图画,需要长期的磨炼。

　　基本逻辑指令有 29 条,主要是模拟电器元件的接点和线圈,用这些模拟的接点和线圈组成类似常规控制电路的控制程序(梯形图),这是 PLC 的控制基础,应熟练掌握。

　　步进顺控指令有 2 条,主要是用于电气设备的顺序控制,具有设计简单、方便直观的特点。

　　应用指令(也称为功能指令)有 218 条,主要用于数据处理,也能用于常规电气控制,并能使电路变得简单方便。由于篇幅所限,本书只介绍常用的一些指令,如需详细了解,可参阅作者编写的《PLC 应用指令编程实例与技巧》。

第3章 FX 系列 PLC 结构和工作原理

CHAPTER 3

本书主要讲述三菱 FX 系列可编程控制器。FX 系列可编程控制器是日本三菱公司生产的超小型、小型系列产品,是进入我国市场最早的产品之一,在我国电气自动化控制系统中有较多的应用。到目前为止,已有 F、F_1、F_2、FX_2、FX_1、FX_{2C}、FX_0、FX_{0N}、FX_{0S}、FX_{2N}、FX_{2NC}、FX_{1S}、FX_{1N} 和最近推出的 FX_{3S}、FX_{3U}、FX_{3UC}、FX_{3G}、FX_{3GC}、FX_{5U}、FX_{5UC} 型等多种可编程控制器。日本三菱公司生产的可编程控制器发展很快,控制功能也在不断增强,早期的产品现在基本不再使用了,另外,日本三菱公司还生产 A 系列和 Q 系列中型、大型可编程控制器。

3.1 FX 系列可编程控制器的结构组成

3.1.1 概述

PLC 实质上是一种工业控制计算机,是专门为工业电气控制而设计的,其设计思想来自于常规的继电器、开关控制电路。所以,尽管 PLC 的控制原理与计算机密切相关,但是在初次学习 PLC 的控制原理时,先不必从计算机的角度去理解,而是把它当作一个由各种控制功能的继电器、开关等控制元件组成的控制装置看待。

3.1.2 FX$_{3U}$ 型 PLC 基本单元的外形结构

FX_{3U} 型 PLC 是 FX_{2N} 型 PLC 的升级版,涵盖了 FX_{2N} 型 PLC 的几乎全部功能。如图 3-1 所示为 FX_{3U} 型 PLC 基本单元的外形,其主要是通过输入端子和输出端子与外部控制电器联系的。输入端子连接外部的输入元件,如按钮、控制开关、行程开关、接近开关、热继电器接点、压力继电器接点和数字开关等;输出端子连接外部的输出元件,如接触器、继电器线圈、信号灯、报警器、电磁铁、电磁阀和电动机等。

为了反映输入和输出的工作状态,PLC 设置了输入和输出信号灯,例如某输入端子连接的按钮闭合时,对应输入端子的输入信号灯亮,某输出端子连接的继电器线圈动作时,对应输出端子的输出信号灯亮,为观察 PLC 的输入、输出工作状态提供了方便。

一般来说,在常规电气控制电路中,输入元件和输出元件是通过导线连接的,这样不仅麻烦,而且容易出现接触不良、断线等故障,当控制电路复杂时,控制装置会很庞大,出现故障时也难以处理。如果控制功能发生变化,将不得不重新改接线。而 PLC 的输入元件和输出元件的连接不是通过导线连接,而是通过程序连接,所以不会发生上述常规电气控制电路所出现的问题。

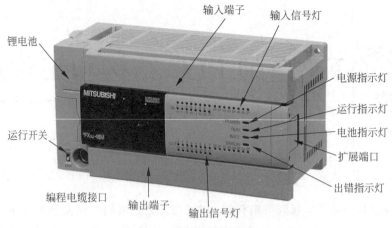

图 3-1　FX₃ᵤ 型 PLC 的外形

PLC 的控制程序由编程器或计算机通过编程电缆输入 PLC 中,还可以对 PLC 内部控制的状态和参数进行监控和修改,十分方便。当控制功能发生变化时,不必重新改接线,只需改变程序即可。

FX₃ᵤ 型可编程序控制器上设置有 4 个指示灯,以显示 PLC 的电源、运行/停止、内部锂电池的电压、CPU 和程序的工作状态。

FX₃ᵤ 型可编程序控制器是一种小型机,一般小型机多采用整体式,当输入/输出不够用时可以通过扩展端口增加输入/输出的扩展模块,通过扩展端口还可以连接各种特殊模块。

3.2　PLC 的基本工作原理

3.2.1　PLC 的等效电路

在 PLC 中有大量的、各种各样的继电器,如输入继电器(X)、输出继电器(Y)、辅助继电器(M)、定时器(T)及计数器(C)等。不过这些继电器不是真正的继电器,而是用计算机中的存储器模拟的,通常称其为软继电器。存储器中的某一位就可以表示一个继电器,存储器有足够的容量模拟成千上万个继电器,这种继电器也称为位继电器。

存储器中的一位有两种状态:0 和 1。通常用 0 表示继电器失电,用 1 表示继电器得电。把 0 或 1 写入存储器中的某一位就表示对应的继电器线圈失电或得电。读出该存储器某位的值为 0 时,表示对应继电器的常开接点断开;为 1 时,表示对应继电器的常开接点闭合。而常闭接点的值是对存储器位的取反。

由于读存储的次数是不受限制的,所以一个位继电器的接点从理论上讲是无穷多的,而这是常规继电器无法相比的。

当然,用存储器表示数据更是它的本能,如定时器的延时时间以及计数器的计数次数等。在 PLC 中还有专门处理数据的元件,如数据寄存器(D)。用数据对电路进行控制更是如虎添翼,它不仅能简化电路,还能完成常规控制电路无法实现的复杂控制功能。

为了区别常规控制电路和 PLC 控制电路,把 PLC 控制电路称为梯形图。PLC 一般用专用图形符号表示,如表 3-1 所示,其中可编程控制器的继电器线圈可有多种画法。

表 3-1　常规电器和可编程控制器的图形符号对照

名　　称	常　规　电　器	可编程控制器
常开接点		
常闭接点		
继电器线圈		

下面以自耦变压器降压起动控制电路为例,分析用 PLC 是如何进行控制的,如图 3-2 所示。根据逻辑关系将电气控制电路分成 3 个组成部分:输入部分元件、中间逻辑部分元件和输出执行部分元件。

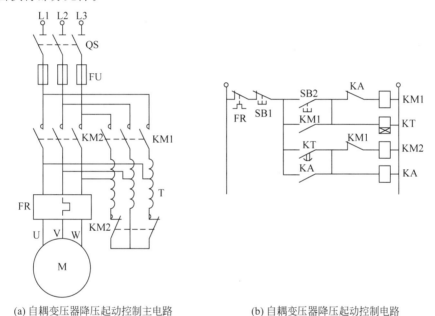

(a) 自耦变压器降压起动控制主电路　　　　(b) 自耦变压器降压起动控制电路

图 3-2　自耦变压器降压起动电路

在图 3-2 所示的控制电路中,输入部分元件有热继电器 FR、停止按钮 SB1 和起动按钮 SB2;中间逻辑部分元件有中间继电器 KA 和时间继电器 KT;输出执行部分元件有接触器 KM1 和 KM2。

现在把输入部分元件热继电器 FR、停止按钮 SB1 和起动按钮 SB2 全部以常开接点(也可以用常闭接点,其用法将在后续内容中进行介绍)的形式连接到 PLC 的输入端口,每个接点对应一个 PLC 的输入继电器,如图 3-3 中的 X0、X1、X2 所示。把输出执行部分元件接触器线圈 KM1 和 KM2 连接到 PLC 的输出端口,每个接触器线圈对应一个 PLC 的输出继电器,如图 3-3 中的 Y0 和 Y1 所示。这是 PLC 的硬件部分。

再把图 3-2 中的控制电路对照表 3-1 用 PLC 的图形符号画出来,这是 PLC 的软件部分,如图 3-3 中的梯形图所示。将梯形图输入 PLC 中,这样 PLC 就可以对图 3-2 中的主电路进行控制了。

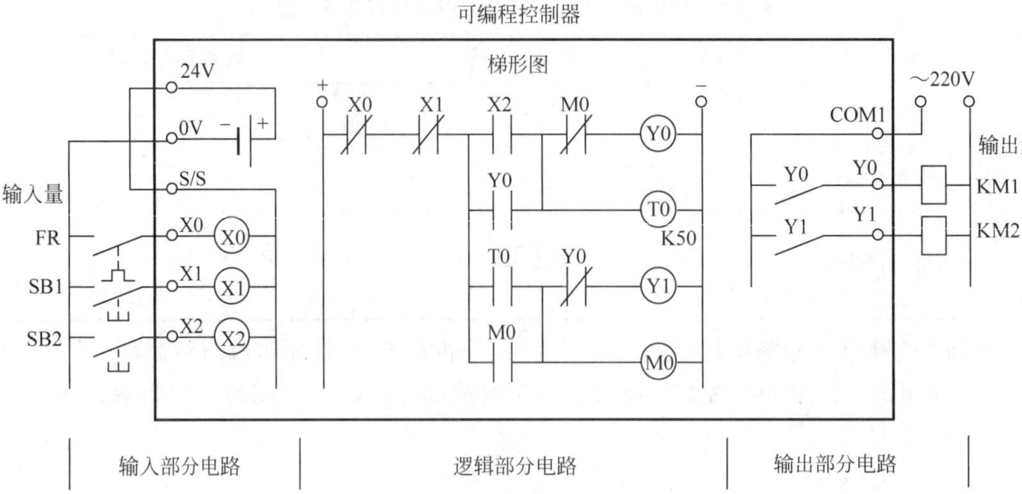

图 3-3　PLC 等效控制电路

由此可见，PLC 的控制原理和常规的控制电路基本上是相同的。对照图 3-2 和图 3-3，可以看到 PLC 的接线中只有输入和输出部分元件，并没有接入中间逻辑部分元件，即中间继电器 KA 和时间继电器 KT，而这些元件被 PLC 内部的软元件定时器 T0 和辅助继电器 M0 所代替。PLC 的外部接线很简单，也很有规律性，这样就大大地简化了控制电路。

图 3-3 是将图 3-2 所示的常规电气控制电路改用 PLC 控制的等效电路，它可以分成 3 个相对独立的电路。

（1）输入部分电路：由 PLC 内部的 24V 直流电源、输入继电器 X0、X1 等与外部输入按钮、接点组成，用于接收外部输入信号。

（2）逻辑部分电路：它是一种控制程序，以梯形图的形式表达，其表达方式和控制电路基本一样，是联系输入和输出的桥梁。

（3）输出部分电路：由 PLC 内部的输出继电器接点 Y0、Y1 等与外部的负载（接触器线圈）和外部电源组成，用于外部输出控制。

下面介绍用 PLC 对图 3-2 所示的自耦变压器降压起动控制主电路的控制过程。

如图 3-3 所示，按下起动按钮 SB2，输入继电器线圈 X2 得电，梯形图中的 X2 常开接点闭合，输出继电器线圈 Y0 得电自锁，Y0 输出接点闭合，使外部接触器线圈 KM1 得电，图 3-2(a) 所示为主电路中的 KM1 主触点闭合，接通自耦变压器 T，电动机 M 降压起动。

梯形图中的定时器 T0 延时 5s，T0 接点闭合使内部继电器 M0 得电并自锁，M0 常闭接点断开 Y0 线圈（接触器线圈 KM1 失电），Y1 线圈得电（接触器线圈 KM2 得电），主电路中的 KM2 主触点闭合，电动机 M 全压运行。

由以上所述内容可知，PLC 的控制原理和分析方法与常规控制电路基本上是相同的。

3.2.2　PLC 的工作过程

尽管 PLC 仿照了常规电器的控制原理，但它毕竟是一个计算机控制系统，有计算机控制的方式和特点。下面介绍 PLC 是如何完成图 3-3 的控制过程。PLC 除了正常的内部系统初始化及自诊断检查等工作外，完成上述梯形图的过程可分为以下 3 个阶段。

1. 输入采样阶段

在输入采样阶段,PLC首先扫描所有输入端子,将各输入状态存入内存各对应的输入映像寄存器中(例如图3-3中按钮SB1接点闭合所示,就将1写入对应表示输入继电器X1的位上,SB1接点断开,则写入0),一旦写入之后,即使输入再有变化,其值也保持不变,直到下一个扫描周期的输入采样阶段,才重新写入扫描时的输入端的状态值。

2. 程序处理阶段

PLC根据梯形图按先左后右、先上后下的次序(实际上是读梯形图的程序)逐行读入各接点的值,并进行逻辑运算。输入继电器接点的值是从输入映像寄存器中读出的,其他继电器接点的值是从各元件映像寄存器中读出的,而将各继电器线圈的状态值分别写入对应的元件映像寄存器中。

3. 输出刷新结果阶段

在执行END指令后,将元件映像寄存器中所有输出继电器(Y)的值转存到输出锁存器中,刷新上一阶段输出锁存器中的数据,通过一定的输出方式(图3-3为继电器接点输出)控制PLC输出端的负载(本例为接触器)。

PLC完成上述3个阶段称为一个扫描周期。PLC反复不断地执行上述过程。扫描周期的长短和PLC的运算速度及工作方式有关,但主要和梯形图的长度及指令的种类有关,一个扫描周期的时间大约在几毫秒到几百毫秒。

由于PLC执行梯形图(读程序)是一步步进行的,所以它的逻辑结果也是由前到后逐步产生的,是一种串行工作方式。而常规电器的控制电路中所有的控制电器都是同时工作的,在通电和得电顺序上不存在先后的问题,为并行工作方式。

3.2.3　PLC的接线图和梯形图的绘制方法

以上为了说明PLC的工作原理和工作过程,将PLC的接线图和梯形图画在了一起,但一般情况下接线图和梯形图是分开画的。图3-4所示为自耦变压器降压起动控制电路采用PLC控制的接线图和梯形图,图3-4(a)为PLC接线图,其中只画了输入继电器X和输出继电器Y的接线端子和符号。图3-4(b)为PLC梯形图。

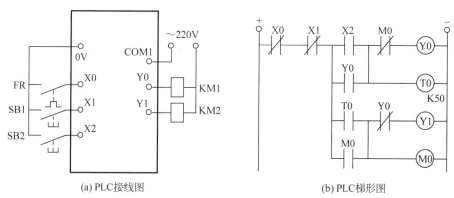

(a) PLC接线图　　　　　　(b) PLC梯形图

图3-4　自耦变压器降压起动控制电路采用PLC控制的接线图和梯形图

图3-4(a)输入公共端接0V,为漏型输入接线。也可以接24V,为源型输入接线。PLC输出端一般是几个输出继电器共用一个输出公共端,以便使用不同电压等级。图3-4(a)中

的接触器线圈 KM1 和 KM2 的电压为 220V,公共端为 COM1。

3.3 PLC 的输入/输出接口电路

PLC 的输入/输出接口电路是与外部控制电路联络的主要通道。在前面,为了使初学者初步直观地了解 PLC 的控制原理,用等效的输入/输出继电器来描述 PLC 的输入/输出接口电路。在实际控制过程中的信号电平是多种多样的,外部执行机构所需的电平也是各不相同,而可编程控制器的 CPU 所处理的信号只能是标准电平,这样就需要有相应的输入/输出接口模块作为 CPU 与工业生产现场进行信号的电平转换。

这些模块在设计时采取了光电隔离、滤波等抗干扰措施,以提高 PLC 工作的可靠性,对于各种型号的输入/输出接口模块,可以把它们以不同形式进行归类。按照信号的种类归类有直流信号输入/输出、交流信号输入/输出;按照信号的输入/输出形式分有数字量输入/输出、开关量输入/输出和模拟量输入/输出。

下面通过开关量输入/输出模块来说明外部设备与 CPU 的连接方式。

3.3.1 开关量输入接线

PLC 的输入接口是以输入继电器的形式接收外部输入设备控制信号的,通常输入形式有两种:源型(公共端接正极)和漏型(公共端接负极)。我国一般采用漏型输入形式。

FX_{2N} 型可编程控制器的输入接成漏型输入,公共端 COM 接 PLC 内部电源负极,如图 3-5 所示。

FX_{3U} 型可编程控制器的输入根据外部接线,可以接成漏型输入,也可以接成源型输入。

漏型输入型的 S/S 端子连接在 DC24V 的"+"极,输入电流从输入端流出,接近开关、编码器等传感器一般要采用 NPN 型,如图 3-6(a)和图 3-6(c)所示。

源型输入型的 S/S 端子连接在 DC24V 的"−"极,输入电流从输入端流入,接近开关、编码器等传感器一般要采用 PNP 型,如图 3-6(b)和图 3-6(d)所示。

对于 AC 电源型 PLC,有源开关(如接近开关等)可以连接在 PLC 内部提供的 24V 电源上,如图 3-6(a)和图 3-6(b)所示,也可以采用外接 24V 电源。

对于 DC 电源型 PLC,有源开关(如接近开关等)

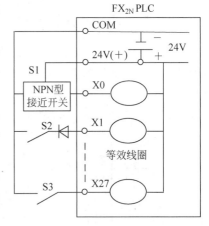

图 3-5 FX_{2N} 型 PLC 输入接线

不要连接在 PLC 内部提供的 24V 电源端子上,如图 3-6(c)和图 3-6(d)所示。

开关量输入设备也有两种形式:一种是无源开关,如各种按钮、继电器接点和控制开关等;另一种是有源开关,如各种接近开关、传感器、编码器和光电开关等。

直流开关量输入接口电路如图 3-7 所示。

PLC 输入接口电路内部提供 24V 电源,图中只画出了输入继电器 X0 的内部电路,相当于等效电路输入继电器 X0 的线圈,其他输入继电器(X)的内部电路与它相同。

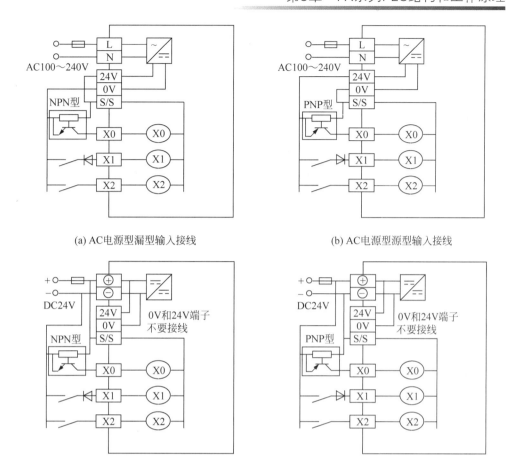

(a) AC电源型漏型输入接线　　　　　　　　(b) AC电源型源型输入接线

(c) DC电源型漏型输入接线　　　　　　　　(d) DC电源型源型输入接线

图 3-6　FX$_{3U}$ 型 PLC 输入接线

如图 3-7 所示,介绍输入继电器 X0 的工作过程。当 X0 外部开关 S1 闭合时,由内部 24V 电源的正极经过分压电阻 R2、R1、开关 S1 回到输入公共端 0V(电源负极)形成回路,由双向光电耦合器的正向发光二极管传入输入开关的状态。

电路中采用了光电隔离和 RC 滤波器,以防止输入接点的振动和外部干扰而产生的误动作。因此,当输入开关在动作时,PLC 内部将会有 10ms 的响应滞后时间。

X0~X17(16M 型 PLC 为 X0~X7)输入继电器内装数字滤波器,可以用功能指令将输入响应时间调节在 0~60ms。

由图 3-7 可知,输入开关的信号是通过发光二极管传入 PLC 的,为漏型输入形式,输入公共端接负极(0V),电流方向由输入端流出,当输入阻抗 R1 为 3.9kΩ 时,输入电流为 6mA (X10 以上 R1 为 4.3kΩ 时,输入电流为 5mA)。

在输入回路中可以接入二极管、发光二极管和电阻等元件。但为了保证输入灵敏度,在输入闭合时的输入电流应在 3.5mA(X6、X7 的 R1 为 3.3kΩ 时,输入电流为 4.5mA)以上,在输入断开时的输入电流应在 1.5mA 以下。

如图 3-8 所示为 PLC 漏型输入的外部接线,图中给出了几种典型的输入接线形式。

对无源开关没有极性的要求,对有源开关则应有极性的要求。对漏型输入应采用 NPN 型,源型输入应采用 PNP 型。

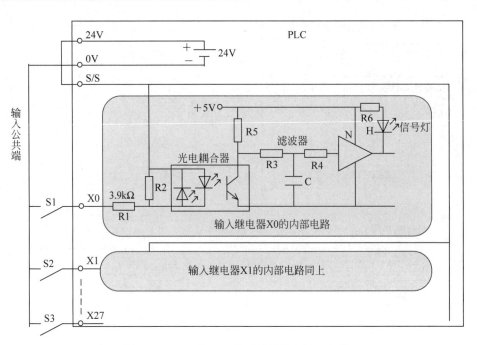

图 3-7　FX$_{3U}$ 型 PLC 的开关量输入接口电路

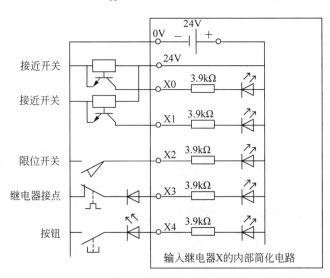

图 3-8　PLC 漏型输入的外部接线

有源开关的电源可以采用外部电源，也可以采用 PLC 内部电源，图 3-8 所示的接近开关采用了 PLC 内部的 24V 电源。

3.3.2　开关量输出接口模块

开关量输出模块通常有 3 种形式：继电器输出、双向晶闸管输出和晶体管输出（分漏型和源型两种），如图 3-9 所示。

继电器输出可驱动直流 30V 或交流 250V 负载，驱动负载较大，但响应时间较慢，常用于各种电动机、电磁阀及信号灯等负载的控制。

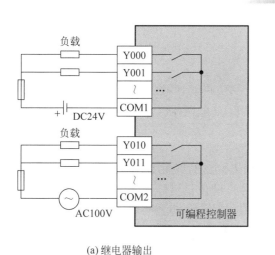

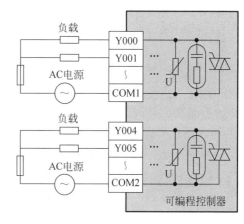

(a) 继电器输出　　　　　　　　　　　　　　　(b) 双向晶闸管输出

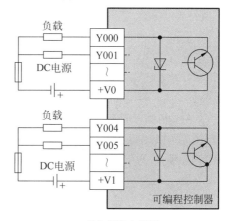

(c) 晶体管输出(漏型)　　　　　　　　　　　　(d) 晶体管输出(源型)

图 3-9　PLC 输出的外部接线形式

晶体管输出属直流输出,能驱动 5~30V 直流负载,驱动负载较小,但响应时间快,多用于电子线路的控制。

双向晶闸管输出为交流输出,能驱动 85~240V 交流负载,驱动负载较大,响应时间比较快。

PLC 的开关量继电器输出接口电路如图 3-10 所示,以继电器输出电路为例,PLC 输出锁存器中的数据 0 或 1(低电平或高电平)通过光电耦合器控制晶体管 V1 的导通或截止,驱动输出继电器 KA 线圈,由常开接点控制外部电路。

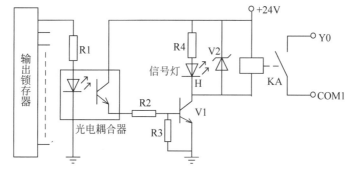

图 3-10　PLC 的开关量继电器输出接口电路

3.4 PLC 中的软元件

PLC 中常利用内部存储单元模拟各种常规控制电器元件,这些模拟的电器元件称为软元件。在常规电气控制电路中可采用各种电气开关、继电器和接触器等控制元件组成电路,对电气设备进行控制。

PLC 软元件包括如下 3 种类型。

(1) 位元件:相当于继电器的线圈和接点,PLC 中的位元件有输入继电器 X、输出继电器 Y、辅助继电器 M、状态继电器 S 和数据寄存器 D 的位指定等。PLC 中存储单元的一位表示一个继电器,其值为 0 或 1,0 表示继电器失电,1 表示继电器得电。

图 3-11 为 PLC 利用内部存储单元来模拟的 8 位输入继电器,相当于 8 个输入继电器线圈。例如 X0=0 相当于 X0 线圈失电,X3=1 相当于 X3 线圈得电。

X7	X6	X5	X4	X3	X2	X1	X0
0	0	0	0	1	0	1	0

图 3-11　PLC 的 8 位输入继电器

(2) 字元件:如图 3-11 所示,PLC 的 8 位输入继电器也可以表示 8 位二进制数 00001010,相当于进制数的十(10),可见字元件可以表示一个数据。

PLC 中的字元件有数据寄存器 D、变址寄存器 V、Z,文件寄存器 R、扩展文件寄存器 ER 等,最典型的字元件为数据寄存器 D,一个数据寄存器可以存放 16 位二进制数,两个数据寄存器可以存放 32 位二进制数,在 PLC 控制中用于数据处理。定时器 T 和计数器 C 也可以作为数据寄存器来使用。

(3) 位与字混合元件:如定时器 T 和计数器 C,它们的线圈和接点是位元件,而设定值寄存器和当前值寄存器是字元件。

3.4.1 输入/输出继电器(X、Y)

输入继电器(X)和输出继电器(Y)的功能在前面已作介绍,输入继电器通过输入端口与外部的输入开关、接点连接接收外部开关量信号,并通过梯形图进行逻辑运算,其运算结果由输出继电器输出,驱动外部负载。表 3-2 所示为输入继电器和输出继电器元件分配表。

表 3-2　输入继电器和输出继电器元件分配表

型号	FX$_{3U}$-16M	FX$_{3U}$-32M	FX$_{3U}$-48M	FX$_{3U}$-64M	FX$_{3U}$-80M	FX$_{3U}$-128M	扩展时
输入继电器	X0~X7 8 点	X0~X17 16 点	X0~X27 24 点	X0~X37 32 点	X0~X47 40 点	X0~X77 64 点	X0~X367 248 点
输出继电器	Y0~Y7 8 点	Y0~Y17 16 点	Y0~Y27 24 点	Y0~Y37 32 点	Y0~Y47 40 点	Y0~Y77 64 点	Y0~Y367 248 点

输入继电器(X)和输出继电器(Y)在 PLC 中起着承前启后的作用,是在 PLC 中较常使用的元件。在 PLC 中各有 248 点,采用八进制编号。输入继电器编号为 X0~X7、X10~X17、X20~X27…X360~X367;输出继电器编号为 Y0~Y7、Y10~Y17、Y20~Y27…Y360~Y367。但需要注意,输入继电器和输出继电器点数之和不得超过 256,如接入特殊单元或特殊模块时,每个模块占 8 点,应从 256 点中扣除。

3.4.2　辅助继电器（M）

辅助继电器（M）相当于中间继电器，它只能在内部程序（梯形图）中使用，不能对外驱动外部负载。在梯形图中用于逻辑变换和逻辑记忆作用，可分为通用辅助继电器、断电保持辅助继电器和特殊辅助继电器。

注意，在 FX$_{3U}$ 型 PLC 中，除了输入继电器和输出继电器的元件编号采用八进制外，其他软元件的元件号均采用十进制。

1．通用辅助继电器

通用辅助继电器的元件编号为 M0～M499，共 500 点。它和普通的中间继电器功能相同，运行时如果通用辅助继电器线圈得电，则当电源突然中断时线圈失电，当电源再次接通时，线圈仍失电。

对于通用辅助继电器，可通过参数设定将其改为断电保持辅助继电器。

2．断电保持辅助继电器

断电保持辅助继电器的元件编号为 M500～M7679，在电源断电时能保持原来的状态。

其中 M500～M1023 共 524 点，也可通过参数设定将其改为通用辅助继电器。

其中 M1024～M7679 共 6656 点，为专用断电保持辅助继电器，其中 M2800～M3071 用于上升沿、下降沿指令的接点时有一种特殊性，这将在后面内容中进行介绍。

3．特殊辅助继电器

特殊辅助继电器的元件编号为 M8000～M8511，共有 512 点。但其中有些元件编号没有定义，不能使用。特殊辅助继电器用来表示 PLC 的某些状态、提供时钟脉冲和标志（如进位、借位标志等）、设定 PLC 的运行方式、步进顺控、禁止中断以及设定计数器的计数方式等。特殊辅助继电器的功能和定义可参见配套教学资源。

特殊辅助继电器通常分为以下两大类。

1）接点型（只读型）特殊辅助继电器

接点型特殊辅助继电器的接点由 PLC 定义，在用户程序中只可直接使用其接点。下面介绍几种常用的接点型特殊辅助继电器的定义和应用实例。

（1）M8000：运行监控。常开接点，PLC 在运行（RUN）时接点闭合。

（2）M8002：初始化脉冲。常开接点，仅在 PLC 运行开始时接通一个扫描周期。

（3）M8005：锂电池电压降低。锂电池电压下降至规定值时接点闭合，可以用它的接点和输出继电器驱动外部指示灯，以提醒工作人员更换锂电池。

（4）M8011～M8014：分别为 10ms、100ms、1s、1min 时钟脉冲。占空比均为 0.5。例如，M8013 为 1s 时钟脉冲，该接点为 0.5s 接通、0.5s 断开。

2）线圈型（可读可写型）特殊辅助继电器

线圈型特殊辅助继电器由用户程序控制其线圈，当其线圈得电时能执行某种特定的操作，如 M8033、M8034 的线圈等。下面进行具体介绍。

（1）M8030：M8030 的线圈得电时，PLC 面板上的锂电池电压降低，指示灯熄灭。

（2）M8033：M8033 的线圈得电时，在 PLC 停止（STOP）时，元件映像寄存器中（Y、M、C、T、D 等）的数据仍保持。

（3）M8034：线圈得电时，全部输出继电器失电不输出。

(4) M8035：强制运行(RUN)模式。

(5) M8036：强制运行(RUN)指令。

(6) M8037：强制停止(STOP)指令。

(7) M8039：线圈得电时，PLC以D8039中指定的扫描时间工作。

线圈型继电器不仅可以用其线圈，也可以用其接点。

3.4.3 状态继电器(S)

状态继电器有4种类型。元件编号范围为S0～S4095，共4096点。

(1) 通用型状态继电器：S0～S499，共500点，其中S0～S9共10点用于初始状态，S10～S19共10点用于回零状态。通用型状态继电器没有失电保持功能。

(2) 失电保持型状态继电器：S500～S899，共400点，在失电时能保持原来的状态不变。

(3) 报警型状态继电器：S900～S999，共100点，失电保持型，它和功能指令ANS、ANR等配合可以组成各种故障诊断电路，并发出报警信号。

(4) 失电保持型状态继电器：S1000～S4095，共3096点，在失电时能保持原来的状态不变。S1000～S4095不能进行参数设定，将其改为通用型状态继电器。

S0～S499和S500～S899可利用外部设备(如编程软件或编程器)进行参数设定，可改变其状态继电器的失电保持的范围，例如将原始失电保持的S500～S999改为S200～S999，则S0～S199为通用型状态继电器，S200～S999为失电保持型状态继电器。

状态继电器(S)主要用于步进顺序控制，在工业控制过程中有很多设备都是按一定动作顺序工作的，例如机械手抓取物品、机床加工零件等都是按一系列固定动作一步步完成的，这种步进顺序控制方式用状态继电器进行控制将会变得很方便。

状态继电器如果不用于步进指令编程，也可以当作辅助继电器使用，具体使用方法与辅助继电器相同。

状态继电器采用专用的步进指令进行编程，其编程方法将在第3章中讲解。

3.4.4 定时器(T)

定时器(T)相当于通电延时型时间继电器，在梯形图中起时间控制作用，FX$_{3U}$系列PLC为用户提供了512个定时器，其编号为T0～T511。

其中通用定时器502个，积算定时器10个。每个定时器的设定值在K0～K32767，设定值可以用常数K进行设定，也可以用数据寄存器(D)的内容来设定，例如将外部数字开关输入的数据传送到数据寄存器(D)中作为定时器的设定值。

定时器按时钟脉冲分为1ms、10ms、100ms，当所计时间到达设定值时，定时器触点动作。定时器的类型如表3-3所示。

表3-3 定时器的类型

定时器	16位定时器(设定值K0～K32767，共512点)	
通用定时器	T0～T191(共192点)100ms时钟脉冲	T192～T199(共8点)100ms时钟脉冲(中断用)
	T200～T245(共46点)10ms时钟脉冲	T256～T511(共256点)1ms时钟脉冲
积算定时器	T246～T249(共4点)1ms时钟脉冲(执行中断电池备用)	T250～T255(共6点)100ms时钟脉冲(电池备用)

FX_{3U} 型 PLC 中的定时器实际上是对时钟脉冲计数来定时的,所以定时器的动作时间等于设定值乘以它的时钟脉冲。例如定时器 T200 的设定值为 K30000,则其动作时间等于 $30000×10ms＝300s$。

1. 定时器的基本用法

　　如图 3-12 所示为通用定时器的基本用法。当 X0 接点闭合时,定时器 T200 的线圈得电,如果 X0 接点在 1.23s 之内断开,则 T200 的当前值复位为 0,如果达到或大于 1.23s,则 T200 的常开接点闭合,T200 的当前值保持为 K123 不变。X0 接点断开后,线圈失电,接点断开,定时器的值变为 K0,它和通电延时型时间继电器的动作过程完全一致。

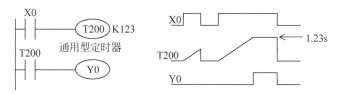

图 3-12　通用型定时器

　　如图 3-13 所示为积算型定时器的基本用法。当 X0 接点闭合时,定时器 T250 的线圈得电,如果 X0 接点在 12.3s 之内断开,则 T250 的当前值保持不变,当 X0 接点再次闭合时,定时器接着前面的值继续计时,如果 X0 接点接通的累计时间达到或大于 12.3s,则 T250 的常开接点闭合,T250 的当前值保持为 K123 不变。之后 X0 接点断开,线圈失电,当前值仍保持 K123 不变。如果要使其复位,则需要用复位指令 RST,当 X1 接点闭合时定时器复位,接点断开,定时器的值变为 K0。

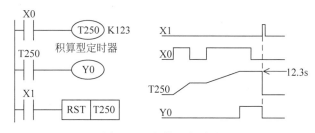

图 3-13　积算型定时器

2. 定时器设定值的设定方法

　　1）直接设定

　　直接设定用于固定延时的定时器,如图 3-14(a)所示。图 3-12 和图 3-13 的设定值均为十进制常数。

　　2）间接设定

　　间接设定一般用数据寄存器 D 存放设定值,数据寄存器 D 中的值既可以是常数,也可以是用外部输入开关或数字开关输入的变量。间接设定灵活方便,如图 3-14(b)所示。数据寄存器 D5 存放的数为定时器 T10 的设定值,当 X1＝0 时,D5 存放的数为 K500;当 X1＝1 时,D5 存放的数为 K100;当 X0 接点闭合,T10 的当前值等于 D5 存放的值,T10 的接点开始动作。

　　3）机能扩充板设定

　　机能扩充板设定是指用 FX_{3U}-8AV-BD 型机能扩充板安装在 PLC 基本单元上,扩充板上有8个可变电阻旋钮,可以输入8点模拟量,并把模拟量转换为8位二进制数(0～255)。当设定值大于255时,可以用乘法指令(MUL)乘以一个常数使之变大,作为定时器的设定值。如图3-14(c)所示,当X1接点闭合时,将FX$_{3U}$-8AV-BD型机能扩充板上的0号可变电阻旋钮所设定的值传送到数据寄存器D2中作为定时器T5的设定值。编程方法详见功能指令VRRD。

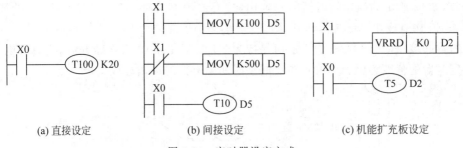

(a) 直接设定   (b) 间接设定   (c) 机能扩充板设定

图 3-14　定时器设定方式

3. 典型定时器应用梯形图

典型定时器的应用梯形图如图3-15～图3-19所示。

(1) 断电延时型定时器。PLC中的定时器为通电延时型,而断电延时型定时器可以用图3-15所示的梯形图来实现。

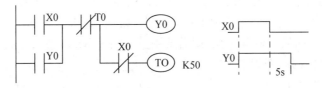

图 3-15　断电延时型定时器

(2) 通断电均延时型定时器,如图3-16所示。

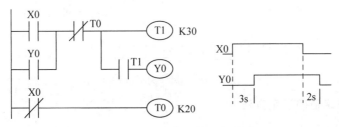

图 3-16　通断电均延时型定时器

(3) 定时脉冲电路,如图3-17所示。

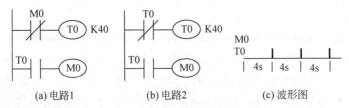

(a) 电路1   (b) 电路2   (c) 波形图

图 3-17　定时脉冲电路

(4) 振荡电路,如图3-18所示。

(5) 占空比可调振荡电路,如图3-19所示。

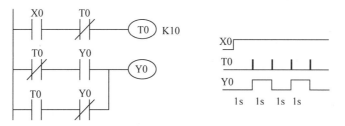

图 3-18　振荡电路

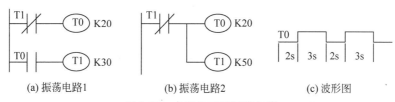

(a) 振荡电路1　　　　(b) 振荡电路2　　　　(c) 波形图

图 3-19　占空比可调振荡电路

（6）上升沿单稳态电路，如图 3-20 所示。

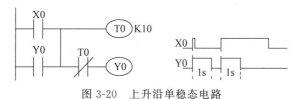

图 3-20　上升沿单稳态电路

（7）下降沿单稳态电路，如图 3-21 所示。

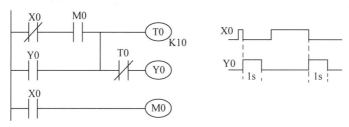

图 3-21　下降沿单稳态电路

3.4.5　计数器(C)

计数器(C)用于对各种软元件接点的闭合次数进行计数，可分为两大类：内部信号计数器和外部信号计数器（高速计数器）。

1. 内部信号计数器

内部信号计数器用于对 PLC 中的内部软元件（如 X、Y、M、S、T、C、D□.b）的信号进行计数，可分为 16 位加计数器（共 200 点）和 32 位加/减计数器（共 35 点），如表 3-4 所示。

表 3-4　内部信号计数器

计　数　器	通　用　型	断电保持型
16 位加计数器（共 200 点） 设定值 1～32767	C0～C99（共 100 点）	C100～C199（共 100 点）
32 位加/减计数器（共 35 点） 设定值－2147483648～＋2147483647	C200～C219（共 20 点） 加减控制（M8200～M8219）	C220～C234（共 15 点） 加减控制（M8220～M8234）

1）16 位加计数器

16 位加计数器的元件编号为 C0～C199，其中 C0～C99 为通用型，C100～C199 为断电保持型，设定值为 K1～K32767。如图 3-22 所示为 16 位加计数器的工作过程。

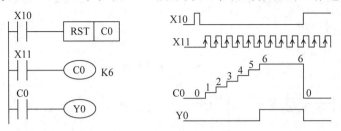

图 3-22　16 位加计数器的工作过程

图 3-22 中加计数器 C0 对 X11 的上升沿进行计数，当计到设定值 6 时，就保持为 6 不变，同时 C0 的接点动作，使 Y0 线圈得电。如果要计数器 C0 复位，则需用复位指令 RST。当 X10 接点闭合时，执行复位指令，计数器 C0 的计数值为 0，同时 C0 的接点复位。当 X10 接点闭合执行复位指令时，计数器不能计数。

通用型计数器（C0～C99）在失电后，计数器将自动复位，计数值为 0。断电保持型计数器（C100～C199）在失电后，计数器的计数值将保持不变，来电后接着原来的计数值计数。和定时器一样，计数器的设定值也可以间接设定。

2）32 位加/减计数器

32 位加/减计数器共有 35 个，元件编号为 C200～C234，其中 C200～C219（共 20 点）为通用型，C220～C234（共 15 点）为断电保持型，设定值为 −2147483648～+2147483647，可由常数 K 设定，也可以用数据寄存器 D、R 间接设定。32 位设定值存放在元件号相连的两个数据寄存器中。如果指定的寄存器为 D0，则设定值实际上是存放在 D1 和 D0 中，D1 中放高 16 位，D0 中放低 16 位。

32 位加/减计数器 C200～C234 可以加计数，也可以减计数，其加/减计数方式由特殊辅助继电器 M8200～M8234 设定，如表 3-5 所示。当特殊辅助继电器为 1 时，对应的计数器为减计数；反之，为 0 时为加计数。

表 3-5　32 位加/减计数器的加减方式

计数器编号	加减方式	计数器编号	加减方式	计数器编号	加减方式	计数器编号	加减方式
C200	M8200	C209	M8209	C218	M8218	C227	M8227
C201	M8201	C210	M8210	C219	M8219	C228	M8228
C202	M8202	C211	M8211	C220	M8220	C229	M8229
C203	M8203	C212	M8212	C221	M8221	C230	M8230
C204	M8204	C213	M8213	C222	M8222	C231	M8231
C205	M8205	C214	M8214	C223	M8223	C232	M8232
C206	M8206	C215	M8215	C224	M8224	C233	M8233
C207	M8207	C216	M8216	C225	M8225	C234	M8234
C208	M8208	C217	M8217	C226	M8226		

如图 3-23 所示为 32 位加/减计数器的工作过程,图中 C200 的设定值为－5,当 X12 输入断开,M8200 线圈失电时,对应的计数器 C200 为加计数方式。当 X12 闭合,M8200 线圈得电时,对应的计数器 C200 为减计数方式。计数器 C200 对 X14 的上升沿进行计数。

当前值由－6 变为－5 时,计数器 C200 的接点动作。当前值由－5 变为－6 时,计数器 C200 的接点复位。当 X13 的接点接通执行复位指令时,C200 被复位,其 C200 常开接点断开,常闭接点闭合。

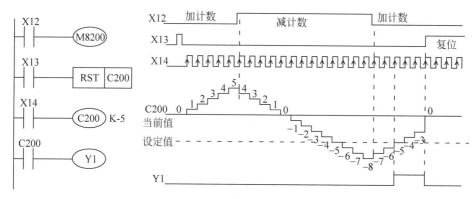

图 3-23　32 位加/减计数器的工作过程

对于 16 位加计数器,当计数值达设定值时则保持为设定值不变,而 32 位加/减计数器不同,它是一种循环计数方式,当计数值达设定值时将继续计数。如果在加计数方式下计数,将一直加计数到最大值 2147483647,再加 1 就变成最小值－2147483648。如果在减计数方式下,将一直减计数到最小值－2147483648,再减 1 就变成最大值 2147483647。

由 PLC 的工作方式可知,PLC 是采用反复不断地读程序,并进行逻辑运算的工作方式。如图 3-23 中的计数器 C200,当 PLC 读到 X14 接点时,若 X14＝1,则对 C200 加 1(或减 1),如果 X14 接点变化频率太快,在一个扫描周期中多次变化,则计数器 C200 将无法对它进行计数。可见内部计数器的计数频率是受到一定限制的,也就是说输入接点的动作时间必须大于一个扫描周期。

2. 典型计数器应用梯形图

1) 循环计数器

循环计数器如图 3-24 所示。

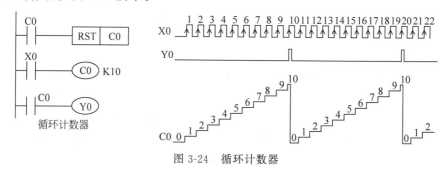

图 3-24　循环计数器

计数器 C0 对 X0 的上升沿计数,当计数到设定值 10 时,其计数器 C0 线圈下面的 C0 接点闭合,Y0 得电。在第二个扫描周期,C0 线圈上面的 C0 接点闭合,将计数器 C0 复位,计数值为 0，C0 接点只接通一个扫描周期，之后 C0 反复重新开始上述计数过程。

2）长延时定时器

一个定时器 T 的最长延时时间为 $32767×0.1s≈0.91h$。如果要取得长延时，则可以用计数器 C 对脉冲计数的方法实现，如图 3-25（a）所示为 8h 长延时定时器，当 X0＝1 时，计数器 C0 对特殊辅助继电器 M8013 的秒脉冲计数，当计数值达到 28800s（为 8h）时，C0 接点闭合，Y0 线圈得电。当 X0＝0 时，X0 常闭接点闭合，使计数器 C0 复位。

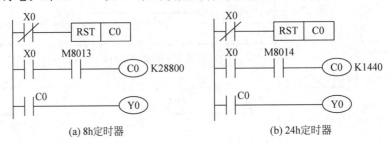

(a) 8h定时器　　　　　　　　　(b) 24h定时器

图 3-25　长延时定时器

图 3-25（b）所示为 24h 定时器，它对 M8014 的分脉冲计数。图 3-25（a）对 M8013 的秒脉冲计数产生 1.5s 的负误差。图 3-25（b）对 M8014 的分脉冲计数产生 1.5min 的负误差。

3）365 天定时器

如果要得到更长的延时时间，则可采用如图 3-26 所示的方法。

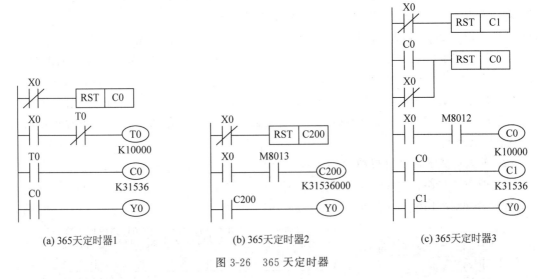

(a) 365天定时器1　　　　　(b) 365天定时器2　　　　　(c) 365天定时器3

图 3-26　365 天定时器

图 3-26（a）为定时脉冲和计时器配合的方式。定时器 T0 每 1000s 发出一个脉冲，计数器 C0 对 T0 的脉冲计数，当达到计数设定值 31536 时，即为 365 天（$31536×10000×0.1=31536000s$）。

图 3-26（b）为秒脉冲 M8013 和 32 位加/减计数器配合的方式。32 位加/减计数器 C200 的最大设定值非常高，可达到若干年的长延时。

图 3-26（c）为两个计数器串联计数方式。C0 组成一个循环计数器，对 M8012 的 0.1s 脉冲计数，C0 接点每 1000s 发一个脉冲，而 C1 又对 C0 接点的脉冲进行计数。

4) 单按钮控制电动机起动停止

图 3-27 采用计数器对电动机进行起动停止控制,控制电路只需用一个按钮(X0)。当按下按钮 X0 时,经 M0 常闭接点使计数器 C0 的线圈得电计数,计数值为 1 且等于设定值 1,C0 的接点动作,Y0 线圈得电,控制电动机起动,第二个扫描周期尽管 Y0 接点闭合,但 M0 常闭接点断开,C0 不会复位,按钮 X0 松开时,Y0 继续得电。

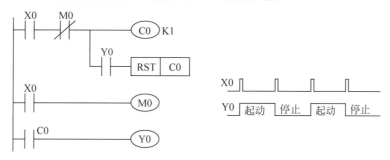

图 3-27 单按钮控制电动机起动停止

当第二次按下按钮 X0 时,C0 线圈得电,但已达到设定值,所以不再计数,计数值仍为 1,由于 Y0 接点闭合,C0 复位,C0 的接点断开,Y0 线圈失电,电动机停止。第二个扫描周期 M0 常闭接点断开,C0 线圈不会得电,按钮 X0 松开时,Y0 仍不得电。

3. 高速计数器

由于内部信号计数器的计数方式和扫描周期有关,所以不能对高频率的输入信号计数,而由于高速计数器采用中断工作方式,和扫描周期无关,所以可以对高频率的输入信号计数。高速计数器只对固定的输入继电器(X0~X5)进行计数,如表 3-6 所示。

FX_{3U} 型 PLC 中共有 21 点高速计数器(C235~C255)。高速计数器分为 3 种类型:一相一计数输入型、一相二计数输入型和 AB 相计数输入型。每种类型中还可继续分为 1 型、2 型和 3 型。1 型只有计数输入端,2 型有计数输入端和复位输入端,3 型有计数输入端、复位输入端和起动输入端。

以上高速计数器都具有停电保持功能,也可以利用参数设定变为非停电保持型。如果不作为高速计数器使用时,也可作为 32 位数据寄存器使用。

高速计数器的输入继电器(X0~X7)不能重复使用,例如梯形图中使用了 C241,由于 C241 占用了 X0、X1,所以 C235、C236、C244、C246 等就不能使用了。因此,虽然高速计数器有 21 个,但最多可以使用 6 个。

一相一计数输入型高速计数器只有一个计数输入端,所以要用对应的特殊辅助继电器(M8235~M8245)指定。例如 M8235 线圈得电(M8235=1),则计数器 C235 为减计数方式,如果 M8235 线圈失电(M8235=0),计数器 C235 为加计数方式。

一相二计数输入型和 AB 相计数输入型有两个计数输入端,它们的计数方式由两个计数输入端决定。例如计数器 C246 为加计数时,M8246 常开接点断开;C246 为减计数时,M8246 常开接点闭合。高速计数器对应的特殊辅助继电器如表 3-7 所示。

表 3-6　高速计数器

输入继电器	一相一计数输入											一相二计数输入					AB 相计数输入				
	C235	C236	C237	C238	C239	C240	C241	C242	C243	C244	C245	C246	C247	C248	C249	C250	C251	C252	C253	C254	C255
X0	U/D						U/D			U/D		U	U		U		A	A		A	
X1		U/D					R			R		D	D		D		B	B		B	
X2			U/D					U/D			U/D		R		R			R		R	
X3				U/D				R			R			U		U			A		A
X4					U/D				U/D					D		D			B		B
X5						U/D			R					R		R			R		R
X6										S					S					S	
X7											S					S					S
	1 型						2 型			3 型		1 型	2 型		3 型		1 型	2 型		3 型	

注：U 表示加计数输入，D 表示减计数输入，R 表示复位输入，S 表示起动输入，A 表示 A 相输入，B 表示 B 相输入。

表 3-7　高速计数器对应的特殊辅助继电器

计数器类型	一相一计数输入型高速计数器										
计数器编号	C235	C236	C237	C238	C239	C240	C241	C242	C243	C244	C245
指定减计数特殊辅助继电器	M8235	M8236	M8237	M8238	M8239	M8240	M8241	M8242	M8243	M8244	M8245

计数器类型	一相二计数输入型高速计数器					AB 相计数输入型高速计数器				
计数器编号	C246	C247	C248	C249	C250	C251	C252	C253	C254	C255
减计数特殊辅助继电器接点	M8246	M8247	M8248	M8249	M8250	M8251	M8252	M8253	M8254	M8255

下面介绍各种高速计数器的使用方法。

1）一相一计数输入型高速计数器

一相一计数输入型高速计数器的编号为 C235～C245,共有 11 点,它们的计数方式及触点动作与普通 32 位计数器相同。作加计数时,当计数值达到设定值时,触点动作并保持;作减计数时,小于设定值则复位。其计数方式取决于对应的特殊辅助继电器 M8235～M8245。

如图 3-28 所示为一相一计数输入型高速计数器。图 3-28(a)中的 C235 只有一个计数输入 X0,当 X10 闭合时 M8235 得电,C235 为减计数方式,反之为加计数方式。当 X12 闭合时,C235 对计数输入 X0 的脉冲进行计数,和 32 位内部计数器一样,在加计数方式下,当计数值大于或等于设定值时,C235 接点动作。当 X11 闭合时,C235 复位。

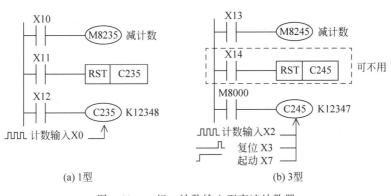

(a) 1型　　　　　　　　　　　(b) 3型

图 3-28　一相一计数输入型高速计数器

图 3-28(b)中的 C245 有一个计数输入 X2、一个复位输入 X3 和一个起动输入 X7。当 X13 闭合时 M8245 得电,C245 为减计数方式,反之为加计数方式。当起动输入 X7 闭合时,C245 对计数输入 X2 的脉冲进行计数,在加计数方式下,当计数值大于或等于设定值时,C245 接点动作。当 X3 闭合时,C245 复位。用 RST 指令也可以对 C245 复位,但受到扫描周期的影响,速度比较慢,也可以不编程。

2）一相二计数输入型高速计数器

一相二计数输入型高速计数器的编号为 C246～C250,有 5 点。每个计数器有两个外部计数输入端子,一个是加计数输入脉冲端子,另一个是减计数输入脉冲端子。

一相二计数输入型高速计数器如图 3-29 所示。图 3-29(a)中 X0 和 X1 分别为 C246 的加计数输入端和减计数输入端。C246 是通过程序进行起动及复位的,当 X12 接点闭合时,C246 对 X0 或 X1 的输入脉冲计数,若 X0 有输入脉冲,C246 为加计数,加计数时 M8246 接点不动作。

若 X1 有输入脉冲,C246 为减计数,减计数时 M8246 接点动作。当 X11 接点闭合时,C246 复位。

图 3-29(b)为 C250 带有外复位和外起动端的情况。图中 X5 及 X7 分别为复位端及起动端。其工作情况和图 3-28(b)基本相同。

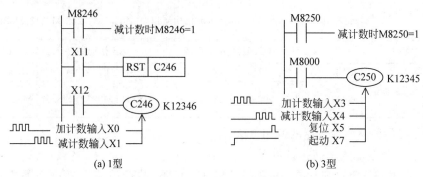

(a) 1 型   (b) 3 型

图 3-29 一相二计数输入型高速计数器

3）AB 相计数输入型高速计数器

AB 相计数输入型高速计数器的编号为 C251～C255,共 5 点。AB 相计数输入高速计数器的两个脉冲输入端子是同时工作的,其计数方向的控制方式由 A、B 两相脉冲间的相位决定。如图 3-30 所示,在 A 相信号为 1 期间,B 相信号在上升沿时为加计数；反之,B 相信号在下降沿时为减计数。其余功能与一相二计数输入型高速计数器相同。

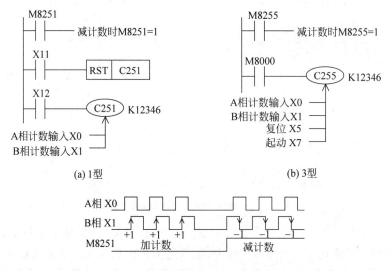

(a) 1 型   (b) 3 型

(c) AB相计数时序图

图 3-30 AB 相计数输入型高速计数器

图 3-30(a)中,当 C251 为加计数时,M8251 接点不动作；当 C251 为减计数时,M8251 接点动作。当 X11 接点闭合时,C251 复位。

高速计数器设定值的设定方法和普通计数器相同,也有直接设定和间接设定两种方式。同时,也可以使用功能指令修改高速计数器的设定值及当前值。

当高速计数器的当前值达到设定值时,如果要将结果立即输出,则需要采用高速计数器的专用比较指令。

在 FX$_{3U}$ 型 PLC 中,可以将 AB 相计数输入型高速计数器（C251、C252、C253、C254、

C255)设置成 1 倍计数器或 4 倍计数器。

AB 相计数输入型高速(以下简称 AB 相计数器)计数器的输入端通常采用 AB 相编码器作为输入元件,AB 相编码器输出有 90°相位差的 A 相和 B 相。AB 相编码器在正转时计数器为加计数,反转时计数器为减计数。AB 相计数器的输入波形如图 3-31 所示,AB 相计数器可以根据 AB 相编码器的正、反转自动执行增/减的计数。

AB 相计数器以 1 倍动作的计数方式如图 3-31(a)所示。AB 相计数器以 4 倍动作的计数方式如图 3-31(b)所示。

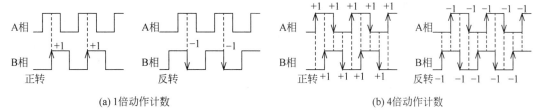

(a)1倍动作计数　　　　　　　　　　　　　(b)4倍动作计数

图 3-31　AB 相计数器的输入波形

正常情况下 AB 相计数器为 1 倍计数器。当 M8198=1 时,AB 相计数器 C251、C252、C254 设置成 4 倍计数器。当 M8199=1 时,AB 相计数器 C253、C255 设置成 4 倍计数器,如图 3-32 所示。

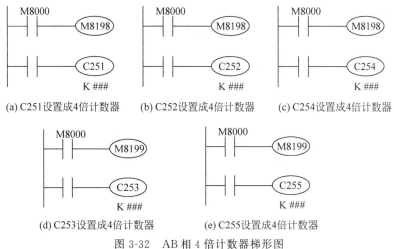

(a) C251设置成4倍计数器　(b) C252设置成4倍计数器　(c) C254设置成4倍计数器

(d) C253设置成4倍计数器　(e) C255设置成4倍计数器

图 3-32　AB 相 4 倍计数器梯形图

3.4.6　数据寄存器(D)

数据寄存器(D)主要用于数据处理,其分类及元件号如表 3-8 所示。

表 3-8　数据寄存器的分类及元件号

普通用	停电保持用	停电保持专用	特殊用	变址用	扩展用	扩展文件用
D0~D199 (200 点)[①]	D200~D511 (312 点)[②]	D512~D7999 (7488 点)[③]	D8000~D8255 (256 点)	V0~V7 Z0~Z7 (16 点)	R0~R32767 (32768 点)	ER0~ER32767 (32768 点)

注:① 非停电保持型,但可利用参数设定变为停电保持型。

② 停电保持型,但可利用参数设定变为非停电保持型。

③ 不能利用参数设定变为非停电保持型。

数据寄存器都是 16 位的,最高位为正负符号位,可存放 16 位二进制数。也可将两个数据寄存器组合,存放 32 位二进制数,最高位是正负符号位,如图 3-33 所示。

一个数据寄存器(16 位)处理的数值范围为−32768~+32767,其数据表示如图 3-33(a)所示。寄存器的数值读出与写入一般采用功能指令,但同时也可以采用数据存取单元(显示器)或编程器等设备。

两个相邻的数据寄存器可以表示 32 位数据,可处理−2147483648~+2147483647 的数值,在指定 32 位时(高位为大号,低位为小号。在变址寄存器中,V 为高位,Z 为低位),如指定 D0,则实际上是把高 16 位存放在 D1 中,把低 16 位存放在 D0 中。低位可用奇数或偶数元件号,考虑到外围设备的监视功能,低位可采用偶数元件号,如图 3-33(b)所示。

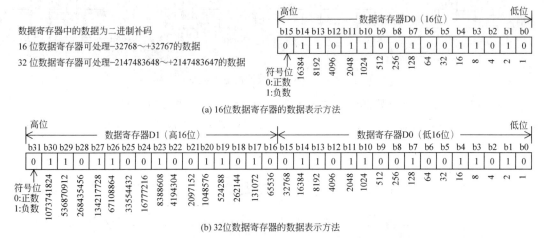

(a) 16位数据寄存器的数据表示方法

(b) 32位数据寄存器的数据表示方法

图 3-33　数据寄存器的数据表示方法

1. 普通型数据寄存器

普通型数据寄存器元件号为 D0~D199,共 200 点。普通型数据寄存器中一旦写入数据,在未写入其他数据之前,数据是不会变化的。但是 PLC 在停止或停电时,所有数据被清除为 0(如果使特殊辅助继电器 M8033=1,则可以保持)。通过参数设定也可变为停电保持型的数据寄存器。

2. 停电保持型的数据寄存器

停电保持型的数据寄存器元件号为 D200~D511,共 312 点,其使用方法和普通型数据寄存器相同。PLC 在停止或停电时数据被保存,同时通过参数设定也可变为普通型非停电保持型。在并联通信中,D490~D509 被作为通信占用。

3. 停电保持专用型的数据寄存器

停电保持专用型的数据寄存器元件号为 D512~D7999,共 7488 点,其特点是不能通过参数设定改变其停电保持数据的特性。如要改变停电保持的特性,可以在程序的起始步采用初始化脉冲(M8002)和复位(RST)或区间复位(ZRST)指令将其内容清除。

利用参数设定可以将 D1000~D7999(共 7000 点)的数据寄存器分为 500 点为一组的文件数据寄存器。文件寄存器实际上是一类专用数据寄存器,用于存储大量的数据,例如采集数据、统计计算数据和多组控制参数等。

4. 特殊型的数据寄存器

特殊型的数据寄存器元件号为 D8000～D8511,共 512 点,但其中有些元件号没有定义或没有使用,这些元件号用户也不能使用。特殊用途的数据寄存器有两种:一种是只能读取或利用其中数据的数据寄存器,例如可以从 D8005 中读取 PLC 中锂电池的电压值;另一种是用于写入特定数据的数据寄存器,例如图 3-34 中利用传送指令(MOV)向监视定时器时间的数据寄存器 D8000中写入设定时间,并用监视定时器刷新指令 WDT 对其刷新。

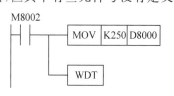

图 3-34　特殊数据寄存器的数据设定

特殊型数据寄存器的内容可参见配套教学资源。

5. 变址寄存器[V、Z]

变址寄存器元件号为 V0～V7、Z0～Z7,共 16 点。V0 和 Z0 可分别用 V 和 Z 表示。和通用型数据寄存器一样,变址寄存器也可以进行数值数据读与写,但主要用于操作数地址的修改。V0～V7、Z0～Z7 单独使用,可组成 16 个 16 位变址寄存器,如图 3-35(a)所示。

在进行 32 位数据处理时,V0～V7、Z0～Z7 需组合使用,可组成 8 个 32 位变址寄存器。V 为高 16 位,Z 为低 16 位,如图 3-35(b)所示。

图 3-35(c)所示为变址寄存器应用举例,当 X1 闭合时,执行传送指令 MOV K5 Z,将常数 5 传送到 Z 中,Z＝5。当 X2 闭合时,执行传送指令 MOV K1234 D10Z 将常数 1234 传送到 D(10+5)(即 D15)中。当 X3 闭合时,执行传送指令 DMOV K12345678 Z2,将常数 12345678 传送到 V2、Z2 组成的 32 位变址寄存器中,常数 12345678 是以二进制数形式存放在 V2、Z2 中的,其中高 16 位存放在 V2 中,低 16 位存放在 Z2 中。

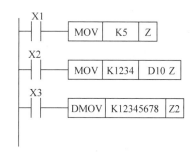

(a) 16位变址寄存器　　　(b) 32位变址寄存器　　　(c) 变址寄存器应用举例

图 3-35　变址寄存器

对于 FX$_{3U}$ 系列 PLC,变址寄存器不仅可以对字元件进行变址修饰,也可以对位元件进行变址修饰。

例如,V0＝K10,十进制数软元件:D20V0 被视为 D30,K30V0 被视为 K40。

八进制数软元件:X2 V0 被视为 X14(而不是 X12),K1Y0 V0 被视为 K1 Y12。

十六进制数值:H30 V0 被视为 H3A(而不是 H40)。

如图 3-36 所示,当 Z＝0 时,X5Z＝X5,X5 接点闭合,Y0 得电。T0 的设定值为 D0。T0接点闭合时,M5 得电。

当 Z＝10 时,X5Z＝X17,X17 接点闭合,Y0 得电。T0 的设定值为 D10。T0 接点闭合时,M15 得电。位元件变址的应用可参见本书配套教学资源《工程案例手册》。

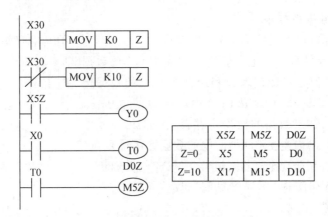

图 3-36 变址寄存器的应用示例

注意：

（1）32 位计数器和特殊辅助继电器不能进行变址修饰。

（2）16 位计数器进行变址修饰后，不能作为 32 位的计数器处理。

6. 扩展寄存器、扩展文件寄存器[R、ER]

扩展寄存器 R 是扩展数据寄存器 D 用的软元件。扩展寄存器 R 元件号为 R0～R32767，共 32768 点。扩展文件寄存器 ER 元件号为 ER0～ER32767，共 32768 点。

扩展寄存器 R 的内容也可以保存在扩展文件寄存器 ER 中。但是只有使用存储器盒时才可以使用。

数据寄存器 D 可以位指定，而扩展寄存器 R 和扩展文件寄存器 ER 不可以位指定。

3.4.7 指针（P、I）

指针（P、I）用于跳转、中断等程序的入口地址，与跳转、子程序和中断程序等指令一起应用。按用途可分为分支用指针（P）和中断用指针（I）两类。其中，中断用指针（I）又可分为输入中断用指针、定时器中断用指针和计数器中断用指针 3 种，如表 3-9 所示。

表 3-9 FX_{3U} 型 PLC 指针种类

分支用指针（4096 点）	中断用指针		
	输入中断用指针（6 点）	定时器中断用指针（3 点）	计数器中断用指针（6 点）
P0～P4095 其中 P63 为结束跳转	I00□ （X0） I10□ （X1） I20□ （X2） I30□ （X3） I40□ （X4） I50□ （X5）	I6□□ I7□□ I8□□	I010 I020 I030 I040 I050 I060
CJ、CALL 指令用	□＝1 时上升沿中断 □＝0 时下降沿中断	□□＝10～99ms	HSCS 指令用

1. 分支用指针（P）

分支用指针（P）用于条件跳转和子程序调用指令，应用举例如图 3-37 所示。

图 3-37(a)为分支用指针在条件跳转指令中的使用，图中 X0 接通，执行条件跳转指令 CJ，跳过一段程序转到指针指定的标号 P0 位置，执行其后的程序。

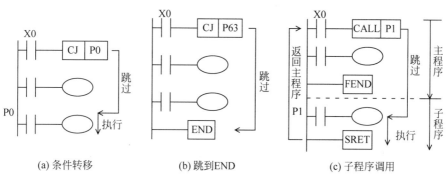

图 3-37　分支用指针 P 的使用

在图 3-37(b)中,当 X0 接通时,则执行条件跳转指令 CJ P63 跳到 END,即后面的梯形图均跳过不执行。

在图 3-37(c)中,当 X0 接通时,则跳过主程序,执行子程序后再返回主程序的原位置。需要注意,在编程时,指针编号不能重复使用。

2. 中断用指针(I)

中断用指针(I)常与中断返回指令 IRET、开中断指令 EI 和关中断指令 DI 一起使用。

1)输入中断用指针

6 个输入中断用指针仅接收对应特定输入继电器 X0～X5 的触发信号,才执行中断子程序,不受可编程控制器扫描周期的影响。由于输入采用中断处理速度快,在 PLC 控制中可以用于需要优先处理和短时脉冲处理的控制。例如,I201 表示当 X2 在闭合时(上升沿)产生中断,I300 表示当 X3 在断开时(下降沿)产生中断。

2)定时器中断用指针

定时器中断用指针用于需要指定中断时间执行中断子程序或需要不受 PLC 扫描周期影响的循环中断处理控制程序。例如,I625 表示每隔 25ms 就执行标号为 I625 后面的中断程序一次,在中断返回指令 IRET 处返回。

3)计数器中断用指针

计数器中断用指针根据可编程控制器内部的高速计数器的比较结果,执行中断子程序。用于优先控制利用高速计数器的计数结果。该指针的中断动作要与高速计数比较置位指令 HSCS 组合使用。

习题

1. 分析如题图 1 所示梯形图的控制原理(X4 为按钮输入)。

2. 分析如题图 2 所示梯形图的控制原理(X0 为按钮输入)。

3. 设计一个每隔 12s 产生一个脉冲的定时脉冲电路。

4. 设计一个延时 24h 的定时器。

5. 分析如题图 3 所示的 4 个梯形图,试指出哪些梯形图具有点动控制功能。

6. 比较题图 4 中两种互锁电路的特点。

7. 比较题图 5 中两个梯形图的区别。

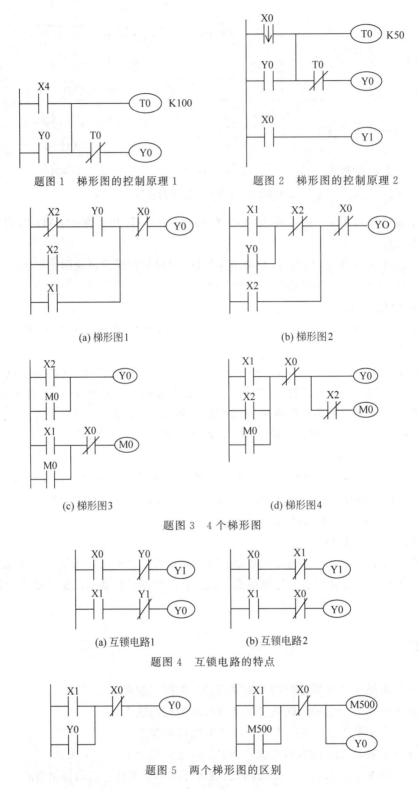

题图 1　梯形图的控制原理 1

题图 2　梯形图的控制原理 2

(a) 梯形图1

(b) 梯形图2

(c) 梯形图3

(d) 梯形图4

题图 3　4 个梯形图

(a) 互锁电路1

(b) 互锁电路2

题图 4　互锁电路的特点

题图 5　两个梯形图的区别

8. 控制一台电动机,要求当按下起动按钮时,电动机转动 100s 后停止;按下停止按钮立即停止。试设计其控制梯形图。

9. 控制一台电动机,要求当按下起动按钮时,电动机转动 8h 后停止;按下停止按钮立即停止。试设计其控制梯形图。

10. 根据题图 6 所示的梯形图画出 M0 的时序图。

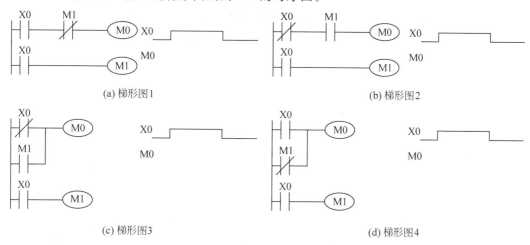

(a) 梯形图1 (b) 梯形图2

(c) 梯形图3 (d) 梯形图4

题图 6　画出 M0 的时序图

11. 用一个按钮点动控制电动机,当按钮松开时,对电动机能耗制动 5s 后停止。试画出控制梯形图。

12. 用一个按钮控制楼梯的照明灯,每按一次按钮,楼梯灯亮 3min 熄灭。当连续按两次按钮,灯常亮不灭。当按下时间超过 2s 时,灯熄灭。

13. 用 4 个开关控制一盏灯,当只有一个开关动作时灯亮,两个及以上开关动作时灯不亮。试画出控制梯形图。

14. 设计用两个开关都可以控制一盏灯的梯形图。

15. 比较题图 7 中两个梯形图的控制过程是否相同。

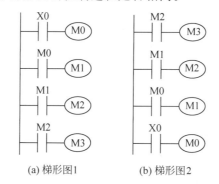

(a) 梯形图1 (b) 梯形图2

题图 7　比较两个梯形图的控制过程

16. 根据题图 8 中的时序图画出对应的梯形图。

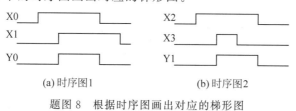

(a) 时序图1 (b) 时序图2

题图 8　根据时序图画出对应的梯形图

第 4 章

基本逻辑指令

本章介绍基本逻辑指令。FX₃ᵤ 型可编程控制器的编程语言主要有梯形图和指令表,二者有对应关系。基本逻辑指令是最常用的指令,FX₃ᵤ 型可编程控制器的基本逻辑指令和图形符号如表 4-1 所示。

表 4-1　FX₃ᵤ 型可编程控制器的基本逻辑指令和图形符号

指令	功能	步数	梯形图符号	指令	功能	步数	梯形图符号
LD	起始连接常开接点	1		MRD	中间回路分支导线	1	
LDI	起始连接常闭接点	1		MPP	末回路分支导线	1	
LDP	起始连接上升沿接点	2		INV	接点取反	1	
LDF	起始连接下降沿接点	2		MEP	上升沿时导通	1	
OR	并联常开接点	1		MEF	下降沿时导通	1	
ORI	并联常闭接点	1		OUT	普通线圈	1～5	—(Y000)
ORP	并联上升沿接点	2		SET	置位线圈	1～2	—[SET M3]
ORF	并联下降沿接点	2		RST	复位线圈	1～3	—[RST M3]
AND	串联常开接点	1		PLS	上升沿线圈	2	—[PLS M2]
ANI	串联常闭接点	1		PLF	下降沿线圈	2	—[PLF M3]
ANDP	串联上升沿接点	2		MC	主控线圈	3	—[MC N0 M2]
ANDF	串联下降沿接点	2		MCR	主控复位线圈	2	—[MCR N0]
ANB	串联导线	1		NOP	空操作	1	
ORB	并联导线	1		END	程序结束	1	—[END]
MPS	回路向下分支导线	1					

PLC 的梯形图模仿了常规电路的控制电路图,所以很容易理解其控制原理。但是 PLC 是不能读懂梯形图的,必须要将梯形图转换成指令,PLC 才能接受。编程软件可以直接将梯形图转换成指令。FX₃U 型可编程控制器有 29 条基本逻辑指令、2 条步进顺控指令、218 条应用(功能)指令。

4.1　单接点指令

使用单接点指令的接点称为单接点,如表 4-2 所示,共有 12 条。单接点指令是用于对梯形图中的一个接点进行编程的指令,它表示一个接点在梯形图中的串联、并联和在左母线的初始连接的逻辑关系。根据接点的形式,它可以分为普通单接点和边沿单接点两种类型,可使用的软元件有 X、Y、M、S、D□. b、T 和 C。

表 4-2　单接点指令

指令名称	普通单接点		边沿单接点		可用软元件
	常开接点	常闭接点	常开上升沿接点	常开下降沿接点	
起始接点指令	LD	LDI	LDP	LDF	X、Y、M、S、T、C、D□. b
串联接点指令	AND	ANI	ANDP	ANDF	
并联接点指令	OR	ORI	ORP	ORF	

4.1.1　普通单接点指令

普通单接点指令包括 LD、LDI、OR、ORI、AND 和 ANI。

(1) LD:用于单个常开接点与左母线相连接或接点组中的第一个常开接点。

(2) LDI:用于单个常闭接点与左母线相连接或接点组中的第一个常闭接点。

(3) OR:用于和前面的单接点或接点组相并联的单个常开接点。

(4) ORI:用于和前面的单接点或接点组相并联的单个常闭接点。

(5) AND:用于和前面的单接点或接点组相串联的单个常开接点。

(6) ANI:用于和前面的单接点或接点组相串联的单个常闭接点。

需要注意,普通单接点指令在程序中占一步,但使用 M1563～M3071 时在程序中占两步。普通线圈的指令用 OUT。

如图 4-1 所示为普通单接点指令的梯形图和指令表的对应关系。梯形图可以用指令表来表达。写出梯形图的指令表,应遵照从上到下、从左到右的顺序进行。指令表由程序步、指令和软元件 3 部分组成,每种指令和软元件的程序步各不相同,由 PLC 自动生成。

由起始接点指令(LD、LDI、LDP、LDF)开始,由逻辑线圈指令或应用指令结束的梯形图称为一个输出电路块。一个完整的梯形图往往由多个输出电路块组成。

例如图 4-1 中有两个输出电路块。梯形图中某个输出电路块连续串联的接点数和连续并联的接点数一般不受限制,但在某些编程、显示等设备上可能有所限制。

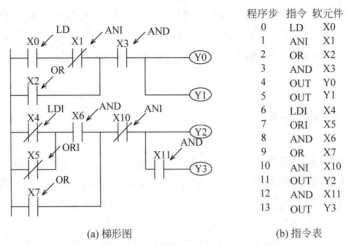

(a) 梯形图   (b) 指令表

图 4-1 普通单接点指令梯形图和指令表的对应关系

每个输出电路块可以有多个逻辑线圈或应用指令,但至少要有一个逻辑线圈或应用指令,作为输出的逻辑线圈或功能指令必须和右母线相连,右母线可以省略不画。

图 4-1(a)中的 Y0 和 Y1 线圈并联,称为并联输出,一个线圈后面又通过单接点连接线圈的输出称为连续输出,例如图 4-1(a)中的 Y2 和 Y3 线圈,以及图 4-2(a)所示的电路。连续输出中的接点用单接点串联接点指令(AND、ANI、ANDP、ANDF)。

如图 4-2(b)所示,电路中的 X11 和它前面的接点既不是串联关系也不是并联关系,不是单接点,所以不能用单接点 AND 指令。

如图 4-2(c)所示,电路中的 X11 和 X12 是并联接点组,不是单接点。

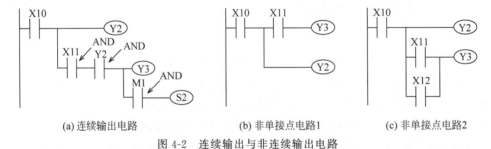

(a) 连续输出电路   (b) 非单接点电路1   (c) 非单接点电路2

图 4-2 连续输出与非连续输出电路

4.1.2 边沿单接点指令

边沿单接点有上升沿接点和下降沿接点两种,边沿单接点只有常开接点没有常闭接点。边沿单接点指令包括 LDP、LDF、ORP、ORF、ANDP 和 ANDF。

(1) LDP:用于单个上升沿常开接点与左母线相连接或接点组中的第一个上升沿常开接点。

(2) LDF:用于单个下降沿常开接点与左母线相连接或接点组中的第一个下降沿常开接点。

(3) ORP:用于和前面的单接点或接点组相并联的单个上升沿常开接点。

(4) ORF:用于和前面的单接点或接点组相并联的单个下降沿常开接点。

(5) ANDP:用于和前面的单接点或接点组相串联的单个上升沿常开接点。

（6）ANDF：用于和前面的单接点或接点组相串联的单个下降沿常开接点。

注意，边沿单接点指令的程序步为2。如图4-3所示为边沿单接点指令的梯形图和指令表的对应关系。

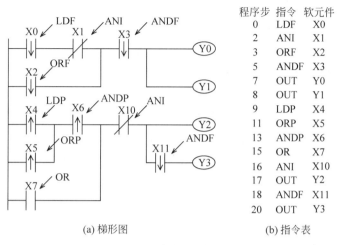

程序步	指令	软元件
0	LDF	X0
2	ANI	X1
3	ORF	X2
5	ANDF	X3
7	OUT	Y0
8	OUT	Y1
9	LDP	X4
11	ORP	X5
13	ANDP	X6
15	OR	X7
16	ANI	X10
17	OUT	Y2
18	ANDF	X11
20	OUT	Y3

(a) 梯形图　　　　　(b) 指令表

图 4-3　边沿单接点指令的使用

LDP、ORP 和 ANDP 指令用于上升沿单接点，其接点只在对应软元件接通时的上升沿接通一个扫描周期，所以也称为上升沿微分接点指令。

LDF、ORF 和 ANDF 指令用于下降沿单接点，其接点只在对应软元件接通后再断开时的下降沿接通一个扫描周期，所以也称为下降沿微分接点指令。

如图 4-4 所示为边沿单接点的动作时序。

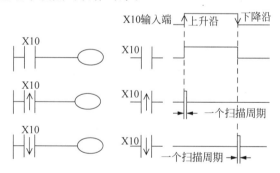

图 4-4　边沿单接点的动作时序

PLC 由于采用串行周期扫描工作方式，梯形图中的接点往往受到扫描周期的影响，所以有时会给梯形图设计和梯形图分析带来不便，但另一方面也可以利用它解决一些在常规电气控制电路中无法实现的问题。例如图 3-27 所示的单按钮控制电动机起动停止电路，如图 4-5(a)所示。对于这类电路用边沿接点编程可以起到简化电路的作用，同时也使电路更容易理解。

如图 4-5(b)所示，用 X0 的上升沿接点代替了由 M0 组成的电路，简化了梯形图。当按下按钮 X0 时，第一个扫描周期，C0 计一次数，计数值为 1，C0 接点接通，Y0 得电。第二个扫描周期，C0 已到计数值，不再计数，Y0 接点闭合，但 X0 接点断开，所以 C0 不复位。再按下按钮 X0 时，由于 Y0 接点闭合 Y0 得电 C0 复位。C0 接点断开，Y0 失电。如图 4-5(c)所示为时序图。

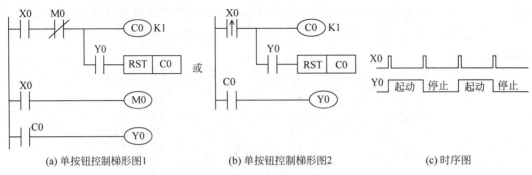

(a) 单按钮控制梯形图1 (b) 单按钮控制梯形图2 (c) 时序图

图 4-5 单按钮控制电动机起动停止电路

如图 4-6(a)所示为图 3-21 中提到的下降沿单稳态电路,图中用 X0 的下降沿接点代替了由 M0 组成的电路,如图 4-6(b)所示,也达到了同样的控制结果。

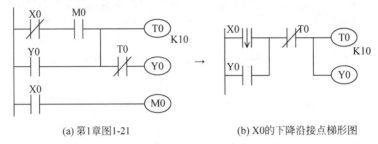

(a) 第1章图1-21 (b) X0的下降沿接点梯形图

图 4-6 下降沿单稳态电路

4.2 连接导线指令

单接点指令只能用于单个的接点,对于接点组或电路的分支需要用连接导线指令来完成。由于连接导线指令相当于导线,而不是软元件,所以指令后面不能用软元件。连接导线指令有两类,即接点组连接导线和回路分支导线,如表 4-3 所示。

表 4-3 连接导线指令

导 线 类 型	导 线 名 称	指　　令	梯形图符号
接点组连接导线	接点组串联导线	ANB	—
	接点组并联导线	ORB	|
回路分支导线	回路向下分支导线	MPS	┬
	中间回路分支导线	MRD	├
	末回路分支导线	MPP	└

4.2.1 接点组连接导线指令

接点组连接导线指令用于接点组的连接,指令包括 ANB 和 ORB。相当于连接一个接点组的连接导线。

(1) ANB:用于接点组和前面的接点相串联连接。

（2）ORB：用于接点组和前面的接点相并联连接。

接点组一般是由两个及两个以上相连的接点组成的，接点组一般不能拆成单接点用单接点指令。接点组的第一个接点要用起始接点指令 LD、LDI、LDF 或 LDP，接点组的连接使用接点组导线指令 ORB 或 ANB，如图 4-7 和图 4-8 所示。

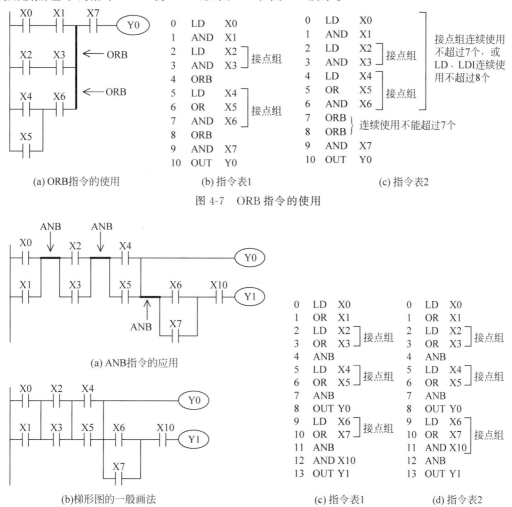

(a) ORB指令的使用　　　(b) 指令表1　　　(c) 指令表2

图 4-7　ORB 指令的使用

(a) ANB指令的应用

(b)梯形图的一般画法　　　(c) 指令表1　　　(d) 指令表2

图 4-8　ANB 指令的使用

当一个梯形图有连续多个接点组时，其指令表有两种写法：一种如图 4-7(b) 所示，当写出一个接点组的指令后，立即用接点组连接导线指令将接点组与前面的接点连接；另一种如图 4-7(c) 所示，将所有的接点组写出后，再用接点组连接导线指令将接点组与前面的接点逐个连接。

在使用接点组连接导线指令 ORB 和 ANB 时应注意，当梯形图中出现接点组时应及时用 ORB 或 ANB 将接点组与前面的接点连接。如将接点组一一写出后再用 ORB 或 ANB 将接点组与前面的接点连接，连续出现的接点组不能超过 7 个，相应 ORB 和 ANB 连续使用的总和不超过 7 个（也就是说，对于连续出现的接点组，每个接点组要用 LD 或 LDI 开头，再加上该电路块的起始接点要用 LD 或 LDI，这样 LD 和 LDI 连续出现不超过 8 个）。

实际上，也可以把一个单接点或多个单接点看成接点组，这在用 NOP 指令临时删除接点时十分方便,在编程时也可以使用。

4.2.2 回路分支导线指令

回路分支导线指令用于与一个电路块回路输出分支的导线连接,指令包括 MPS、MRD 和 MPP。

(1) MPS:用于输出回路向下分支的导线连接。

(2) MRD:用于输出回路中间分支的导线连接。

(3) MPP:用于输出回路最后分支的导线连接。

如图 4-9 所示为 MPS、MRD 和 MPP 指令的基本使用方法。在梯形图中,MPS 表示回路分支开始,MPP 表示回路分支结束,所以 MPS 和 MPP 总是成对出现,而 MRD 表示中间分支回路,其数量不受限制。

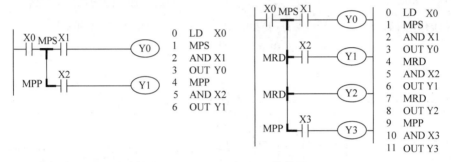

图 4-9　MPS、MRD 和 MPP 的使用

用接点组连接导线指令(ANB、ORB)和回路分支导线指令(MPS、MRD 和 MPP)编程,示例如图 4-10 所示。

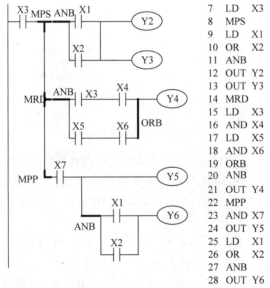

图 4-10　连接导线示例

图 4-9 和图 4-10 在一个电路中只用了一个 MPS 指令,称为一分支电路,而图 4-11 连续使用两个 MPS 指令,称为二分支电路。

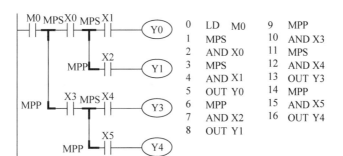

图 4-11　二分支电路

在图 4-12 所示的三分支电路中,连续使用 3 次 MPS 指令,MPP 指令和 MPS 指令的数量相同,均为 3 个。根据规定,MPS 指令连续使用的次数不得超过 11 个,或在一段程序中 MPP 指令和 MPS 指令的差值数不得超过 11 个。

对于图 4-12 所示的三分支电路,如果调换上下两个线圈不受扫描周期的影响,可以将没有接点的线圈调换到上面,使分支电路变成连续输出电路,这样就可以减少 MPP 和 MPS 指令的使用次数。

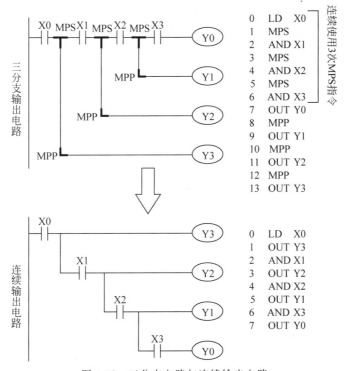

图 4-12　三分支电路与连续输出电路

4.3　接点逻辑取反指令

4.3.1　接点逻辑取反指令的基本用法

接点逻辑取反指令为 INV(或 NOPP),用于将以 LD、LDI、LDF、LDP 开始的接点或接点组的逻辑结果进行取反,如表 4-4 所示。

表 4-4　接点逻辑取反指令

指　　令	梯形图符号
INV(NOPP)	／

在图 4-13(a)中,取反指令为 INV,是对它前面的以 LD 开始的 X0、X1 并联接点的逻辑结果进行取反。如图 4-13(a)所示,相当于图 4-13(b)。

$$Y0 = \overline{X0 + X1} = \overline{X0}\ \overline{X1}$$

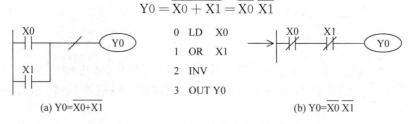

(a) Y0=X0+X1　　　　　　　　　　　　　　　　(b) Y0=X̄0 X̄1

图 4-13　INV 对 LD 开始的接点逻辑结果取反

图 4-14(a)和图 4-14(b)所示的梯形图完全相同,但是它们表达的电路可能不同。在图 4-14(a)中,指令表中的 INV 是对它前面的以 LD 开始的 X0、X1 和 X2 组成的接点组的逻辑结果取反。而图 4-14(b)中,指令表中的 INV 是对它前面的以 LD 开始的 X1 和 X2 组成的接点组的逻辑结果取反。二者的逻辑表达式和指令表不同。

图 4-14(a)的逻辑表达式为 $Y0 = \overline{X0(X1+X2)}$。图 4-14(b)的逻辑表达式为 $Y0 = X0(\overline{X1+X2})$。

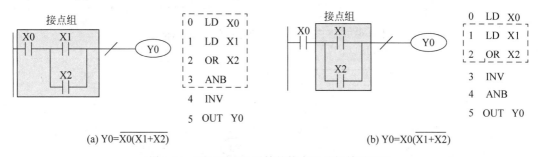

(a) Y0=X̄0(X1+X2)　　　　　　　　　　　　　(b) Y0=X0(X̄1+X2)

图 4-14　INV 对 LD 开始的接点组逻辑结果取反

4.3.2　边沿常闭接点

在 FX$_{3U}$ 型 PLC 中只有边沿常开接点,并没有边沿常闭接点,但是,在编程时有时需要用边沿常闭接点,这可以采用对边沿常开接点加取反指令 INV 的方法组成,如图 4-15 所示。

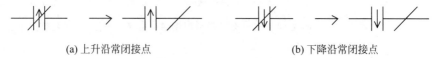

(a) 上升沿常闭接点　　　　　　　　　　(b) 下降沿常闭接点

图 4-15　边沿常闭接点

在设计梯形图时,建议用图 4-16(a)所示的边沿常闭接点,这样容易理解,但是在 PLC 中没有这样的常闭接点,一般可以用以下方法进行转化。

(1) 当边沿常闭接点与其他接点串联时,可将边沿常闭接点放到前面,如图 4-16 中的 X2 所示。

（2）当有多个边沿常闭接点相互串联时，可将其变成多个边沿常开接点相互并联，再加取反符号，如图 4-16 中的 X3、X4 所示。

（3）对于既有串联又有并联的边沿常闭接点，可通过逻辑变换将其变成常开接点，如图 4-16 中的 X5、X6、X7 所示。

（4）如果串联的边沿常闭接点不放到前面，则可以将该串联的单接点看成接点组，对该单接点取反后再用 ANB 指令与前面的接点串联，如图 4-16 中的 X0 所示。

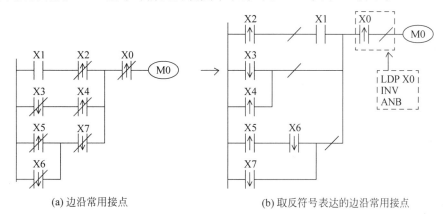

(a) 边沿常用接点　　　　　　　　(b) 取反符号表达的边沿常用接点

图 4-16　边沿常闭接点的处理

4.3.3　边沿接点 M2800～M3071 的特点

辅助继电器 M2800～M3071 的边沿接点在梯形图中有一个特点，就是如果一个辅助继电器（M2800～M3071）的线圈在梯形图中有若干个边沿接点，只有在这个辅助继电器线圈前面的第一个上升沿接点和第一个下降沿接点动作，以及在这个辅助继电器线圈后面的第一个上升沿接点和第一个下降沿接点动作，其他的边沿接点不动作，如图 4-17 所示。

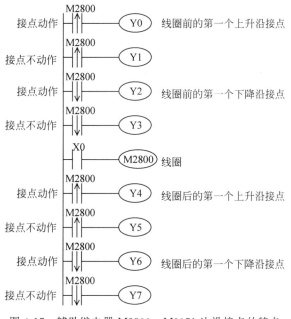

图 4-17　辅助继电器 M2800～M3071 边沿接点的特点

其中 M2800～M3071 的普通接点没有上述特点。当然,M0～M2799 的边沿接点和普通接点也没有上述特点。

辅助继电器 M2800～M3071 边沿接点的这个特点在用步进指令编程时(在第 3 章中讲解),利用同一个信号进行状态转移,用边沿接点作为转移条件十分方便。

4.4 接点边沿导通指令

在 FX$_{3U}$ 型 PLC 基本指令中增加了 MEP(上升沿时导通)指令和 MEF(下降沿时导通)指令。MEP 和 MEF 指令为运算结果脉冲指令,不需要指定软元件编号,如表 4-5 所示。

表 4-5　接点边沿导通指令

指令名称	指　　令	梯形图符号	可用软元件
上升沿时导通	MEP	↑	
下降沿时导通	MEF	↓	

4.4.1 MEP 指令

MEP 指令为运算结果的上升沿接通一个扫描周期,如图 4-18 所示。当 X0 和 X1 接点同时接通时 Y0 线圈接通一个扫描周期。

图 4-18　MEP 指令运用

4.4.2 MEF 指令

MEF 指令为运算结果的下降沿接通一个扫描周期,如图 4-19 所示。当 X2 和 X3 接点同时接通时(上升沿),电路没有反应,当 X2 和 X3 接点有一个断开时(下降沿),Y1 线圈接通一个扫描周期。

图 4-19　MEF 指令运用

4.5 逻辑线圈指令

逻辑线圈指令用于梯形图中接点逻辑运算结果的输出或复位,如表 4-6 所示。

表 4-6　逻辑线圈指令

线　　圈	指令	梯形图符号		可用软元件
普通线圈指令	OUT	—(Y000)—	—(Y000)	Y、M、S、T、C、D□.b
置位线圈指令	SET	—[SET M3]—	—[SET│M3]—	Y、M、S、D□.b

续表

线　圈	指令	梯形图符号		可用软元件
复位线圈指令	RST	⊣[RST M3]	⊢[RST|M3]	Y、M、S、T、C、D、D□.b
上升沿线圈指令	PLS	⊣[PLS M2]	⊢[PLS|M2]	Y、M
下降沿线圈指令	PLF	⊣[PLF M3]	⊢[PLF|M3]	Y、M
主控线圈指令	MC	⊣[MC N0 M2]	⊢[MC|N0|M2]	Y、M
主控复位线圈指令	MCR	⊣[MCR N0]	⊢[MCR|N0]	N

各种逻辑线圈应和右母线连接，当右母线省略时逻辑线圈只能在梯形图的右边。注意，输入继电器 X 不能作为逻辑线圈。

4.5.1　普通线圈指令

普通线圈指令为 OUT，用于表示 Y、M、S、T、C、D□.b 的线圈，是最常用的指令之一。与其他可编程控制器不同的是，OUT 指令也可以用于定时器和计数器。

例 4.1　用一个按钮控制电动机的起动和停止。

用一个按钮控制电动机的起动和停止，起动时要求按下按钮先预警 5s 后再起动电动机，停止时再按下按钮先预警 5s 后停止电动机。

控制梯形图如图 4-20(a)所示，它实际上是由图 3-20 所示上升沿单稳态电路和图 4-5 所示单按钮控制电动机起动停止电路组合而成的。

图 4-20(b)和图 4-20(c)所示为指令表和时序图，其中定时器和计数器的程序步均为 3 步。软元件和设定值之间要用空格分开，设定值可以和 OUT 指令写在一行(如在编程软件中)，也可以另起一行(如在手持编程器中)。

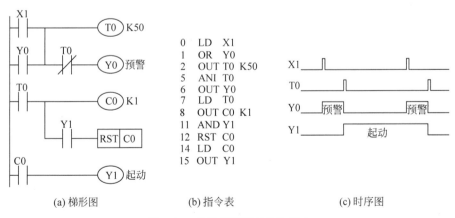

图 4-20　单按钮预警起动和停止

FX₃ᵤ 型 PLC 增加了一种线圈 D□.b，称为数据寄存器的位指定。D□.b 表示数据寄存器的一个位，例如 D2.3 表示数据寄存器 D2 的 b3 位，如图 4-21 所示。

如图 4-21(b)所示，当 X0＝1 时，D2.3 得电自锁，当 X1＝1 时，D2.3 失电。

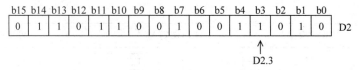

(a) 数据寄存器D2.3

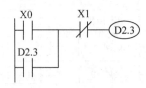

(b) 数据寄存器编程示例

图 4-21　数据寄存器的位指定

4.5.2　置位线圈指令和复位线圈指令

置位线圈指令为 SET,用于对 Y、M、S、D□.b 指令线圈置位。SET 用于 Y、M 时程序步为 1,用于 S、特殊 M、M1536～M3071 时程序步为 2。

复位线圈指令为 RST,用于对 Y、M、S、T、C、D□.b 的线圈和 D、V、Z 寄存器的复位。指令 RST 用于 Y、M 时程序步为 1,用于 T、C、S、特殊 M、M1536～M3071 时程序步为 2,用于 D、V、Z 时程序步为 3。

图 4-22(b)和图 4-22(e)为复位线圈指令 RST 和置位线圈指令 SET 的基本应用梯形图。

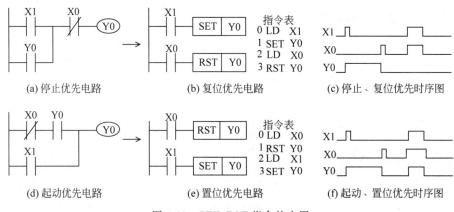

图 4-22　SET、RST 指令的应用

1) 复位优先电路

如图 4-22(b)所示,其特点是 SET 指令在前,RST 指令在后,等同于图 4-22(a)。当 X1 接点闭合时,Y0 线圈得电置位(等同于自锁),当 X1 接点断开时,Y0 线圈仍得电。如要使 Y0 线圈失电,则只要闭合 X0 接点,执行复位指令 RST 即可。如果 X0 和 X1 同时闭合,由于先执行 SET 指令,后执行 RST 指令,所以 Y0 线圈不得电。图 4-22(c)为停止、复位优先时序图。

2) 置位优先电路

如图 4-22(e)所示,其特点是 RST 指令在前,SET 指令在后,等同于图 4-22(d)。其控制原理和图 4-22(b)基本相同,不同的是,如果 X0 和 X1 同时闭合,由于先执行 RST 指令,后执行 SET 指令,所以 Y0 线圈得电。图 4-22(f)为起动、置位优先时序图。

3）二分频电路

二分频电路的输出频率为输入频率的二分之一。如图 4-23 所示为用 SET、RST 指令组成的二分频电路。Y1 的输出频率为 X1 输入频率的二分之一。

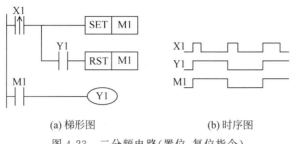

(a) 梯形图　　　　　　　(b) 时序图

图 4-23　二分频电路（置位、复位指令）

图 4-23 的动作过程如下：

当 X1＝1 时，X1 产生一个扫描周期的脉冲，使 M1 置位，由于第一个扫描周期未执行到 Y1 线圈，Y1 接点不会闭合 RST M1 指令。之后 M1 接点闭合，使 Y1 线圈得电。

当 X1＝0 时，由于 M1 置位，Y1 线圈仍得电。当第二次 X1＝1 时，M1 由 RST 置 0，Y1 线圈失电。当 X1＝0 时，对电路无影响。另外，二分频电路也可以用于单按钮控制电动机的起动和停止。

4）三输出置位优先电路

图 4-24 为三输出置位优先梯形图，当 X0＝1 时，Y0＝1；当 X1＝1 时，Y1＝1；当 X2＝1 时，Y2＝1。当 X3＝1 时，Y0～Y2 复位。比较下面两个梯形图，图 4-24(a) 是用了三个上升沿接点的三输出置位优先梯形图，其控制结果与图 4-24(b) 是相同的。

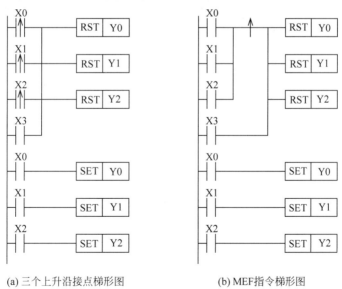

(a) 三个上升沿接点梯形图　　　　　(b) MEF指令梯形图

图 4-24　三输出置位优先梯形图

4.5.3　边沿线圈指令

边沿线圈指令有上升沿线圈指令 PLS 和下降沿线圈指令 PLF。PLS 指令用于当 PLS 指定的继电器线圈得电时，该继电器的接点动作一个扫描周期。

　　PLF 指令用于当 PLF 指定的继电器线圈失电时,该继电器的接点动作一个扫描周期。PLS 指令和 PLF 指令的应用如图 4-25 所示。

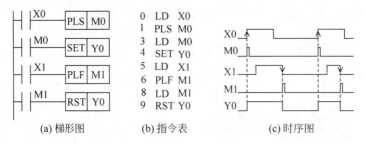

图 4-25　边沿线圈指令的应用

　　当 X0 闭合时,M0 线圈得电,M0 接点闭合一个扫描周期,使 Y0 线圈置位。当 X1 闭合时,M1 线圈得电,M1 接点不动作,当 X1 断开时 M1 线圈失电,M1 接点动作,闭合一个扫描周期,使 Y0 线圈复位。

　　例 4.2　PLS 指令二分频电路。

　　如图 4-26 所示为用 PLS 指令编程的二分频电路。当 X0 第一次闭合时,M0 产生一个扫描周期的脉冲,在第一个扫描周期内,Y0 线圈由 M0 常开接点和 Y0 常闭接点而得电。在第二个扫描周期内,M0 常开接点断开,M0 常闭接点闭合,由于在第一个扫描周期内 Y0 线圈得电,所以 Y0 常开接点闭合,Y0 线圈由 M0 常闭接点和 Y0 常开接点自锁得电。

　　当 X0 第二次闭合时,M0 产生一个扫描周期的脉冲,在第一个扫描周期内,M0 常闭接点断开,Y0 线圈失电。在第二个扫描周期内,M0 常闭接点闭合,由于在第一个扫描周期内 Y0 线圈已失电,Y0 常开接点断开,Y0 线圈仍不得电。同理,该电路也可以用于单按钮控制电动机的起动和停止。

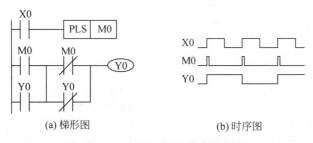

图 4-26　二分频电路(边沿线圈指令)

　　边沿线圈指令也可以用边沿接点指令来替换。例如图 4-26 所示的二分频电路的梯形图,可将 M0 常开接点改为 X0 上升沿常开接点,将 M0 常闭接点改为 X0 上升沿常闭接点,如图 4-27(a)所示,由于没有上升沿常闭接点,即可用图 4-27 所示的梯形图来替换。

图 4-27　二分频电路(上升沿常闭接点应用)

例 4.3　PLF 指令用于单按钮电动机起动停止报警控制。

用一个按钮控制电动机的起动和停止,起动时按下按钮 X0,发出报警信号,确认可以安全起动时松开按钮,解除报警信号 Y0,Y1 得电,电动机起动。停止时再按下按钮 X0,发出报警信号,确认可以安全停止时松开按钮,解除报警信号 Y0,Y1 失电,电动机停止。

单按钮电动机起动停止报警控制如图 4-28 所示,其控制原理与图 4-26 所示的二分频电路基本相同,只是将 PLS 指令换成了 PLF 指令,其目的是当按钮被按下时只报警,而当按钮松开时利用下降沿脉冲起动,停止时也是一样。

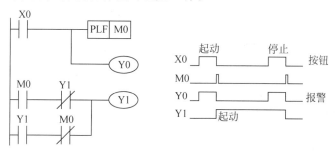

图 4-28　单按钮电动机起动停止报警控制

图 4-28 的下降沿线圈指令也可以用边沿接点指令来替换。例如将图 4-28 所示的二分频电路的梯形图,可将 M0 常开接点改为 Y0 下降沿常开接点,将 M0 常闭接点改为 Y0 下降沿常闭接点。如图 4-29(a)所示,由于没有下降沿常闭接点,即可用图 4-29(b)所示的梯形图来替换。

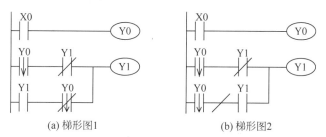

(a) 梯形图1　　　　　　　　　(b) 梯形图2

图 4-29　单按钮电动机起动停止报警控制(下降沿常闭接点应用)

4.5.4　主控线圈指令和主控复位线圈指令

主控线圈指令为 MC,用于对一段电路的控制,只能用于输出继电器 Y 和辅助继电器 M。程序步为 3,使用 M1536～M3071 时程序步为 4。

主控复位线圈指令为 MCR,用于表示被控制电路的结束,程序步为 2。

如图 4-30 所示为 MC、MCR 指令的应用,图 4-30(a)为回路分支电路,由 3 个电路块组成,可以用前面讲过的回路分支导线指令 MPS、MRD、MPP 写出其电路的指令表。也可以改用 MC、MR 指令来表达梯形图形式,如图 4-30(b)所示。

在第一个电路块中,由 X0 控制 Y0、Y1 两个分支电路。当 X0=1 时,主控线圈 M0 得电,执行 MC N0 M0 到 MCR N0 的电路。当 X0=0 时,主控线圈 M0 失电,MC N0 M0 到 MCR N0 的电路就不能被执行。

在第二个电路块中,由 X3 控制 Y2、Y3、Y4 三个分支电路,由于 Y2 线圈分支电路中无接点,可以直接用 MC 指令驱动 Y2 线圈。当 X3＝1 时,主控线圈 Y2 得电,执行 MC N0 Y2 到 MCR N0 的电路。当 X3＝0 时,主控线圈 Y2 失电,不执行 MC N0 Y2 到 MCR N0 的电路。注意,图 4-31(a)和图 4-30(b)的效果是相同的。

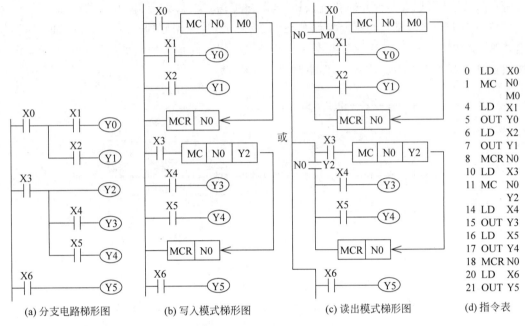

(a) 分支电路梯形图　　(b) 写入模式梯形图　　(c) 读出模式梯形图　　(d) 指令表

图 4-30　MC、MCR 指令的应用

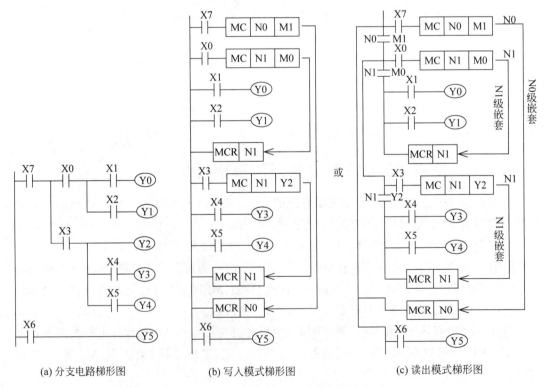

(a) 分支电路梯形图　　(b) 写入模式梯形图　　(c) 读出模式梯形图

图 4-31　有嵌套级时 MC、MCR 指令的应用

如果用编程软件输入梯形图 4-30(b)，则编程软件会自动转换成图 4-30(c)所示的梯形图形式。

MPS、MRD、MPP 指令适用于分支电路比较少的梯形图，而 MC、MCR 指令比较适用于有多个分支电路的梯形图，这样可以避免在中间分支电路上多次使用 MRD 指令。

在图 4-30 中没有嵌套结构，可以多次使用 N0 编制程序，N0 的使用次数不受限制。在有嵌套结构时，如图 4-31 所示，嵌套级 N 的编号为 N0→N1→…→N7，逐步增大。

4.6 空操作指令和结束指令

4.6.1 空操作指令

空操作指令和结束指令如表 4-7 所示。

表 4-7 空操作和结束指令

指令名称	指 令	梯形图符号
空操作指令	NOP	
结束指令	END	—[END]

空操作指令为 NOP，程序步为 1，在将程序全部清除时，PLC 中的全部指令为 NOP。

如果在普通程序中加入 NOP 指令，则 PLC 读 NOP 指令时只占有读取时间($0.08\mu s$)，而不做任何处理；如果在调试程序时加入一定量的 NOP 指令，则在追加程序时可以减少步序号的变动。

在修改程序时可以用 NOP 指令删除接点或电路，也就是用 NOP 代替原来的指令，这样可以使步序号不变动，如图 4-32 所示。

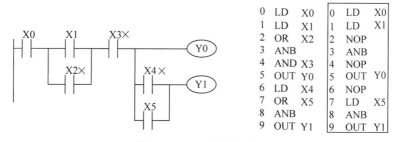

图 4-32 NOP 指令的应用

用 NOP 指令删除串联和并联接点时，只需用 NOP 指令取代原来的指令即可，如图 4-32 中的 X2 和 X3。图中的 X1 和 X2 是接点组，X2 删除后 X1 变成了单接点，但是可以把单接点 X1 看成接点组，这样步序 1 的 LD 和步序 3 的 ANB 指令就可以保持不变。

如果用 NOP 指令删除起始接点（即用 LD、LDI、LDP、LDF 指令的接点），那么它的下一个接点就应改为起始接点，如图 4-32 中的 X4 所示。X4 删除后 X5 要改用 LD 指令，由于 X5 变成了单接点，所以也可以用 AND X5，其后的 ANB 改为 NOP，这样步序号保持不变。

用 NOP 指令删除接点后，其指令表仍应满足写指令表的规则。另外，在正式使用的程序中最好将 NOP 指令删除。

4.6.2 结束指令

结束指令为 END，程序步为 1，PLC 所执行的程序从第 0 步到 END 指令结束，而 END 指令后面的程序是不执行的。如果在程序结束后不加 END 指令，则 PLC 将继续读 NOP 空指令，一直读到最大步序号为止（FX$_{3U}$ 型 PLC 的最大步序号为 16000）。

在调试程序过程中，也可以在程序中插入 END 指令，把程序分成若干段。由于 PLC 只执行从第 0 步到第一个 END 指令的程序，如果有错误就一定在这段程序中，将错误纠正，然后将第一个 END 删除，再调试或检查下一段程序。

习题

1. 写出题图 1 所示梯形图的指令表。

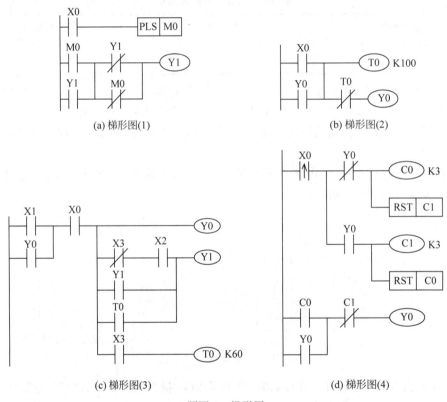

(a) 梯形图(1)　　　　　　(b) 梯形图(2)

(c) 梯形图(3)　　　　　　(d) 梯形图(4)

题图 1　梯形图

2. 写出题图 2 所示梯形图的指令表。

3. 根据下面的指令表画出梯形图。

0　LD X0	4　ANI X3	8　ORI X6	12　OUT Y2
1　OR X1	5　OUT Y1	9　AND X7	13　MPP
2　ANI X2	6　LD X4	10　MPS	14　ANI X11
3　OUT Y0	7　ANI X5	11　AND X10	15　OUT Y3

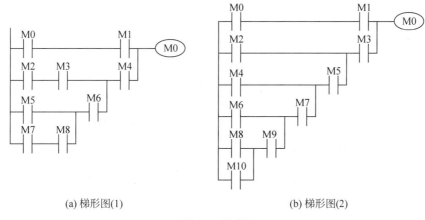

(a) 梯形图(1)　　　　　　　　　(b) 梯形图(2)

题图 2　梯形图

4. 用 INV 取反指令画出下列逻辑表达式的梯形图,并写出指令表($\overline{X0}\downarrow$为下降沿常闭接点)。

(1) $Y0=(X1+Y0)\overline{X0}\downarrow$　　　　(2) $Y0=\overline{X0}\downarrow(X1+Y0)$

(3) $Y0=X1(\overline{X0}+Y0)$　　　　(4) $Y0=X1(Y0+\overline{X0})$

5. 根据控制要求画出梯形图,并写出程序。

(1) 当 X0、X1 同时动作时 Y0 得电并自锁,当 X2、X3 中有一个动作时,Y0 失电。

(2) 当 X0 动作时 Y0 得电并自锁,10s 后 Y0 失电。

6. 分析题图 3 所示的梯形图,X1、X2、X3 均为按钮,说明这 3 个按钮对输出继电器 Y0 的控制作用。

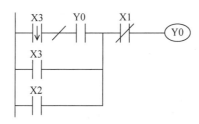

题图 3　梯形图

7. 分析题图 4 所示的两个梯形图,画出 X0 和 Y1 之间关系的时序图,并说明控制过程。用边沿线圈指令 PLS 替换边沿接点指令。

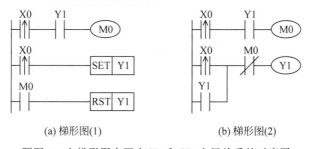

(a) 梯形图(1)　　　　　　　　　(b) 梯形图(2)

题图 4　在梯形图中画出 X0 和 Y1 之间关系的时序图

8. 分析题图 5 所示的梯形图,画出 X0 和 Y0 之间关系的时序图,并说明控制过程。用边沿接点指令来替换边沿线圈指令 PLS。

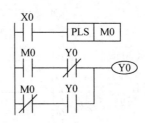

题图 5　在梯形图中画出 X0 和 Y0 之间关系的时序图

9. 将题图 6 所示的梯形图改为用 SET 和 RST 指令编程的梯形图。

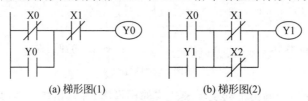

(a) 梯形图(1)　　　　　　(b) 梯形图(2)

题图 6　用 SET 和 RST 指令编程的梯形图

10. 用一个按钮控制一盏灯,要求按 3 次灯亮,再按 3 次灯灭。试画出控制梯形图,并写出指令表。

11. 分析题图 7 所示梯形图的动作原理,画出 T0、T1 和 T2 的时序图。

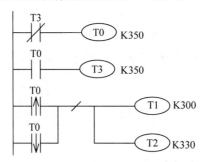

题图 7　梯形图的动作原理

12. 分析题图 8 所示的梯形图,说明 X0(按钮)对 Y0 和 Y1 的控制作用,并画出 Y0 和 Y1 的输出结果时序图。

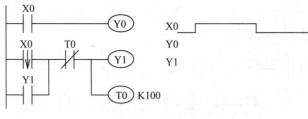

题图 8　梯形图

第5章

步进顺控指令

在工业控制中存在着大量的顺序控制,如机床的自动加工、自动生产线的自动运行及机械手的动作等,都是按照固定的顺序进行动作的。采用梯形图及指令表方式编程是可编程控制器最基本的编程方式,它采用的是常规控制电路的设计思路,所以很容易被广大电气工作者接受。用梯形图可以实现各种各样的控制要求。但是对于这种顺序动作的控制用梯形图方式编程往往要考虑各动作之间的互锁、状态的记忆等一系列问题,需要一定的编程技巧,而且很容易遗漏其中的细节。如果控制过程复杂,梯形图往往很长,前后之间的相互关联会给读图带来困难。

如果用步进顺控指令编程就简单了,并且易读易懂,本章介绍一种用于顺序控制的编程方法——状态转移图。

5.1 步进梯形图指令与状态转移图

5.1.1 步进梯形图指令

三菱公司的小型 PLC 在基本逻辑指令之外增加了两条步进梯形图指令 STL(Step Ladder Instruction)和 RET,这是一种符合 IEC1131-3 标准中定义的 SFC 图(Sequential Function Chart,顺序功能图)的通用流程图语言。顺序功能图也称状态转移图,SFC 图特别适合于步进顺序的控制,而且编程十分直观、方便,便于读图,初学者也很容易掌握和理解。

步进梯形图指令如表 5-1 所示。STL 指令的梯形图符号在不同的编程软件中有所不同。

表 5-1 步进梯形图指令

名 称	指 令	梯形图符号	可用软元件	程 序 步
步进指令	STL	S*** 或 S*** ─┤STL├─ 或 ─┤STL S***├	S	1
步进结束指令	RET	─[RET]		1

步进梯形图指令 STL 使用的软元件为状态继电器 S,FX$_{3U}$ 型 PLC 元件编号范围为 S0～S899(900 点),S1000～S4095(3096 点),共计 3996 点。S900～S999 为信号报警器。

S0～S499(500 点)为通用型状态继电器,其中 S0～S9(10 点)用于初始状态,S10～S19(共 10 点)用于回零状态。通用型状态继电器在失电时将复位为 0。

S500～S899(400 点)为失电保持型状态继电器,失电保持型状态继电器可在失电时保持原来的状态不变。

S1000～S4095 为失电保持专用型状态继电器,不能通过参数设定来改变其失电保持的范围。

S0～S899 可以通过参数设定来改变其失电保持的范围,如设定起始编号为 200,结束编号为 800,则 S200～S800 变为失电保持型状态继电器。

5.1.2 状态转移图和步进梯形图

状态转移图(SFC 图)主要由状态步、转移条件和驱动负载 3 部分组成,如图 5-1(a)所示。

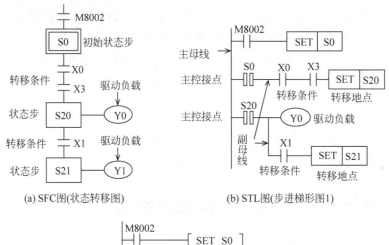

(a) SFC图(状态转移图)　　　　　(b) STL图(步进梯形图1)

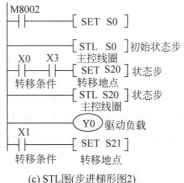

(c) STL图(步进梯形图2)

图 5-1　步进顺控指令图的 3 种表达方式

初始状态步一般使用初始状态继电器 S0～S9。SFC 图将一个控制程序分成若干状态步,每个状态步用一个状态继电器 S 表示,由每个状态步驱动对应的负载,完成对应的动作。注意,状态步必须满足对应的转移条件才能处于动作状态(状态继电器得电)。

初始状态步可以由梯形图的接点作为转移条件,也常用 M8002(初始化脉冲)的接点作为转移条件。当一个状态步处于动作状态时,如果与下面相连的转移条件接通后,该状态步将自动复位,则它下面的状态步置位将会处于动作状态,并驱动对应的负载。

如图 5-1(a)所示,当 PLC 初次运行时,M8002 产生一个脉冲,使初始状态继电器 S0 得电,即初始状态步 S0 动作,S0 没有驱动负载,处于等待状态,当转移条件 X0 和 X3 都闭合时,S0 失电复位,S20 得电置位,S20 所驱动的负载 Y0 也随之得电。

　　SFC 图既便于阅读,也便于设计,SFC 图也可以用 STL 图表示,如图 5-1(b)所示。状态步的线圈要用 SET 指令,其主控接点用 STL 指令,主控接点右边为副母线。在 SFC 图结束后要用 RET 指令,图 5-1(c)是 SFC 图的另一种表达方式。

　　以图 5-2(a)所示的运料车为例,使用 SFC 图编程。运料车为单循环控制方式,送料车单循环控制过程可分为 4 个状态步:前进到 A 点→后退到 O 点→前进到 B 点→后退到 O 点。PLC 输入/输出接线图如图 5-2(b)所示。

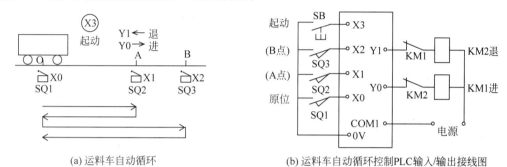

(a) 运料车自动循环　　　　　　(b) 运料车自动循环控制PLC输入/输出接线图

图 5-2　运料车自动循环控制程序

　　按照图 5-2(a)所示的运料车运行方式画出 SFC 图,对应的 STL 图如图 5-3(b)所示,图 5-3(c)为指令表。如图 5-3(a)所示,每个状态步用一个状态继电器 S 表示。

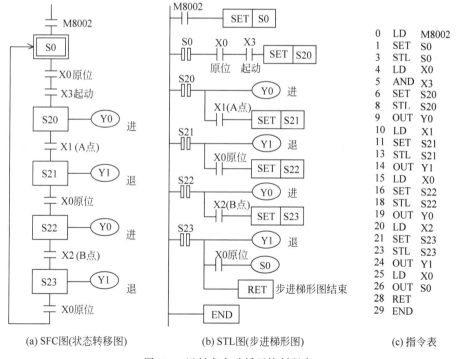

(a) SFC图(状态转移图)　　　(b) STL图(步进梯形图)　　　(c) 指令表

图 5-3　运料车自动循环控制程序

工作原理如下:

　　当 PLC 运行时,初始化脉冲 M8002 使初始状态步 S0 置位,等待命令。

　　运料车在原位时，X0＝1，当按下起动按钮时，X3＝1，满足转移条件，S0 复位，S20 置位，S20 驱动输出继电器 Y0，运料车向前运行。

　　到 A 点时碰到限位开关 SQ2，X1＝1，S20 复位，Y0 也相应失电。S21 置位，S21 驱动输出继电器 Y1，运料车向后运行。

　　回到 O 点时碰到限位开关 SQ1，X0＝1，S21 复位，S22 置位，运料车再次向前。

　　到 B 点时碰到限位开关 SQ3，X2＝1，S22 复位，S23 置位，运料车向后运行到 O 点时碰到限位开关 SQ1，X0＝1，S23 复位，S0 置位，运料车停止，完成一个循环过程。

　　可见 SFC 图简洁明了，不需要考虑输出量之间的互锁，也不需要考虑状态的记忆，编程方法比较简单。

　　STL 图在不同编程软件中所表达的方式是不一样的，如图 5-4 所示。图 5-4（a）为 FXGP/WIN-C 编程软件绘制的梯形图，图 5-4（b）为 GX Developer 编程软件绘制的梯形图。

　　在 FXGP/WIN-C 编程软件中，STL 指令是以主控接点的形式表现。在 GX Developer 编程软件中，STL 指令是以主控线圈的形式表现。

　　图 5-4（b）所示的梯形图是由较新版本 GX Developer 编程软件绘制的，但是这种梯形图不够直观，因此本书主要采用 FXGP/WIN-C 编程软件绘制的梯形图。

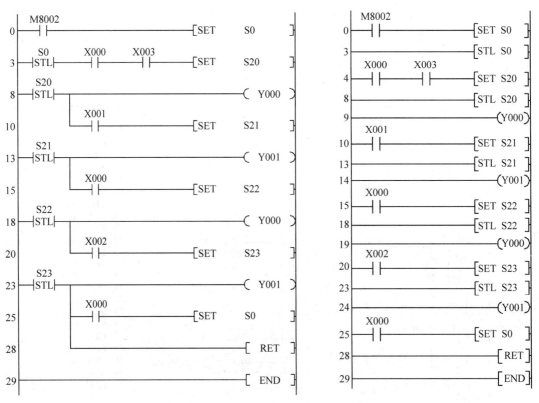

(a) FXGP/WIN-C编程软件绘制的梯形图　　　　　(b) GX Developer编程软件绘制的梯形图

图 5-4　运料车在不同编程软件中的梯形图

　　SFC 图适用于具有比较固定顺序的控制，但是某些步进顺序控制过程中要加入一些随机控制信号。例如运料车在运行过程中要求立即退回原位、停止等随机控制信号。用 SFC

图处理随机控制信号是不方便的。对于这类随机控制信号,还需要用梯形图来补充。

例如在图 5-2 所示运料车单循环控制的基础上再增加连续循环、暂停和退回原位控制,其控制梯形图如图 5-5 所示,PLC 控制接线图如图 5-5(a)所示,主接线图如图 5-5(b)所示。运料车的连续循环控制由开关 SA(X6)来控制。

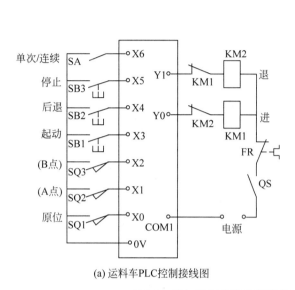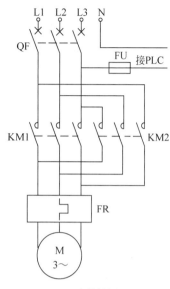

(a) 运料车PLC控制接线图　　　　　　　　　　　　(b) 主接线图

图 5-5　增加控制信号的运料车 PLC 接线图与主接线图

增加控制信号的运料车 PLC 梯形图如图 5-6 所示,当 X6＝0 时,运料车运行一个循环过程到原位后 X0＝1,由 S23 状态步回到 S0 状态步,运料车停止运行。当 X6＝1 时,运料车运行一个循环后,由 S23 状态步回到 S20 状态步,运料车连续循环运行。

按下后退按钮 SB2 时,X4 接点闭合,将 S20～S23 复位,回到 S0 状态步,Y1 得电,运料车后退到原位停止。

按下暂停按钮 SB3 时,X5 闭合,特殊辅助继电器 M8034 得电自锁,PLC 的全部输出继电器 Y 不输出,运料车停止。再按下起动按钮 X3,M8034 失电,输出继电器恢复输出,运料车继续按停止前的运行方式工作。

5.1.3　SFC 图和 STL 图编程注意事项

在用 SFC 图和 STL 图编程时,应注意有关事项,下面用图 5-7 和图 5-8 说明。

图 5-7 的编程说明如下。

(1)没有接点的线圈支路应放在上面先编程,如 S20 状态步中的 Y0 线圈。而有接点的线圈支路应放在下面后编程。如果没有接点的线圈(如图 5-7 中的 Y2)一定要放在后面,则线圈前面要加一个 M8000 接点。

(2)同一个线圈可以用于不同的状态步中,如 S20 和 S21 状态步中的 Y0 线圈(但是在同一个状态步中,同一个线圈多次使用时要特别注意)。

(3)同一个定时器可以在不相邻的状态步中使用,例如在 S20 状态步中使用定时器 T1 后,相邻 S21 状态步中就不能使用,而在 S22 状态步中却可以接着使用。

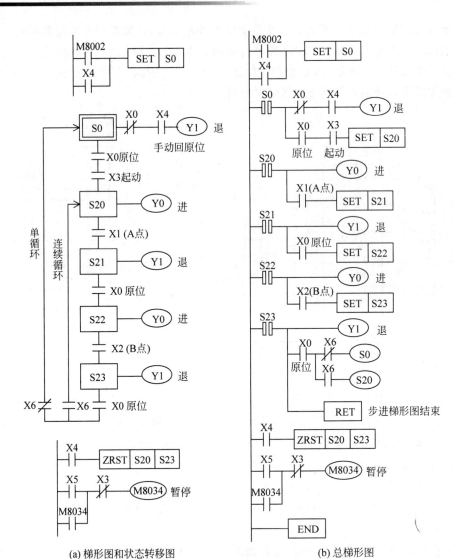

(a) 梯形图和状态转移图   (b) 总梯形图

图 5-6 增加控制信号的运料车 PLC 梯形图

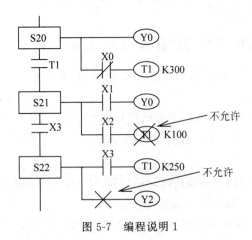

图 5-7 编程说明 1

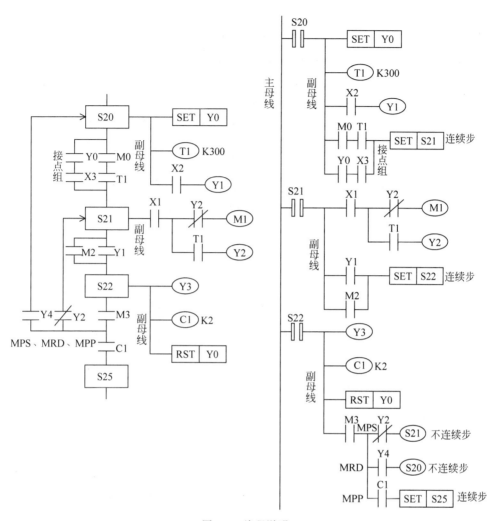

图 5-8　编程说明 2

图 5-8 的编程说明如下。

（1）在一个状态步中，当驱动负载用 SET 指令时，如 S20 状态步中的 SET Y0，当 Y0 置位后使 S20 复位，S21 状态步置位，Y0 仍置位，到 S22 状态步时由 RST Y0 指令复位 Y0。

（2）转移条件可以是单接点也可以是接点组，如 S20 到 S22 状态步的接点组。从一个状态步转移到多个状态步时可以用回路分支导线指令 MPS、MRD、MPP（注意：这与原编程手册是不一致的，原编程手册中说明转移条件不能用 ANB、ORB、MPS、MRD、MPP），但最好不要用 MPS、MRD 和 MPP 指令。

（3）STL 主控接点为常开接点，STL 主控接点后的线为副母线，线圈可以直接连接在副母线上，接在副母线上的接点用起始接点指令（LD、LDI、LDP、LDF）。

（4）从一个状态步转移到相邻状态步（连续步）时用 SET 指令，而从一个状态步跳转到不相邻状态步（不连续步）时既可用 OUT 指令，也可用 SET 指令。

（5）在 STL 指令中建议不要用 CJ 功能指令。

（6）在 SFC 图中不要用 MC/MCR 指令。

5.1.4 状态转移条件的有关处理方法

1. 相邻两个状态步的转移条件同时接通时的处理

当相邻两个状态步的转移条件同时接通时,第一个状态步的转移条件接通,将从第一个状态步转移到第二个状态步,由于第二个状态步的转移条件也接通,同时又立即从第二个状态步转移到第三个状态步,这样第二个状态步就被跳过。为了解决这个问题,可以将第二个状态步的转移条件改为 X 或 Y 的边沿接点或用 M2800～M3071 的边沿接点。

例 5.1 用 PLC 控制一个圆盘。

用 PLC 控制一个圆盘,圆盘的旋转由电动机控制。要求按下起动按钮后每转 1 圈停止 3s,转 5 圈后停止。该例题如果用 SFC 图编程比较简单,如图 5-9 所示。

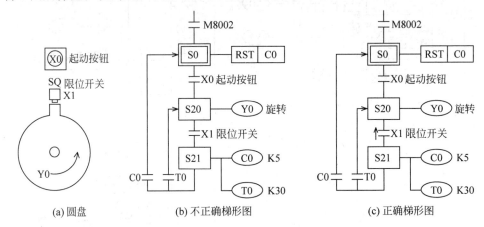

图 5-9 相邻两个状态步的转移条件同时接通时的处理

先看图 5-9(b)所示梯形图,初始状态时 S0 置位,当按下起动按钮 X0 时,S20 置位,由于限位开关 X1 已经处于受压状态,X1 常开接点也闭合,所以又跳到 S21 状态步,S20 复位,Y0 不能得电,圆盘也就不能转动。

解决的方法是将 X1 的常开接点改为上升沿接点,如图 5-9(c)所示。这样 X1 上升沿接点常开接点只是在初始状态时闭合一个扫描周期,正常时是断开的,这样当按下起动按钮 X0 时,S20 置位就不会跳到 S21 状态步了。S20 置位,Y0 得电,圆盘转动,转一圈后碰到限位开关 X1,X1 上升沿接点闭合一个扫描周期跳转到 S21 状态步,计数器 C0 计数一次,定时器 T0 延时 3s,又转移回到 S20。圆盘转动 5 次后,计数器 C0 计数 5 次,转移回到 S0,将计数器复位,圆盘停止工作。

2. 同一信号的状态转移

用 M、S、T、C 的接点做状态步的转移条件时,如果相邻状态步的转移条件相同,则应将其改成 M2800～M3071 的边沿接点,如图 5-10 所示。

例 5.2 用 PLC 控制 4 盏灯。

用 PLC 控制 4 盏灯,要求按下起动按钮时,每次亮一盏灯,每盏灯亮 2s,4 盏灯轮流亮,并周而复始。按下停止按钮时,灯全部熄灭。

PLC 状态转移图如图 5-10 所示。PLC 运行时,初始化脉冲 M8002 使初始状态步 S0 置位。用一个定时器 T0,T0 每 2s 发出一个脉冲作为每个状态步的转移条件。由于每个状态

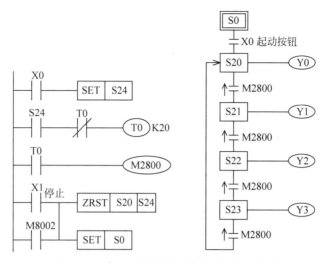

图 5-10 相邻状态步的转移条件相同时的处理

步的转移条件都是 T0,但是不能直接用 T0 的接点作为转换接点,而要用 M2800～M3071 的边沿接点。

起动时,按下起动按钮 X0,S20 置位,Y0 得电,同时 S24 置位(此处 S24 作为辅助继电器使用,而不是作为状态器使用),S24 常开接点闭合,接通定时器 T0,T0 接点每隔 2s 发出一个脉冲。接通 M2800,M2800 上升沿接点每 2s 发出一个脉冲。S20、S21、S22、S23 依次置位,每次亮一盏灯,4 盏灯轮流得电。

按下停止按钮 X1,S20～S24 复位,T0 线圈失电,S0 置位,灯全部熄灭。

5.2 SFC 图的跳转与分支

5.2.1 SFC 图的跳转

SFC 图的跳转有以下形式。

(1) 向下跳:跳过相邻的状态步(也称跳转),到下面的状态步,如图 5-11(a)所示,当转移条件 X1=1 时,从 S0 状态步跳到 S22 状态步。

(2) 向上跳:跳回到上面的状态步(也称重复),如图 5-11(a)所示,当转移条件 X6=1,X3=0 时,从 S22 状态步跳回到 S20 状态步;当转移条件 X6=1,X3=1 时,从 S22 状态步跳回到 S0 状态步。

(3) 跳向另一条分支:如图 5-11(d)所示,当转移条件 X4=1 时,从 S30 状态步跳到另一条分支的 S21 状态步。

(4) 复位:如图 5-11(d)所示,当转移条件 X3=1 时,使本状态步 S32 复位。

在编程软件中,SFC 图的跳转用箭头表示,状态复位用空心箭头。图 5-11(b)和图 5-11(e)为编程软件表示的 SFC 图。图 5-11(c)和图 5-11(f)为指令表。

例 5.3 用 PLC 控制小车。

一辆小车在 A、B 两点之间运行,如图 5-12 所示。在 A、B 两点分别设有后限位开关 SQ2 和前限位开关 SQ1,小车在 A、B 两点之间时可以控制小车前进或后退。小车运行后,在 A、B 两点之间自动往返运行,在 B 点要求停留 10s。

小车运行的 PLC 输入/输出接线图如图 5-13(a)所示。小车运行的状态转移图如图 5-13(b)所示,当按下前进按钮 X0 时,S20 置位动作,Y0 得电,小车前进。碰到前限位开关 X5 时,S20 复位,S21 置位,小车停止 10s,S22 置位。

Y1 得电,小车后退,碰到后限位开关 X6 时,上跳回到 S20 状态步,进入自动循环过程。如果将开关 X3 闭合,小车后退,碰到后限位开关 X6 时停止。

如果开始时按后退按钮 X1,则从 S0 状态步下跳到状态步 S22。之后进入自动循环过程(X3=0 时)或小车后退到后限位停止(X3=1 时)。

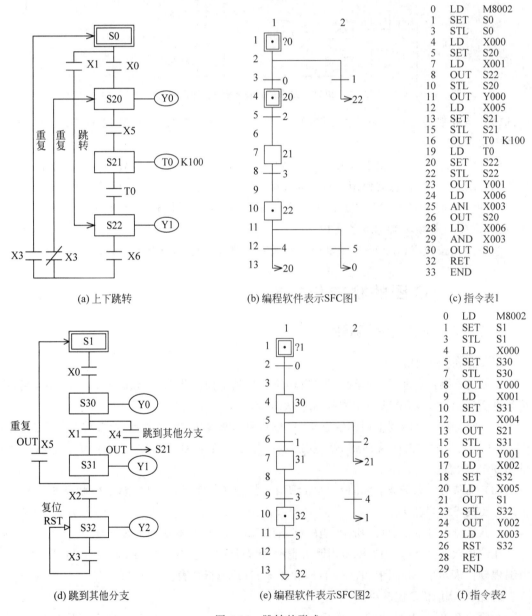

(a) 上下跳转   (b) 编程软件表示SFC图1   (c) 指令表1

(d) 跳到其他分支   (e) 编程软件表示SFC图2   (f) 指令表2

图 5-11　跳转的形式

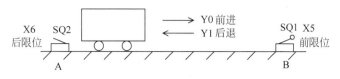

图 5-12 小车运行图

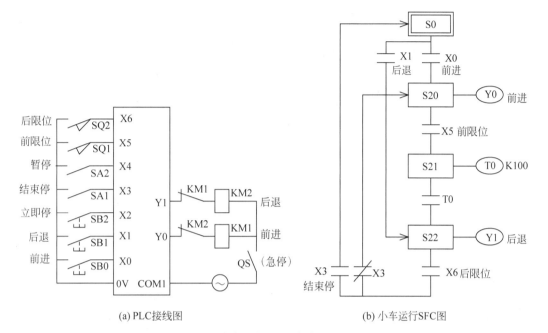

(a) PLC接线图   (b) 小车运行SFC图

图 5-13 小车运行 PLC 接线图和 SFC 图

如图 5-14 所示为图 5-13(b)SFC 图的步进梯形图。

小车运行 STL 图对应的指令表如表 5-2 所示。

表 5-2 小车运行 STL 图对应的指令表

序号	指 令		序号	指 令		序号	指 令	
0	LD	M8002	17	OUT	S22	32	OUT	Y001
1	OR	X002	19	STL	S20	33	LD	X006
2	SET	S0	20	OUT	Y000	34	ANI	X003
4	ZRST	S20 S22	21	LD	X005	35	OUT	S20
9	LD	X004	22	SET	S21	37	LD	X006
10	OUT	M8034	24	STL	S21	38	AND	X003
12	STL	S0	25	OUT	T0 K100	39	OUT	S0
13	LD	X000	28	LD	T0	41	RET	
14	SET	S20	29	SET	S22	42	END	
16	LD	X001	31	STL	S22			

在此例中设置了以下 4 种停止方式。

(1) 结束停：在小车运行过程中，将开关 X3 闭合，小车后退到后限位时停止。如果开始时将开关 X3 闭合，再按下前进按钮 X0，小车则运行一次单循环过程。

(2) 立即停：在小车运行过程中，按下按钮 X2，在图 5-14 所示的梯形图中，X2 接点闭合，将 S20～S22 全部复位，S0 置位，小车立即停止。

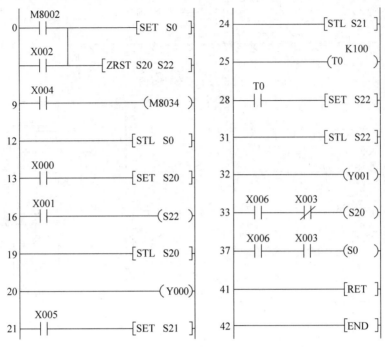

图 5-14　小车运行 STL 图

（3）暂停：在小车运行过程中，将开关 X4 闭合，特殊辅助继电器 M8034 得电，全部输出继电器失电，小车停止。将开关 X4 断开，特殊辅助继电器 M8034 失电，输出继电器恢复到原来状态，小车继续运行。

（4）急停：用急停按钮或开关将 PLC 的输出电路的电源切断，直接断开接触器，这种方式比较可靠，将急停按钮或开关再次闭合可继续运行。如果用急停按钮或开关将 PLC 的电源切断，则 PLC 停止运行。再次通电时，需要按下起动按钮才能运行。

5.2.2　SFC 图的分支

状态转移图（SFC）可分为单分支、选择分支、并行分支和混合分支 4 种。

单分支是最常用的一种形式，前面所介绍的实例采用的均为单分支状态转移图。

选择分支状态转移图如图 5-15（a）所示，在选择分支状态转移图中有多个分支，只能选择其中的一条分支。对应的步进梯形图和指令表如图 5-15（b）和图 5-15（c）所示。

并行分支状态转移图如图 5-16（a）所示，对应的步进梯形图和指令表如图 5-16（b）和图 5-16（c）所示。在并行分支状态转移图中也有多个分支，当满足转移条件 X2 时，所有并行分支 S23、S26 同时置位，在并行合并处所有并行分支 S24、S27 同时置位，当转移条件 X5＝1 时，转移到 S28 状态步。

混合分支状态转移图如图 5-17 所示，它由选择分支和并行分支状态转移图混合连接而成，动作过程比较复杂，应注意在并行汇合处的状态步有等待的过程。例如在图 5-17（a）中，若 X2＝1，S23 置位，随后 S24 置位，最后 S28 置位，S28 在并行汇合处等待 S29 置位，在 S29 置位后，X7＝1 时向下转移。图 5-17（b）也是一样。

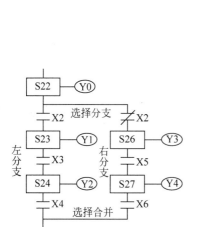

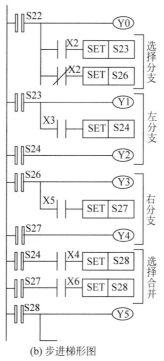

	STL S22
	OUT Y0
	LD X2
	SET S23
	LDI X2
	SET S26
	STL S23
	OUT Y1
	LD X3
	SET S24
	STL S24
	OUT Y2
	STL S26
	OUT Y3
	LD X5
	SET S27
	STL S27
	OUT Y4
	STL S24
	LD X4
	SET S28
	STL S27
	LD X6
	SET S28
	STL S28
	OUT Y5
	LD

(a) 状态转移图　　　　　(b) 步进梯形图　　　　　(c) 指令表

图 5-15　选择分支

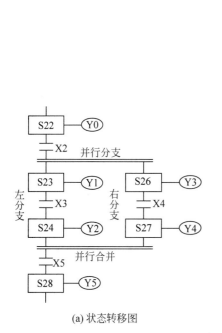

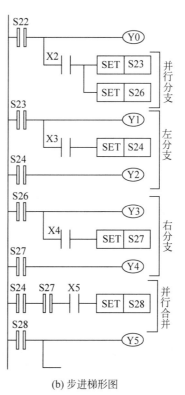

```
STL  S22
OUT  Y0
LD   X2
SET  S23
SET  S26
STL  S23
OUT  Y1
LD   X3
SET  S24
STL  S24
OUT  Y2
STL  S26
OUT  Y3
LD   X4
SET  S27
STL  S27
OUT  Y4
STL  S24
STL  S27
LD   X5
SET  S28
STL  S28
OUT  Y5
LD
```

(a) 状态转移图　　　　　(b) 步进梯形图　　　　　(c) 指令表

图 5-16　并行分支

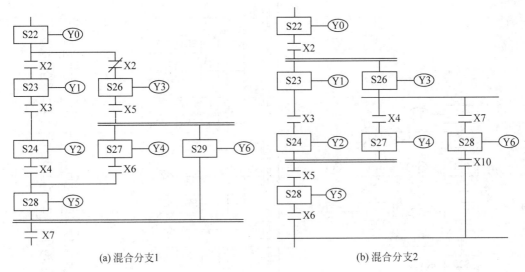

(a) 混合分支1　　　　　　　　　　　(b) 混合分支2

图 5-17　混合分支

选择分支编程实例可参照配套教学资源《工程案例手册》中的案例 12.1 大小球分拣传送机械手和案例 12.2 电镀自动生产线 PLC 控制。并行分支编程实例可参照配套教学资源《工程案例手册》中的案例 10.10 组合钻床。混合分支编程实例可参照配套教学资源《工程案例手册》中的案例 10.12 可逆星三角降压起动、点动、连动、反接制动控制。

习题

1. 画出题图 1 所示的单分支状态转移图的步进梯形图，并写出指令表。

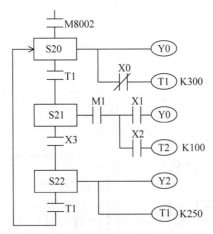

题图 1　单分支状态转移图的步进梯形图

2. 画出题图 2 所示的混合分支状态转移图的步进梯形图，并写出指令表。

3. 根据题图 3 所示的 SFC 图画出对应的 STL 图，并写出指令表。

4. 用 PLC 控制一个圆盘，圆盘的旋转由电动机控制。要求按下起动按钮后正转 2 圈、反转 1 圈后停止。试画出状态转移图、步进梯形图，并写出指令表。

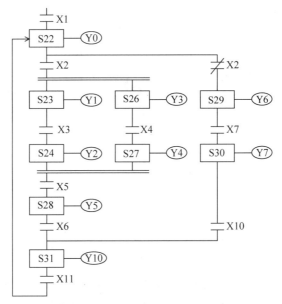

题图 2　混合分支状态转移图的步进梯形图

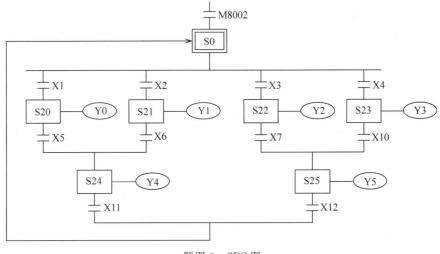

题图 3　SFC 图

5. 如题图 4 所示为一台剪板机装置图,其控制要求如下:按起动按钮 X0,开始送料,当板料碰到限位开关 X1 时停止,压钳下行将板料压紧时限位开关 X2 动作,剪刀下行将板料剪断后触及限位开关 X3,压钳和剪刀同时上行,分别碰到上限位开关时停止。试画出 PLC 接线图和状态转移图。

6. 某泵站有 4 台水泵,分别由 4 台三相异步电动机驱动。为了防止备用水泵长时间不用而造成锈蚀等问题,要求 2 台运行 2 台备用,并每隔 8h 切换 1 台,4 台水泵轮流运行。初次起动时,为了减小起动电流,要求第 1 台起动 10s 后第 2 台起动。根据控制要求画出 PLC 输入/输出控制接线图和状态转移图。

7. 控制 1 台电动机,按下起动按钮,电动机正转 10s 停 3s,再反转 10s 停 3s。循环 10 次后信号灯闪 3s 结束。按下停止按钮,电动机立即停止。

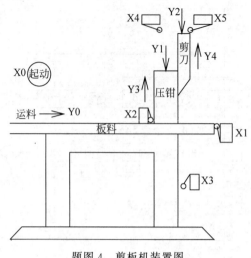

题图 4　剪板机装置图

8. 用 PLC 控制 4 盏彩灯按题图 5 所示的时序图动作，每隔 1s 变化 1 次，全部熄灭 1s 后又重复上述过程，分别画出题图 5(a) 和题图 5(b) 的状态转移图。

9. 如题图 6 所示为 1 个圆盘，圆盘的旋转由电动机控制。要求按下起动按钮后正转 1 圈、反转 1 圈再正转 1 圈后停止。

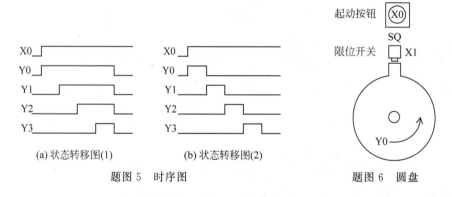

(a) 状态转移图(1)　　　(b) 状态转移图(2)

题图 5　时序图　　　　　　　题图 6　圆盘

10. 一辆小车在 A、B 两点之间运行，在 A、B 两点各设一个限位开关，如题图 7 所示，小车在 A 点时（后限位开关受压动作），在车门关好的情况下，按一下向前运行按钮，小车就从 A 点运行到 B 点停下来，然后料斗门打开，装料 10s，之后小车自动向后行到 A 点停止，车门打开，卸料 4s 后车门关闭。试画出 PLC 接线图和状态转移图。

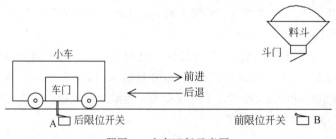

题图 7　小车运行示意图

11. 某生产线有一辆小车用电动机拖动。电动机正转小车前进,电动机反转小车后退,在 O、A、B、C 点各设置一个限位开关,如题图 8 所示。小车停在原位 O 点,用一个控制按钮控制小车。第 1 次按按钮,小车前进到 A 点后退回到原位 O 停止;第 2 次按按钮,小车前进到 B 点后退到原位 O 停止;第 3 次按按钮,小车前进到 C 点后退到原位 O 停止。再次按按钮,又重复上述过程。试画出 PLC 接线图和状态转移图。

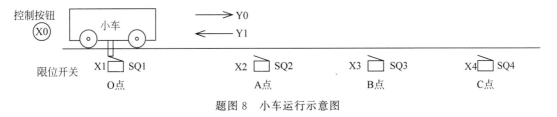

题图 8 小车运行示意图

第 6 章

应 用 指 令

应用指令(Applied Instruction)也称功能指令(Functional Instruction),主要用于数据处理等。本章主要介绍 FX$_{3U}$ 型 PLC 的应用指令。

FX 系列 PLC 的应用指令主要有以下类型:

- 程序流程控制指令。
- 传送与比较指令。
- 算术与逻辑运算指令。
- 循环与移位指令。
- 数据处理指令。
- 高速处理指令。
- 方便指令。
- 外部设备输入/输出指令。

- 外部设备串行接口控制指令。
- 浮点数运算指令。
- 定位控制指令。
- 实时时钟指令。
- 字符串控制指令。
- 接点比较指令。
- 数据表处理指令。
- 扩展文件寄存器控制指令。

由于 FX$_{3U}$ 型 PLC 应用指令很多,受篇幅所限,本章只讲解常用的应用指令。

6.1 应用指令概述

6.1.1 应用指令的图形符号和指令

基本指令通常应用于位元件的线圈和接点,例如输入继电器线圈、输出继电器线圈、辅助继电器线圈、定时器线圈和计数器线圈等。应用指令(功能指令)主要应用于数据的处理,少部分应用指令也可以应用于位元件的线圈。

应用指令(功能指令)相当于基本指令中的逻辑线圈指令,二者用法基本相同,只是逻辑线圈指令所执行的功能比较单一,而应用指令类似一个子程序,可以完成一系列较完整的控制过程。

三菱 FX 系列 PLC 的应用指令有两种形式,一种是采用功能号 FNC00～FNC305 表示,另一种是采用助记符表示其功能意义。例如,成批复位指令的助记符为 ZRST,对应的功能号为 FNC40,其指令的功能是将同一种连续编号的元件一起复位。功能号(FNC40)和助记符(ZRST)是一一对应的。

应用指令采用计算机通用的指令(助记符)和软元件(操作数)的方式,具有计算机编程基础的用户很容易就可以理解指令的功能。即使没有计算机编程基础的用户,只要有基本指令的编程基础,也很容易理解应用指令的功能。

应用指令的图形符号与基本指令中的逻辑线圈指令也基本相同,在梯形图中使用方框表示。图 6-1 所示为基本指令和应用指令对照的梯形图示例。

图 6-1(a)和图 6-1(b)所示为梯形图的功能相同,即当 X1＝1 时将 M0～M2 全部复位。

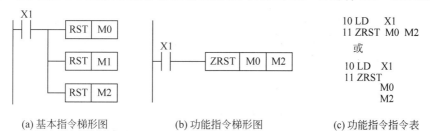

| (a) 基本指令梯形图 | (b) 功能指令梯形图 | (c) 功能指令指令表 |

图 6-1   应用指令的图形符号和指令表

FX$_{3U}$ 型 PLC 的应用指令有 218 种,是在 FX 系列 PLC 中指令最多的。应用指令主要用于数据处理,因此,除了可以使用 X、Y、M、S、T、C、D□.b 等软继电器元件外,使用更多的是数据寄存器 D、R、V、Z 以及由位元件组成的字元件。

6.1.2   应用指令的格式

1. 应用指令使用的软元件

应用指令使用的软元件可分为位元件、字元件、常数及指针,如表 6-1 所示。

表 6-1   应用指令使用的软元件

位元件					字 元 件												常数			指针
X	Y	M	S	D□.b	KnX	KnY	KnM	KnS	T	C	D	R	U□\G□	V、Z			K	H	E	"□"	Pn

1)位元件

位元件主要有 X、Y、M、S 和 D□.b,可以表示继电器的线圈和接点。

T 和 C 作为位元件只能取其 T 和 C 的接点。D□.b 只能取其中的位。

2)字元件

(1)字元件有 T、C、D、R、V、Z、U□\G□,均为 16 或 32 位存储器元件。

用两个连续编号的数据寄存器 D、R 可以组成一个 32 位数据寄存器。用一对相同编号的变址寄存器 V、Z 可以组成一个 32 位变址寄存器。

(2)用位元件组成的字元件有 KnX、KnY、KnM 和 KnS。

用位元件 X、Y、M、S 组成的字元件,用 4 个连续编号的位元件可以组合成一组组合单元,KnX、KnY、KnM、KnS 中的 n 为组数,例如 K2Y0 是由 Y7～Y0 组成的 2 个 4 位字元件。Y0 为低位,Y7 为高位,如图 6-2 所示。

K2Y0 表示 8 位二进制数 1001 1010$_2$ 或 2 位十六进制数 9A。K4Y0 表示 16 位二进制数 0100 1100 1001 1010$_2$ 或 4 位十六进制数 2C9A。字元件也可以表示 BCD 数,但注意每 4 位二进制数不得大于 1001$_2$(9)。在执行 16 位应用指令时,n 取值为 1～4,在执行 32 位应用指令时,n 取值为 1～8。

例如执行如图 6-3(a)所示的梯形图,当 X1＝1 时,将 D0 中的 16 位二进制数传送到 K2Y0 中,其结果是 D0 中的低 8 位的值传送到 Y7～Y0 中,结果是 Y7～Y0 为 01000101$_2$,其中 Y0、Y2、Y6 的值为 1,表示这 3 个输出继电器得电,如图 6-3(b)所示。

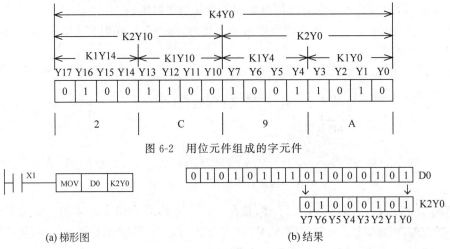

图 6-2 用位元件组成的字元件

(a) 梯形图　　　　　　　　　(b) 结果

图 6-3　位元件组成的字元件的应用

3) 常数

常数可分为十进制常数、十六进制常数、实数(浮点数)和字符串。

(1) 十进制常数表示十进制整数,用 K 指定,如 K1234、K3,十进制常数的指定范围如下。

使用字数据(16 位)时,指定范围为 K−32768～K32767。

使用 2 个字数据(32 位)时,指定范围为 K−2147483648～K2147483647。

(2) 十六进制常数表示十六进制整数,用 H 指定,如 H2D29、H34,十六进制常数的设定范围如下。

使用字数据(16 位)时,指定范围为 H0～HFFFF (BCD 数据时为 H0～H9999)。

使用 2 个字数据(32 位)时,指定范围为 H0～HFFFFFFFF (BCD 数据时为 H0～H99999999)。

(3) 实数(浮点数) 表示实数,用 E 指定,如 E−23.65、E15,对于整数,可以化成指数的形式,如 E473,可以化成 E4.73+2,其中+2 表示 10 的 2 次方,E4.73+2 表示 4.73×10^2。

(4) 字符串表示字符,字符串是顺控程序中直接指定字符串的软元件。用一对""框起来的半角字符指定(如"ABCD1234")。字符串中可以使用 JIS8 代码。

字符串最多可以指定 32 个字符。

2. 应用指令的指令格式

每种应用指令都有规定的指令格式,如位左移 SFTL(SHIFT LEFT)应用指令的指令格式: | SFTL(P) | (S.) | (D.) | n1 | n2 | n2≤n1≤1024

位左移指令 FNC35-SFTL(SHIFT LEFT)可使用软元件范围,如表 6-2 所示。

表 6-2　位左移指令可使用软元件范围

元件	位元件					字元件										常数				指针
	X	Y	M	S	D□.b	KnX	KnY	KnM	KnS	T	C	D	R	U□\G□	V、Z	K	H	E	"□"	P
S.	○	○	○	○	①															
D.		○	○	○																
n1																○	○			
n2										○	○					○	○			

① D□.b 不能变址

（1）（S）：源元件,其数据或状态不随指令的执行而变化。如果源元件可以变址,则可以用(S.)表示;如果有多个源元件,则可以用(S1.)、(S2.)等表示。

（2）（D）：目的元件,其数据或状态将随指令的执行而变化。如果目的元件可以变址,则可以用(D.)表示;如果有多个源元件,则可以用(D1.)、(D2.)等表示。

（3）m,n:既不做源元件又不做目的元件的元件用 m、n 表示,当元件数量较多时,可用 m1、m2、n1、n2 等表示。

应用指令执行的过程比较复杂,通常需要多步程序步,例如 SFTR 应用指令的程序步为 9 步。

每种应用指令使用的软元件都有规定的范围,例如上述 SFTR 指令的源元件(S.)可使用的位元件为 X、Y、M、S、D□.b;目的元件(D.)可使用的位元件为 Y、M、S 等。

可使用软元件范围表中的"○"表示该指令可使用的软元件,①、②等表示使用时需要注意的软元件。

3. 元件的数据长度

在应用指令格式(见表 6-3)中,表示元件的数据长度有 3 种情况。

（1）应用指令前加(D):表示该指令加 D 为 32 位指令,不加 D 为 16 位指令,例如(D)MOV 指令,DMOV 为 32 位指令,MOV 为 16 位指令。

（2）应用指令前加 D:表示该指令只能是 32 位指令。例如 DHSZ 指令只能是 32 位指令,而 HSZ 指令是不能使用的。

（3）应用指令前不加 D:表示该指令是 16 位指令,或者该指令即不是 32 位指令,也不是 16 位指令。例如 SRET 指令。

PLC 中的数据寄存器 D 为 16 位,用于存放 16 位二进制数。在应用指令的前面加字母 D 就变成了 32 位指令,例如:

X1 ⊣⊢ —[MOV | D0 | D2] MOV 为 16 位指令,表示将 D0 中的 16 位二进制数据传送到 D2 中。

X1 ⊣⊢ —[DMOV | D0 | D2] DMOV 为 32 位指令,表示将(D1、D0)中的 32 位二进制数据传送到(D3、D2)中。(D1、D0)和(D3、D2)分别组成两个 32 位数据寄存器,D1、D3 分别存放高 16 位,D0、D2 分别存放低 16 位。

表 6-3　应用指令的格式与说明

分类	功能号	助　记　符	指　令　格　式				指　令　功　能
程序流程	FNC00	CJ(P)	Pn				条件跳转
	FNC01	CALL(P)	Pn				子程序调用
	FNC02	SRET					子程序返回
	FNC03	IRET					中断返回
	FNC04	EI					中断许可
	FNC05	DI(P)					中断禁止
	FNC06	FEND					主程序结束
	FNC07	WDT(P)					监控定时器
	FNC08	FOR	n				循环范围开始
	FNC09	NEXT					循环范围结束

续表

分类	功能号	助 记 符	指 令 格 式				指 令 功 能
传送与比较	FNC010	(D)CMP(P)	(S1.)	(S2.)	(D.)		比较
	FNC011	(D)ZCP(P)	(S1.)	(S2.)	(S.)	(D.)	区间比较
	FNC012	(D)MOV(P)	(S.)	(D.)			传送
	FNC013	SMOV(P)	(S.)	m1	m2	(D.) n	移位传送
	FNC014	(D)CML(P)	(S.)	(D.)			取反传送
	FNC015	BMOV(P)	(S.)	(D.)	n		成批传送
	FNC016	(D)FMOV(P)	(S.)	(D.)	n		多点传送
	FNC017	(D)XCH(P)▲	(D1.)	(D2.)			数据交换
	FNC018	(D)BCD(P)	(S.)	(D.)			BIN 转为 BCD
	FNC019	(D)BIN(P)	(S.)	(D.)			BCD 转为 BIN
四则逻辑运算	FNC020	(D)ADD(P)	(S1.)	(S2.)	(D.)		BIN 加法
	FNC021	(D)SUB(P)	(S1.)	(S2.)	(D.)		BIN 减法
	FNC022	(D)MUL(P)	(S1.)	(S2.)	(D.)		BIN 乘法
	FNC023	(D)DIV(P)	(S1.)	(S2.)	(D.)		BIN 除法
	FNC024	(D)INC(P)▲	(D.)				BIN 加 1
	FNC025	(D)DEC(P)▲	(D.)				BIN 减 1
	FNC026	(D)WAND(P)	(S1.)	(S2.)	(D.)		逻辑字与
	FNC027	(D)WOR(P)	(S1.)	(S2.)	(D.)		逻辑字或
	FNC028	(D)WXOR(P)	(S1.)	(S2.)	(D.)		逻辑字异或
	FNC029	(D)NEG(P)▲	(D.)				求补码
循环移位	FNC030	(D)ROR(P)▲	(D.)	n			循环右移
	FNC031	(D)ROL(P)▲	(D.)	n			循环左移
	FNC032	(D)RCR(P)▲	(D.)	n			带进位右移
	FNC033	(D)RCL(P)▲	(D.)	n			带进位左移
	FNC034	SFTR(P)▲	(S.)	(D.)	n1	n2	位右移
	FNC035	SFTL(P)▲	(S.)	(D.)	n1	n2	位左移
	FNC036	WSFR(P)▲	(S.)	(D.)	n1	n2	字右移
	FNC037	WSFL(P)▲	(S.)	(D.)	n1	n2	字左移
	FNC038	SFWR(P)▲	(S.)	(D.)	n		移位写入
	FNC039	SFRD(P)▲	(S.)	(D.)	n		移位读出
数据处理	FNC040	ZRST(P)	(D1.)	(D2.)			全部复位
	FNC041	DECO(P)	(S.)	(D.)	n		译码
	FNC042	ENCO(P)	(S.)	(D.)	n		编码
	FNC043	(D)SUM(P)	(S.)	(D.)	n		1 的个数
	FNC044	(D)BON(P)	(S.)	(D.)	n		置1位的判断
	FNC045	(D)MEAN(P)	(S.)	(D.)	(D.)		平均值
	FNC046	ANS	(S.)	m			报警器置位
	FNC047	ANR(P)▲					报警器复位
	FNC048	(D)SQR(P)	(S.)	(D.)			BIN 数据开方
	FNC049	(D)FLT(P)	(S.)	(D.)			BIN 转为二进制浮点数

分类	功能号	助 记 符	指 令 格 式					指 令 功 能
高速处理	FNC050	REF(P)	(D)	n				输入/输出刷新
	FNC051	REFF(P)	n					滤波调整
	FNC052	MTR	(S)	(D1)	(D2)	n		矩阵输入
	FNC053	D HSCS	(S1.)	(S2.)	(D.)			比较置位(高速计数器)
	FNC054	D HSCR	(S1.)	(S2.)	(D.)			比较复位(高速计数器)
	FNC055	D HSZ	(S1.)	(S2.)	(S.)	(D.)		区间比较(高速计数器)
	FNC056	SPD	(S1.)	(S2.)	(D.)			脉冲密度
	FNC057	(D)PLSY	(S1.)	(S2.)	(D.)			脉冲输出
	FNC058	PWM	(S1.)	(S2.)	(D.)			脉宽调制
	FNC059	(D)PLSR	(S1.)	(S2.)	(S3.)	(D.)		可调速脉冲输出
方便指令	FNC060	IST	(S.)	(D1.)	(D2.)			状态初始化
	FNC061	(D)SES(P)	(S1.)	(S2.)	(D.)	n		数据查找
	FNC062	(D)ABSD	(S1.)	(S2.)	(D.)	n		凸轮控制(绝对方式)
	FNC063	INCD	(S1.)	(S2)	(D.)	n		凸轮控制(增量方式)
	FNC064	TTMR	(D.)	n				示教定时器
	FNC065	STMR	(S.)	m	(D.)			特殊定时器
	FNC066	ALT(P)▲	(D.)					交替输出
	FNC067	RAMP	(S1.)	(S2.)	(D.)	n		斜波信号
	FNC068	ROTC	(S.)	ml	m2	(D.)		旋转工作台控制
	FNC069	SORT	(S)	ml	m2	(D)	n	数据排序
外部设备 I/O	FNC070	(D)TKY	(S.)	(D1.)	(D2.)			十字键输入
	FNC071	(D)HKY	(S.)	(D1.)	(D2.)	(D3.)		十六键输入
	FNC072	DSW	(S.)	(D1.)	(D2.)	n		数字开关
	FNC073	SEGD(P)	(S.)	(D.)				七段码译码
	FNC074	SEGL	(S.)	(D.)	n			带锁存七段码译码
	FNC075	ARWS	(S.)	(S1.)	(S2.)	n		方向开关
	FNC076	ASC	(S)	(D.)				ASCII 码转换
	FNC077	PR	(S.)	(D.)				ASCII 码打印
	FNC078	(D)FROM(P)	ml	m2	(D.)	n		BFM 读出
	FNC079	(D)TO(P)	ml	m2	(S.)	n		BFM 写入
外部设备 SER	FNC080	RS	(S.)	m	(D.)	n		串行数据传送
	FNC081	(D)PRUN(P)	(S.)	(D.)				八进制位传送
	FNC082	ASCI(P)	(S.)	(D.)	n			十六进制转为 ASCII 码
	FNC083	HEX(P)	(S.)	(D.)	n			ASCII 码转为十六进制
	FNC084	CCD(P)	(S.)	(D.)	n			校验码
	FNC085	VRRD(P)	(S.)	(D.)				电位器值读出
	FNC086	VRSC(P)	(S.)	(D.)				电位器值刻度
	FNC087	RS2	(S.)	m	(D.)	n	n1	串行数据传送 2
	FNC088	PID	(S1)	(S2)	(S3)	(D)		PID 运算
数据传送 2	FNC102	ZPUSH(P)	(D)					变址寄存器的成批保存
	FNC103	ZPOP(P)	(D)					变址寄存器的恢复

续表

分类	功能号	助　记　符	指　令　格　式					指　令　功　能
浮点数	FNC110	D ECMP(P)	(S1.)	(S2.)	(D.)			二进制浮点比较
	FNC111	D EZCP(P)	(S1.)	(S2.)	(S.)	(D.)		二进制浮点区域比较
	FNC112	DEMOV(P)	(S.)	(D.)				二进制浮点数数据传送
	FNC116	DESTR(P)	(S1.)	(S2.)	(D.)			二进制浮点数→字符串
	FNC117	DEVAL(P)	(S.)	(D.)				字符串→二进制浮点数
	FNC118	D EBCD(P)	(S.)	(D.)				二转十进制浮点数
	FNC119	D EBIN(P)	(S.)	(D.)				十转二进制浮点数
	FNC120	D EADD(P)	(S1.)	(S2.)	(D.)			二进制浮点数加法
	FNC121	D ESUB(P)	(S1.)	(S2.)	(D.)			二进制浮点数减法
	FNC122	D EMUL(P)	(S1.)	(S2.)	(D.)			二进制浮点数乘法
	FNC123	D EDIV(P)	(S1.)	(S2.)	(D.)			二进制浮点数除法
	FNC124	D EXP(P)	(S.)	(D.)				二进制浮点数指数
	FNC125	D LOGE(P)	(S.)	(D.)				二进制浮点数自然对数
	FNC126	D LOG10(P)	(S.)	(D.)				二进制浮点数常用对数
	FNC127	D ESQR(P)	(S.)	(D.)				二进制浮点数开方
	FNC128	DENEG(P)	(D.)					二进制浮点数符号翻转
	FNC129	(D)INT(P)	(S.)	(D.)				二进制浮点数转整数
	FNC130	D SIN(P)	(S.)	(D.)				浮点数 SIN 运算
	FNC131	D COS(P)	(S.)	(D.)				浮点数 COS 运算
	FNC132	D TAN(P)	(S.)	(D.)				浮点数 TAN 运算
	FNC133	DASIN(P)	(S.)	(D.)				二进制浮点数 SIN-1
	FNC134	DACOS(P)	(S.)	(D.)				二进制浮点数 COS-1
	FNC135	DATAN(P)	(S.)	(D.)				二进制浮点数 TAN-1 运算
	FNC136	DRAD(P)	(S.)	(D.)				二进制浮点数角度→弧度
	FNC137	DDEG(P)	(S.)	(D.)				弧度→二进制浮点数角度
数据处理2	FNC140	(D)WSUM(P)	(S.)	(D.)				算出数据合计值
	FNC141	WTOB(P)	(S.)	(D.)				字节单位的数据分离
	FNC142	BTOW(P)	(S.)	(D.)				字节单位的数据结合
	FNC143	UNI(P)	(S.)	(D.)				16 数据位的 4 位结合
数据处理2	FNC144	DIS(P)	(S.)	(D.)				16 数据位的 4 位分离
	FNC147	(D)SWAP(P)	(S.)					上下字节变换
	FNC149	(D)SORT2	(S.)	m1	m2	(D.)	n	数据排序 2
定位	FNC150	DSZR	(S1.)	(S2.)	(D1.)	(D2.)		带 DOG 搜索原点回归
	FNC151	(D)DVIT	(S1.)	(S2.)	(D1.)	(D2.)		中断定位
	FNC152	D TBL	(D.)	n				表格设定定位
	FNC155	D ABS	(S.)	(D1.)	(D2.)			读出 ABS 当前值
	FNC156	(D)ZRN	(S1.)	(S2.)	(S3.)	(D.)		原点回归
	FNC157	(D)PLSV	(S.)	(D1.)	(D2.)			可变速脉冲输出
	FNC158	(D)DRVI	(S1.)	(S2.)	(D1.)	(D2.)		相对定位
	FNC159	(D)DRVA	(S1.)	(S2.)	(D1.)	(D2.)		绝对定位

续表

分类	功能号	助 记 符	指 令 格 式					指 令 功 能
时钟运算	FNC160	TCMP(P)	(S1.)	(S2.)	(S3.)	(S.)	(D.)	时钟数据比较
	FNC161	TZCP(P)	(S1.)	(S2.)	(S3.)	(D.)		时钟数据区间比较
	FNC162	TADD(P)	(S1.)	(S2.)	(D.)			时钟数据加法
	FNC163	TSUB(P)	(S1.)	(S2.)	(D.)			时钟数据减法
	FNC164	(D)HTOS(P)	(S.)	(D.)				时、分、秒数据转秒
	FNC165	(D)STOH(P)	(S.)	(D.)				秒数据转[时、分、秒]
	FNC166	TRD(P)	(D.)					时钟数据读出
	FNC167	TWR(P)	(S.)					时钟数据写入
	FNC169	(D)HOUR	(S.)	(D1.)	(D2.)			计时表
外部设备	FNC170	(D)GRY(P)	(S.)	(D.)				格雷码变换
	FNC171	(D)GBIN(P)	(S.)	(D.)				格雷码逆变换
	FNC176	RD3A	m1	m2	(D.)			模拟量模块的读入
	FNC177	WR3A	m1	m2	(S.)			模拟量模块的写出
其他	FNC180	EXTR	(S.)	(S1.)	(S2.)	(D.)		扩展 ROM 功能
	FNC182	COMRD(P)	(S.)	(D.)				读出软元件的注释数据
	FNC184	RND(P)	(D.)					产生随机数
	FNC186	DUTY	n1	n2				产生定时脉冲
	FNC188	CRC(P)	(S.)	(D.)	n			CRC 运算
	FNC189	D HCMOV	(S)	(D)	n			高速计数器传送
数据块比较	FNC192	(D)BK+(P)	(S1.)	(S2.)	(D.)	n		数据块的减加运算
	FNC193	(D)BK−(P)	(S1.)	(S2.)	(D.)	n		数据块的减法运算
	FNC194	(D)BKCMP=(P)	(S1.)	(S2.)	(D.)	n		数据块比较 S1＝S2
	FNC195	(D)BKCMP>(P)	(S1.)	(S2.)	(D.)	n		数据块比较 S1＞S2
	FNC196	(D)BKCMP<(P)	(S1.)	(S2.)	(D.)	n		数据块比较 S1＜S2
	FNC197	(D)BKCMP<>(P)	(S1.)	(S2.)	(D.)	n		数据块比较 S1 ＜＞S2
	FNC198	(D)BKCMP≤(P)	(S1.)	(S2.)	(D.)	n		数据块比较 S1≤ S2
	FNC199	(D)BKCMP≥(P)	(S1.)	(S2.)	(D.)	n		数据块比较 S1≥ S2
字符串控制	FNC200	(D)STR(P)	(S1.)	(S2.)	(D.)			BIN→字符串的转换
	FNC201	(D)VAL(P)	(S.)	(D1.)	(D2.)			字符串→BIN 的转换
	FNC202	$+(P)	(S1.)	(S2.)	(D.)			字符串的结合
	FNC203	LEN(P)	(S.)	(D.)				检测出字符串的长度
	FNC204	RIGHT(P)	(S.)	(D.)	n			从字符串的右侧取出
	FNC205	LEFT(P)	(S.)	(D.)	n			从字符串的左侧取出
	FNC206	MIDR(P)	(S1.)	(D.)	(S2.)			从字符串中的任意取出
	FNC207	MIDW(P)	(S1.)	(D.)	(S2.)			字符串中的任意替换
	FNC208	INSTR(P)	(S1.)	(S2.)	(D.)	n		字符串的检索
	FNC209	$ MOV(P)	(S.)	(D.)				字符串的传送
数据处理3	FNC210	FDEL(P)	(S.)	(D.)	n			数据表的数据删除
	FNC211	FINS(P)	(S.)	(D.)	n			数据表的数据插记
	FNC212	POP(P)▲	(S.)	(D.)	n			读取后入的数据
	FNC213	SFR(P)▲	(D.)	n				16 位数据 n 位右移
	FNC214	SFL(P)▲	(D.)	n				16 位数据 n 位左移

续表

分类	功能号	助 记 符	指 令 格 式					指 令 功 能	
接点比较	FNC224	LD(D)=	(S1.)	(S2.)				初始接点	(S1.)=(S2.)
	FNC225	LD(D)>	(S1.)	(S2.)					(S1.)>(S2.)
	FNC226	LD(D)<	(S1.)	(S2.)					(S1.)<(S2.)
	FNC228	LD(D)<>	(S1.)	(S2.)					(S1.)<>(S2.)
	FNC229	LD(D)≤	(S1.)	(S2.)					(S1.)≤(S2.)
	FNC230	LD(D)≥	(S1.)	(S2.)					(S1.)≥(S2.)
	FNC232	AND(D)=	(S1.)	(S2.)				串联接点	(S1.)=(S2.)
	FNC233	AND(D)>	(S1.)	(S2.)					(S1.)>(S2.)
	FNC234	AND(D)<	(S1.)	(S2.)					(S1.)<(S2.)
	FNC236	AND(D)<>	(S1.)	(S2.)					(S1.)<>(S2.)
	FNC237	AND(D)≤	(S1.)	(S2.)					(S1.)≤(S2.)
	FNC238	AND(D)≥	(S1.)	(S2.)					(S1.)≥(S2.)
	FNC240	OR(D)=	(S1.)	(S2.)				并联接点	(S1.)=(S2.)
	FNC241	OR(D)>	(S1.)	(S2.)					(S1.)>(S2.)
	FNC242	OR(D)<	(S1.)	(S2.)					(S1.)<(S2.)
	FNC244	OR(D)<>	(S1.)	(S2.)					(S1.)<>(S2.)
	FNC245	OR(D)≤	(S1.)	(S2.)					(S1.)≤(S2.)
	FNC246	OR(D)≥	(S1.)	(S2.)					(S1.)≥(S2.)
数据表处理	FNC256	(D)LIMIT(P)	(S1.)	(S2.)	(S3.)	(D.)		上下限限位控制	
	FNC257	(D)BAND(P)	(S1.)	(S2.)	(S3.)	(D.)		死区控制	
	FNC258	(D)ZONE(P)	(S1.)	(S2.)	(S3.)	(D.)		区域控制	
	FNC259	(D)SCL(P)	(S1.)	(S2.)	(D.)			定坐标(不同点坐标)	
	FNC260	(D)DABIN(P)	(S.)	(D.)				十进制 ASCII→BIN	
	FNC261	(D)BINDA(P)	(S.)	(D.)				BIN→十进制 ASCII	
	FNC269	(D)SCL2(P)	(S1.)	(S2.)	(D.)			定坐标2(X/Y坐标)	
变频器通信	FNC270	IVCK	(S1.)	(S2.)	(D.)	n		变换器的运转监视	
	FNC271	IVDR	(S1.)	(S2.)	(S3.)	n		变频器的运行控制	
	FNC272	IVRD	(S1.)	(S2.)	(D.)	n		读取变频器的参数	
	FNC273	IVWR	(S1.)	(S2.)	(S3.)	n		写入变频器的参数	
	FNC274	IVBWR	(S1.)	(S2.)	(S3.)	n		成批写入变频器参数	
	FNC275	IVM	(S1.)	(S2.)	(S3.)	(D.)	n	变频器的多个命令	
数据传送3	FNC278	RBFM	m1	m2	(D.)	n1	n2	BFM分割读出	
	FNC279	WBFM	m1	m2	(S.)	n1	n2	BFM分割写入	
高速处理2	FNC280	DHSCT	(S1.)	m	(S2.)	(D.)	n	高速计数器表比较	
扩展文件寄存器控制	FNC290	LOADR(P)	(S.)	n				读出扩展文件寄存器	
	FNC291	SAVER(P)	(S.)	m	(D.)			成批写入扩展文件寄存器	
	FNC292	INITR(P)	(S.)	m				扩展寄存器的初始化	
	FNC293	LOGR(P)	(S.)	m	(D1)	n	(D2.)	登录到扩展寄存器	
	FNC294	RWER(P)	(S.)	n				扩展文件寄存器删除写入	
	FNC295	INITER(P)	(S.)	n				扩展文件寄存器的初始化	

续表

分类	功能号	助 记 符	指 令 格 式					指 令 功 能
FX3U-	FNC300	FLCRT	(S1.)	(S2.)	(S3.)			文件的制作
CF-ADP	FNC301	FLDEL	(S1.)	(S2.)	n			文件的删除
应用	FNC302	FLWR	(S1.)	(S2.)	(S3.)	(D.)	n	写入数据
指令	FNC303	FLRD	(S1.)	(S2.)	(D1.)	(D2.)	n	数据读出
	FNC304	FLCMD	(S.)	n				FX3U-CF-ADP 动作指示
	FNC305	FLSTRD	(S.)	(D.)	n			FX3U-CF-ADP 状态读出

4. 执行形式

应用指令有脉冲执行型和连续执行型两种执行形式。

指令中标有(P)的表示该指令既可以是脉冲执行型,也可以是连续执行型。在指令格式中没有(P)的表示该指令只能是连续执行型。

例如 MOV 为连续执行型指令,MOVP 为脉冲执行型指令。指令前加 D 为 32 位指令。

例如 ┤├ X1 ─ MOVP D0 D2 为 16 位脉冲执行型。

例如 ┤├ X1 ─ DMOVP D0 D2 为 32 位脉冲执行型指令。

脉冲执行型指令在执行条件满足时仅执行一个扫描周期,这点对数据处理具有十分重要的意义。例如一条加法指令,在脉冲执行时,只能将加数和被加数做一次加法运算。

而连续执行型加法运算指令在执行条件满足时,每一个扫描周期都要相加一次,这样就有可能失去控制。为了避免这种情况,对需要注意的指令,在表 6-3 的指令的旁边用▲加以警示。

5. 变址操作

应用指令的源元件(S)和目的元件(D)大部分都可以变址操作,可以变址操作的源元件用(S.)表示,可以变址操作的目的元件用(D.)表示。

变址操作使用变址寄存器 V0~V7 和 Z0~Z7。用变址寄存器对应用指令中的源元件(S)和目的元件(D)进行修改,可以大大提高应用指令的控制功能,如图 6-4 所示。

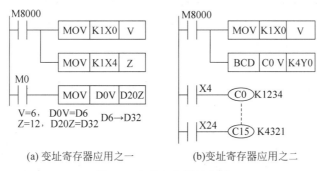

(a) 变址寄存器应用之一　　　(b)变址寄存器应用之二

图 6-4　变址寄存器的应用

在图 6-4(a)中,用 4 位输入接点 K1X0(X3~X0)表示 4 位二进制数 0000_2~1111_2,例如 X3、X2、X1、X0=0110_2,执行 MOV K1X0 V,将 K1X0 中的数据 0110_2(6)传送到 V0(注:V0 也可以写成 V,Z0 也可以写成 Z)中,则 V=6。例如 X7、X6、X5、X4=1100_2,则 Z=12。

当 M0＝1 时,则执行把 D6(0＋6＝6)中的数据传送到 D32(20＋12＝32)中。

在图 6-4(b)中,用 K1X0(X3～X0)为 V 赋值,当 V 的值在 0～15 变化时,就可以把 C0～C15 中的任意一个计数器的当前值以 BCD 数的形式在输出端显示出来。

例如 X3、X2、X1、X0＝0101_2,执行 MOV 指令,则 V＝5,执行 BCD 指令,则把计数器 C5(0＋5＝5)中的二进制数转换成 4 位十进制数据传送到 K4Y0(Y0～Y3、Y4～Y7、Y10～ Y13、Y13～Y17)中,分别驱动 4 位数码管显示计数器 C5 的当前值。

6.1.3 应用指令中的数值

PLC 中的核心元件是 CPU,CPU 只能处理二进制数,因此经常需要用二进制数表示十进制数、小数等。

在 FX 系列可编程控制器中,根据各自的用途和目的不同,有 5 种数值可供使用。其作用和功能如下。

1) 十进制数(DEC,DECIMAL NUMBER)

十进制数用于定时器(T)和计数器(C)的设定(K 常数),辅助继电器(M)、定时器(T)、计数器(C)、状态器(S)等的软元件编号和指令操作数中的数值指定和指令动作指定(K 常数)。

2) 十六进制数(HEX,HEXADECIMAL NUMBER)

十六进制数用于指令操作数中的数值指定和指令动作指定(H 常数)。

3) 二进制数(BIN,BINARY NUMBER)

可编程控制器只能处理二进制数。当 1 个十进制数或十六进制数传送到定时器、计数器或是数据寄存器时,就会变成二进制数。在可编程控制器内部,负数是以 2 的补码来表现的。详细内容请参考 NEG(FNC 29)指令的说明。

4) 八进制数(OCT,OCTAL NUMBER)

八进制数用于输入继电器、输出继电器的软元件编号。由于在八进制数中不存在 [8,9],所以按[0～7、10～17、……、70～77、100～107]上升排列。

5) 二-十进制数(BCD,BINARY CODE DECIMAL)

BCD 就是用二进制数表示的十进制数。例如 BCD: $0001\ 0110_2$,前 4 位 0001_2 表示十位数的 1,后 4 位 0110_2 表示个位数的 6,合起来就是十进制数的 16。BCD 常用于数字式开关的输入和 7 段码显示器的输出。

6) 实数(浮点数)

可编程控制器有十进制浮点数和二进制浮点数两种。PLC 采用二进制浮点数进行浮点运算,并采用了十进制浮点数进行监控。

(1) 二进制浮点数(实数)。

二进制浮点数采用 IEEE 745 标准的 32 位单精度浮点数。在数据寄存器中处理二进制浮点数时,使用编号连续的一对数据寄存器。例如 (D1、D0)时,其格式如图 6-5 所示。

浮点数表示的数值＝$(-1)^S \times 1.M \times 2^{E-127}$。

S(Sign):符号位(b31 共 1 位),0 代表正号,1 代表负号。

E(Exponent):指数位(b30～b23 共 8 位),取值范围为 1～254(无符号整数)。

M(Mantissa):尾数位(b22～b0 共 23 位),又称有效数字位或"小数"。

S	E(8位)		M(23位)	
	D1		D0	
31 30 29 28 27 26 25 24 23	22 21 20 19 18 17 16	15 14 13 12 11 10 9 8	7 6 5 4 3 2 1 0	
1 1 0 0 0 0 0 1 0	1 0 0 1 0 0 0	0 0 0 0 0 0 0 0	0 0 0 0 0 0 0 0	

图 6-5　浮点数的表示格式

如在图 6-5 中的浮点数：其符号位 $S=1$，指数位 $E=100000010_2$，尾数位 $M=1001_2$。

浮点数所表示的数 $=(-1)^S\times 1.M\times 2^{E-127}=(-1)^1\,1.1001_2\times 2^{10000010_0-1111111_0}$

$$=-1.1001_2\times 2^{11_0}=-1100.1_2=-12.5$$

二进制浮点数的有效位数如用十进制数表示，大约为 7 位数。二进制浮点数的最小绝对值 1175494×10^{-44}，最大绝对值 3402823×10^{32}。

（2）十进制浮点数（实数）。

由于二进制浮点数不易理解，所以也可以将其转换成十进制浮点数。但是，内部的运算仍然是采用二进制浮点数。

在数据寄存器中处理十进制浮点数时，使用编号连续的一对数据寄存器，但是与二进制浮点数不同，编号小的为尾数（底数）部分，编号大的为指数部分。

例如，32.5 用数据寄存器（D1、D0）表示，先将 32.5 写成 3250×10^{-2}，将 4 位整数 3250 用 MOV 指令写入 D0，将指数 -2 写入 D1，那么 D1、D0 就是用十进制浮点数表示的 32.5。十进制浮点数的表示格式如图 6-6 所示。

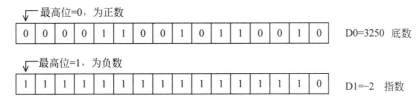

图 6-6　十进制浮点数的表示格式

十进制浮点数 $=D0\times 10^{D1}$。

如图 6-6 所表达的十进制浮点数 $=D0\times 10^{D1}=3250\times 10^{-2}=32.5$。

尾数 $D0=\pm(1000\sim 9999)$ 或 0。

指数 $D1=-41\sim +35$。

总之，D0、D1 的最高位为正负符号位，都作为 2 的补码处理。

注意，在尾数 D0 中必须是 4 位整数，例如 100 就应变成 1000×10^{-1}。

十进制浮点数（实数）的最小绝对值为 1175×10^{-41}，最大绝对值为 3402×10^{35}。

FX 可编程控制器中处理的数值可以按照表 6-4 的内容进行转换。

表 6-4　FX 可编程控制器中处理的数值

十进制数 （DEC）	八进制数 （OCT）	十六进制数 （HEX）	二进制数 （BIN）		二-十进制数 （BCD）	
0	0	00	0000	0000	0000	0000
1	1	01	0000	0001	0000	0001

续表

十进制数 （DEC）	八进制数 （OCT）	十六进制数 （HEX）	二进制数 （BIN）		二-十进制数 （BCD）	
2	2	02	0000	0010	0000	0010
3	3	03	0000	0011	0000	0011
4	4	04	0000	0100	0000	0100
5	5	05	0000	0101	0000	0101
6	6	06	0000	0110	0000	0110
7	7	07	0000	0111	0000	0111
8	10	08	0000	1000	0000	1000
9	11	09	0000	1001	0000	1001
10	12	0A	0000	1010	0001	0000
11	13	0B	0000	1011	0001	0001
12	14	0C	0000	1100	0001	0010
13	15	0D	0000	1101	0001	0011
14	16	0E	0000	1110	0001	0100
15	17	0F	0000	1111	0001	0101
16	20	10	0001	0000	0001	0110

6.2　程序流程指令

6.2.1　条件跳转指令 CJ

条件跳转指令 CJ 或 CJP 在梯形图中用于跳过一段程序，由于 PLC 对被跳转的程序不扫描读取，所以可以减少扫描周期的时间。

各种软元件在跳转后，其线圈仍然保持原来的状态不变，同时也不能对其接点进行控制，T 和 C 的当前值也保持不变。

例 6.1　手动、自动控制方式的选择。

在工业自动控制中，经常需要手动和自动两种控制方式。正常时 X0=0，执行自动控制梯形图程序；当 X0=1 时，CJ P0～P0 的自动控制梯形图程序被跳转，执行 CJ P63～END 的手动控制梯形图程序，如图 6-7 所示。图中的 CJ63 为跳转到 END，不用标号 P63。

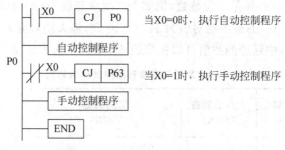

图 6-7　跳转指令应用实例

注意：当由自动控制程序转为手动控制程序时，自动控制程序中的输出结果可能影响手动控制程序的输出结果。

例 6.2 用一个按钮控制电动机的起动和停止。

用一个按钮控制电动机的起动和停止梯形图如图 6-8(a)所示，X0 连接控制按钮，Y0 连接接触器控制一台电动机。

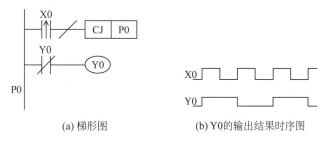

  (a) 梯形图   (b) Y0 的输出结果时序图

图 6-8 用一个按钮控制电动机的起动和停止

初始状态时，X0＝0，执行跳转指令 CJ，跳到 P0 点，不读 Y0 线圈，Y0＝0。

当 X0＝1 时，在 X0 的上升沿断开一个扫描周期（注：X0 的上升沿常开接点和取反指令合成一个 X0 上升沿接点常闭接点），读 Y0 线圈，Y0 得电一个扫描周期，在第二个扫描周期，尽管 Y0 的常闭接点断开 Y0 线圈失电，但是执行跳转指令 CJ 又恢复了，所以仍保持第一个扫描周期 Y0 得电的结果。

当 X0 第二次闭合时，又在 X0 的上升沿断开一个扫描周期，由于 Y0 的常闭接点断开 Y0 线圈失电一个扫描周期，在第二个扫描周期，尽管 Y0 的常闭接点闭合，Y0 线圈得电，但是执行跳转指令 CJ 又恢复了，所以仍保持第一个扫描周期 Y0 失电的结果。Y0 的输出结果时序图如图 6-8(b)所示。

6.2.2 子程序调用 CALL、子程序返回 SRET 和主程序结束指令 FEND

子程序是一种相对独立的程序。为了区别于主程序，规定在程序编排时，将主程序放在前边，以主程序结束指令 FEND(FNC06)结束，而将子程序排在 FEND 后边，在控制过程中根据需要进行调用。子程序指令的使用说明及其梯形图如例 6.3 所示。

例 6.3 两个开关控制一个信号灯。

用两个开关 X1 和 X0 控制一个信号灯 Y0，当 X1、X0＝00_2 时灯灭；当 X1、X0＝01_2 时灯以 1s 脉冲闪；当 X1、X0＝10_2 时，灯以 2s 脉冲闪；当 X1、X0＝11_2 时，灯常亮。

该例可以由调用子程序来实现控制，如图 6-9 所示。

当 X1、X0＝00_2 时，执行 RST Y0，Y0＝0 灯灭。

当 X1、X0＝01_2 时，执行 CALL P0，调用子程序 1，灯以 1s 脉冲闪。

当 X1、X0＝10_2 时，执行 CALL P1，调用子程序 2，灯以 2s 脉冲闪。

当 X1、X0＝11_2 时，执行 CALL P2，调用子程序 3，灯常亮。

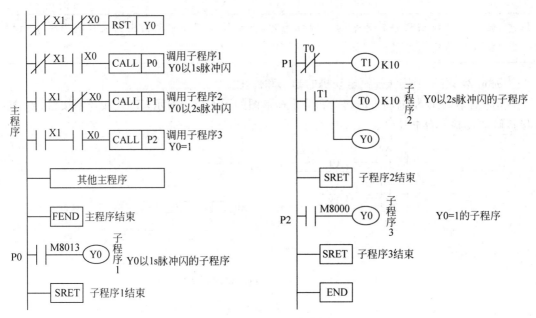

图 6-9　调用子程序实例

6.2.3　中断指令 IRET、EI、DI

正常情况下,PLC的工作方式是对梯形图或指令进行逐步读取的,再由指令进行逻辑运算,最后才将结果输出,并且要求输入信号要大于一个扫描周期,但是这样就限制了PLC的响应时间。而中断是PLC的另一种工作方式,它不受扫描周期的影响。对于输入中断,它可以立即对 X0～X5 的输入状态进行响应,其中 X0、X1 的输入响应时间可达到 $20\mu s$,X2～X5 的输入响应时间为 $50\mu s$。

FX$_{3U}$ 型 PLC 有 3 类中断:外部输入中断、内部定时器中断和计数器中断方式。

例 6.4　输入中断用于 3 人智力抢答。

如图 6-10 所示为 3 人智力抢答的实例。从 EI 到 DI 的程序是中断允许范围,DI 到FEND 的程序为中断不允许范围,如果 DI 到 FEND 没有程序,DI 指令也可以省略。在正常情况下,PLC 只执行 FEND 之前的程序,不执行子程序。当有外部输入信号时才执行一次对应的子程序,并立即返回原来中断的地方继续执行主程序。

智力抢答控制梯形图如图 6-10(b)所示,有 3 个抢答者的按钮 X0、X1 和 X2,假如按钮X1 先闭合,在 X1 的上升沿执行 I101 处的中断子程序 2,使 Y1 输出继电器得电,信号灯HL2 亮,在执行后面的 IRET 中断返回指令时,立即返回主程序,Y1 接点闭合,使中断禁止特殊辅助继电器 M8050～M8052 得电,禁止了 X0 和 X2 的输入中断。同时 Y3 输出继电器得电,外接蜂鸣器响,表示抢答成功。抢答结束后,主持人按下复位按钮 X10,全部输出Y0～Y3 复位。

一般梯形图的程序执行会受到扫描周期的影响,用输入中断实现抢答不受扫描周期的影响,辨别抢答者的按钮输入的快慢将大大加快,辨别率将大大提高。

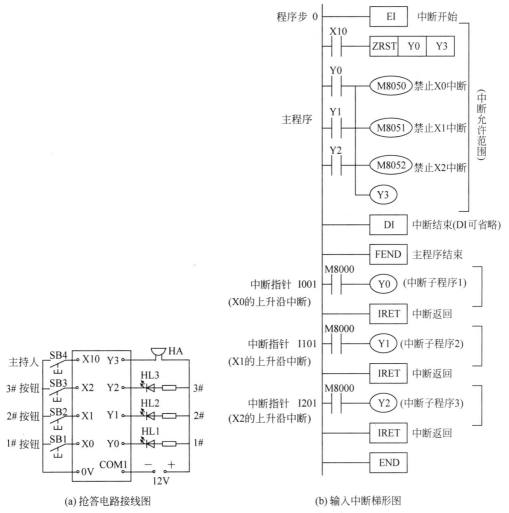

(a) 抢答电路接线图　　　　　　(b) 输入中断梯形图

图 6-10　输入中断(抢答电路)

6.3　传送比较指令

6.3.1　比较指令 CMP

比较指令 CMP 是将两个源数据(S1.)、(S2.)的数值进行比较,比较结果由 3 个连续的继电器表示,如图 6-11 所示。

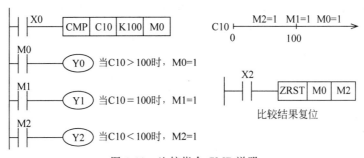

图 6-11　比较指令 CMP 说明

当 X0＝1 时,将计数器 C10 中的当前值与常数 100 进行比较,若 C10 的当前值大于 100,则 M0＝1;若 C10 的当前值等于 100,则 M1＝1;若 C10 当前值小于 100,则 M2＝1。 当 X0＝0 时,不执行 CMP 指令,但 M0、M1、M2 保持不变。若要将比较结果复位,可用如 图 6-11 所示的 ZRST 指令将 M0、M1、M2 置 0。

例 6.5 密码锁。

用 PLC 控制一个密码锁,输入密码,按下确认键,密码锁打开。密码锁控制梯形图和接线图 如图 6-12 所示。

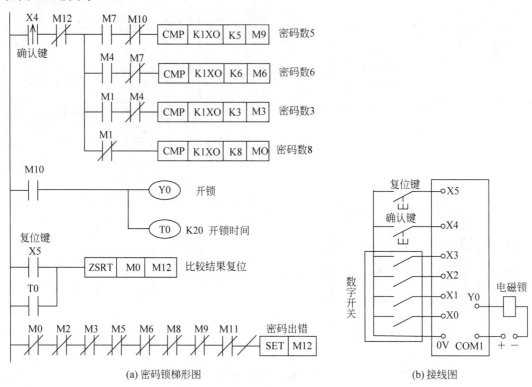

(a) 密码锁梯形图　　　　　　　　　　　　(b) 接线图

图 6-12　密码锁控制梯形图和接线图

在控制梯形图中设置 N 位数密码,如设置 4 位数密码为 8365。将数字开关拨到 8 时按 一下确认键,再分别在拨到密码数 3、6、5 时,按一下确认键,电磁锁 Y0 得电开锁。

密码锁控制梯形图采用 CMP 比较指令将数字开关的数与设定的密码数进行比较,当 二者相等时,如第一个数为 8 时按下确认键 X4(上升沿接点,只接通一个扫描周期),由于 M1 常闭接点闭合,只接通最下面一个 CMP 指令,由于 K1X0＝8,比较结果 M1＝1,在下一 个扫描周期断开最下面一个 CMP 指令,接通倒数第二个 CMP 指令。

当拨到第二个密码 3 时,再按确认键 X4,只执行倒数第二个 CMP 指令,比较结果 M4＝1……当最后一位密码确认后,M10＝1,使 Y0＝1,电磁锁 Y0 得电开锁,2s 后结束并 将全部结果复位。

将确认键放在暗处,一手拨数字开关,一手按确认键,当拨到密码数时,按一下确认键, 再继续拨,这样,即使旁边有人,也看不出密码数和密码位数。

如果按错密码,则 M12 置位,M12 常闭接点断开,不再执行 CMP 指令,不能开锁。这 时可按下复位按钮 X5,使 M0～M12 全部复位,此时需要重新输入密码才能开锁。

可能很多用户会问,为什么要把密码数 8 的 CMP 指令放在下面,而不放在上面? 如图 6-13 所示,答案是否定的。这是因为,如果先执行 CMP K1X0 K8 M0,当 K1X0 ＝8 时,M1 常闭接点断开,M1 常开接点闭合,就会执行密码 3 的比较。

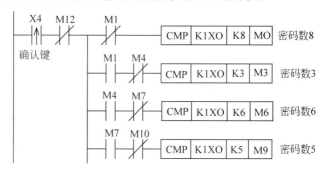

图 6-13 错误密码锁梯形图

而图 6-12(a)梯形图,先执行 CMP K1X0 K8 M0,当 K1X0 ＝8 时,M1 常闭接点断开,而 M1 常开接点要到下个扫描周期才能闭合,但是 X4 上升沿接点已经断开了,就不会执行密码 3 的比较了。

6.3.2 区间比较指令 ZCP

区间比较指令 ZCP 是将一个源数据(S.)和两个源数据(S1.)、(S2.)的数值进行比较,比较结果由 3 个连续的继电器表示。其中,源数据(S1.)不得大于(S2.)的数值,如果(S1.)＝K100,(S2.)＝K90,则执行 ZCP 指令时看作(S2.)＝K100。

如图 6-14 所示,当 X0＝1 时,将计数器 C10 中的当前值与常数 K100 和 K150 两个数进行比较,若 C10 的当前值小于 100,则 Y0＝1;若 C10 当前值在[100,150],则 Y1＝1;若 C10 当前值大于 150,则 Y2＝1。

当 X0＝0 时,不执行 CMP 指令,但 Y0、Y1、Y2 保持不变。若要将比较结果复位,可用如图 6-14 所示的 ZRST 指令将 Y0、Y1、Y2 置 0。

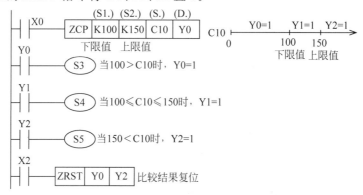

图 6-14 区间比较指令 ZCP 的说明

例 6.6 ZCP 指令用于电动机的星三角降压和直接起动。

某生产装置采用两台电动机作为动力,起动时先起动一台大功率电动机,要求采用星三角降压起动,起动时间为 8s(星形接线),起动运行(三角形接线)10min 后停止,再起动一台小功率电动机,采用直接起动,再运行 10min 后停止。

　　如图 6-15 所示,按下起动按钮 X0,M0 线圈得电自锁,接通定时器 T0 线圈,T0 的当前值经 ZCP 指令进行区间比较,分成 3 个时间段,当 T0＜80 时,M1＝1;当 80≤T0≤6000 时,M2＝1;当 T0＞12000 时,M3＝1。

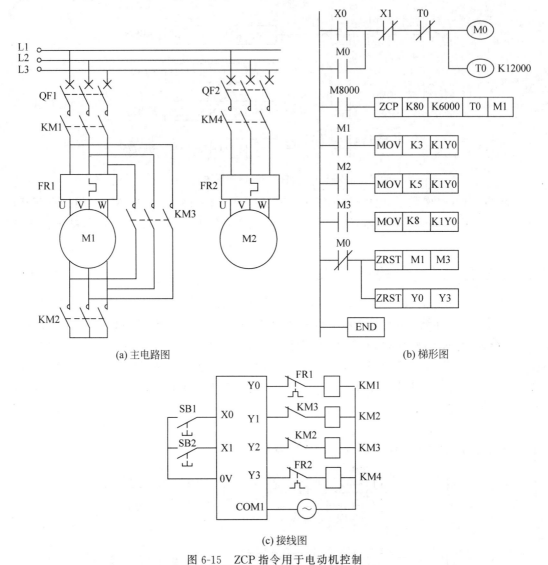

(a) 主电路图　　　　　　　　　　　　　　　(b) 梯形图

(c) 接线图

图 6-15　ZCP 指令用于电动机控制

　　根据 ZCP 指令进行的区间比较,如表 6-5 所示。

表 6-5　电动机起动时间顺序

电动机动作	时间	K1Y0 的值	KM4	KM3	KM2	KM1
			Y3	Y2	Y1	Y0
停止	0	0	0	0	0	0
大电动机降压起动	0~8s	3	0	0	1	1
大电动机全压运行	8~600s	5	0	1	0	1
小电动机直接起动	600~1200s	8	1	0	0	0
停止	1200s 以后	0	0	0	0	0

第1个时间段：T0＜80(设定值80相当于8s)，M1＝1，将K3传送到K1Y0，K1Y0＝3，Y0和Y1得电，大电动机星形接线降压起动。

第2个时间段：80≤T0≤6000，M2＝1，将K5传送到K1Y0，K1Y0＝5，Y0和Y2得电，大电动机三角形接线全压运行。

第3个时间段：T0＞6000，M3＝1，将K8传送到K1Y0，K1Y0＝8，Y0～Y2为0，大电动机停止，Y3＝1，小电动机得电全压起动运行。

当T0≥12000时，T0接点闭合，M0失电，M0常闭接点闭合，执行ZRST指令，M1～M3为0，Y0～Y3为0，电动机停止。

例6.7 十字路口交通灯。

十字路口交通灯控制要求如下。

(1) 在十字路口，要求东西方向和南北方向各通行35s，并周而复始。

(2) 在南北方向通行时，东西方向的红灯亮35s，而南北方向的绿灯先亮30s再闪3s(0.5s暗，0.5s亮)后黄灯亮2s。

(3) 在东西方向通行时，南北方向的红灯亮35s，而东西方向的绿灯先亮30s再闪3s(0.5s暗，0.5s亮)后黄灯亮2s。

十字路口的交通灯时间分配图如图6-16所示。

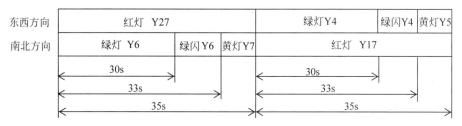

图6-16 十字路口的交通灯时间分配图

十字路口交通灯的接线图及布置图如图6-17所示。

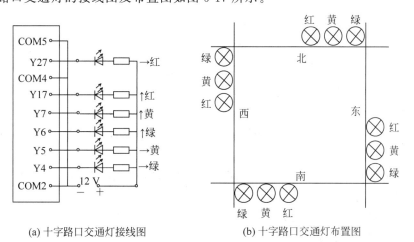

(a) 十字路口交通灯接线图　　　(b) 十字路口交通灯布置图

图6-17 十字路口交通灯的接线图及布置图

根据控制要求，用区间比较指令ZCP控制的梯形图见图6-18所示。

根据控制要求，十字路口交通灯的控制共需6个时间段，需用6个定时器。但是东西方向和南北方向设定时间是一样的，可以缩减为3个，采用区间比较指令ZCP，将每个方向的通行时间 35s 再分成 3 个时间段,这样只需用 1 个定时器就可以了。

根据 ZCP 指令,当 T0<30s 时,M0=1;当 30s≤T0≤33s 时,M1=1;当 T0>33s 时,M2=1。用比较结果 M0~M2 控制黄灯和绿灯,从而简化了梯形图。

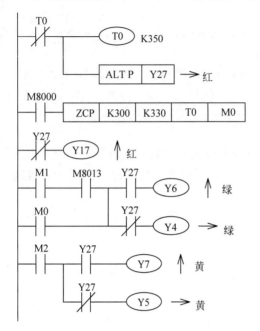

图 6-18 十字路口交通灯控制梯形图

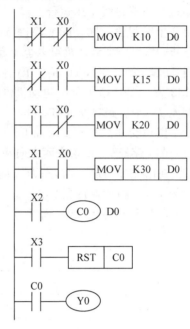

图 6-19 计数器 C0 设定值的间接设定梯形图

6.3.3 传送指令 MOV

传送指令 MOV 在应用指令中是使用最多的指令,它用于将(S.)中的数值不经任何变换而直接传送到(D.)中。

例 6.8 计数器 C0 设定值的间接设定。

用两个输入开关 X1、X0 改变计数器 C0 的设定值。当 X1、X0=00_2 时设定值为 10,当 X1、X0=01_2 时设定值为 15;当 X1、X0=10_2 时设定值为 20;当 X1、X0=11 时设定值为 30,当计数器达到设定值时,Y0 得电。用应用指令 MOV 改变计数器 C0 的设定值的梯形图如图 6-19 所示。

当 X1、X0=00_2 时,X1、X0 的常闭接点闭合,执行 MOV K10 D0 指令,D0=10,D0 作为计数器 C0 的设定值。

当 X1、X0=01_2 时,X1 的常闭接点闭合,X0 的常开接点闭合,执行 MOV K15 D0 指令,D0=15,D0 作为计数器 C0 的设定值。

计数器 C0 对 X2 的接通次数计数,当计数值等于 D0 中的设定值时,C0 接点闭合 Y0 得电。当 X3 接通时 C0 复位。

例 6.9 8 人智力抢答竞赛。

8 个人进行智力抢答,用 8 个抢答按钮(X7~X0)和 8 个指示灯(Y7~Y0)。当主持人报完题目并按下按钮(X10)后,抢答者才可按按钮,先按按钮者的灯亮,同时蜂鸣器(Y17)响,后按按钮者的灯不亮。

8人抢答梯形图如图 6-20(a)所示,在主持人按钮 X10 未被按下时,不执行指令,按抢答按钮 K2X0(X7~X0)无效。

当主持人按钮 X10 按下时,由于抢答按钮均未按下,所以 K2X0=0,由 MOV 指令将 K2X0 的值 0 传送到 K2Y0 中,执行比较指令 CMP K2Y0 K0,由于 K2Y0=K0,比较结果是 M1=1。当按钮 X10 复位断开时,由 M1 接点接通 MOV 和 CMP 指令。

当有人按下抢答按钮,如按钮 X2 先被按下,则 K2X0=00000100₂,经传送,K2Y0= 00000100₂,即 Y2=1,对应的指示灯亮,经 CMP 指令比较,K2Y0=4>0,比较结果是 M0=1,Y17 得电,蜂鸣器响。M1=0,断开 MOV 和 CMP 指令,所以后者抢答无效。

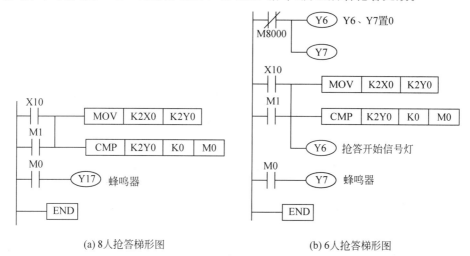

(a) 8人抢答梯形图   (b) 6人抢答梯形图

图 6-20 抢答梯形图

图 6-20(b)所示为 6 人抢答梯形图,抢答按钮为 X0~X5。如果 K2X0 中的 X6、X7 用于其他地方,则 MOV 指令中的 Y6、Y7 就要受到影响,为了避免出现这种情况,在 MOV 指令的前面应将 Y6、Y7 置 0,同时 Y6、Y7 在后面还可以作为其他用途。在本例中,Y6 用于抢答开始信号灯,Y7 用于蜂鸣器。图 6-20(b)和图 6-20(a)的抢答原理是相同的。在图 6-20(b)中,Y6、Y7 的线圈在梯形图中两次出现,这在常规电器控制电路中是不可能的,而在梯形图中是允许的。不过,在梯形图中重复使用同一个线圈时需十分谨慎,以免出错。

图 6-21 所示采用跳转指令 CJ 指令进行抢答互锁,抢答按钮 X0~X7 在未按下时,K2X0 等于 0,执行 MOV 指令,K2Y0=0,执行 CMP 指令,K2Y0=0,M0=0,当某一抢答按钮 X0~X7 按下时,K2Y0>0,M0=1,接通 CJ 指令,跳到 P0 点,不再执行 MOV 指令和 CMP 指令,其他抢答按钮就不再起作用了。按下主持人按钮 X10,断开 CJ 指令,同时接通 ZRST 指令,将 Y0~Y7 全部复位,再执行 CMP 指令,K2Y0=0,M0=0,下一个扫描周期 CMP 指令又被断开,就可进行下一轮抢答了。

例 6.10 小车运行定点呼叫。

一辆小车在一条线路上运行,如图 6-22 所示。线路上有 0♯~7♯共 8 个站点,每个站点各设一个行程开关和一个呼叫按钮。要求无论小车在哪个站点,当某一个站点按下按钮后,小车将自动行进到呼叫点。

如本例中有 8 个站点(4 的倍数)采用传送和比较指令编程将使程序更简练,如图 6-23 所示。

第一个比较指令 CMP K2X0 M0 用于小车到某站点碰到限位开关时的信号,例如,当小车到达 3♯ 站时，碰到限位开关 X3，则 $K2X0=00001000_2$（X3＝1），K2X0＞0，比较结果 M0＝1，M0 接点闭合，执行传送指令 MOVP K2X0 D0 将 K2X0＝8 的值传送到 D0 中，D0＝ 00001000_2。

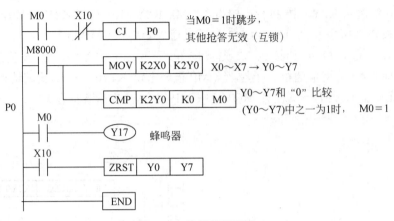

图 6-21　抢答器梯形图

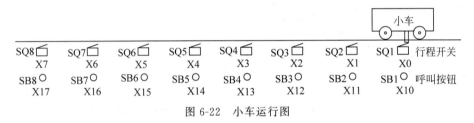

图 6-22　小车运行图

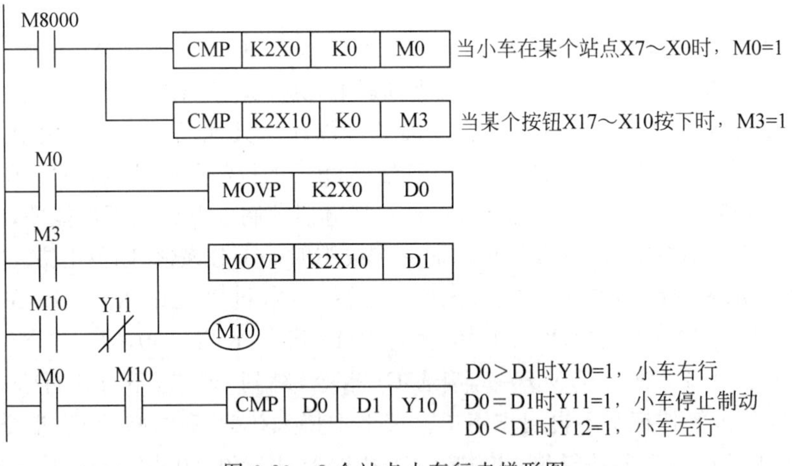

图 6-23　8个站点小车行走梯形图

如果此时按下 5♯ 站按钮 X15，则 $K2X10=00100000_2$（X15＝1）。执行第二个比较指令 CMP K2X10 K0 M3，比较结果 K2X10＞0，M3＝1，M3 接点闭合，执行传送指令 MOVP K2X10 D1 将 K2X10 的值传送到 D1 中，D1＝00100000_2。同时 M10 线圈得电自锁，M10 接点闭合，接通第三个比较指令 CMP D0 D1 Y10 将 D0 和 D1 的值比较，由于 D0＜D1，结果 Y12＝1，小车左行，到达 5♯ 站碰到限位开关 X5，则 $K2X0=00100000_2$，$D0=00100000_2$，此时 D0＝D1，比较结果 Y12＝0，Y11＝1，Y11 常闭接点断开，M10 线圈失电，小车停止并进行制动。

6.3.4 取反传送指令 CML

取反传送指令 CML 用于将(S.)中的各位二进制数取反(1→0,0→1),按位传送到(D.)中。如图 6-24 所示,当 X0=1 时,将 D0 中的二进制数取反传送到 K2Y0 中。

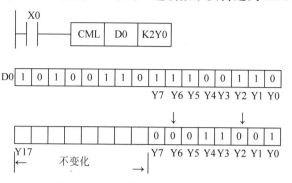

图 6-24 取反传送指令 CML 说明

Y7～Y0 的低 8 位存放的是 D0 的低 8 位反相数据,D0 中的高 8 位不传送,Y17～Y10 不会变化。

取反传送指令(CML)可以用于 PLC 的反相输入和反相输出,如图 6-25 所示。

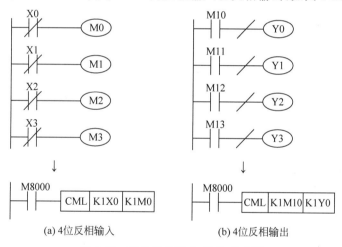

(a) 4位反相输入   (b) 4位反相输出

图 6-25 取反传送指令 CML 的应用

6.3.5 交换指令 XCH

交换指令 XCH 用于将(D1.)和(D2.)中的数值相互交换。

在图 6-26(a)中,当 X0=1 时,将 D0 中的数据和 D10 进行相互交换。这条指令一般采用脉冲执行型。如果采用连续执行型,则每个扫描周期都执行数据交换。

在图 6-26(b)中,当 X0=1 时,特殊辅助继电器 M8160=1,D10 及 D11 中的低 8 位和高 8 位数据相互交换。本例中的 32 位数据 D11、D10 为 H01020104,执行指令后,D11、D10 为 H02010401。

用特殊辅助继电器 M8160 对 32 位 DXCH(P)指令进行数据交换与 SWAP(FNC147) 应用指令作用相同,通常情况下用 SWAP(FNC147)应用指令。

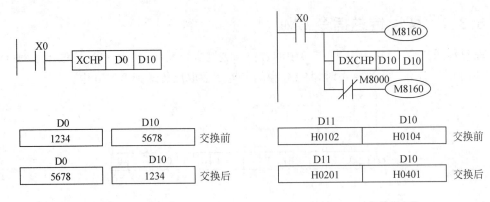

(a) 16位数据交换　　　　　　　　(b) 32位数据交换

图 6-26　交换指令 XCH 说明

例 6.11　XCH 指令用于电动机定时正反转控制。

控制一台电动机,按下起动按钮电动机正转 20s,再反转 10s 停止。

电动机控制梯形图如图 6-27 所示,PLC 初次运行时,初始化脉冲 M8002 将 K200 传送到 D0 中,将 K100 传送到 D1 中,D0 作为定时器 T0 的设定值。

按下起动按钮 X2,Y0 得电自锁,电动机正转,Y0 接点闭合,T0 得电延时 20s,T0 常闭接点断开 Y0,电动机停止正转,Y0 下降沿接点接通 Y1 线圈,电动机反转。

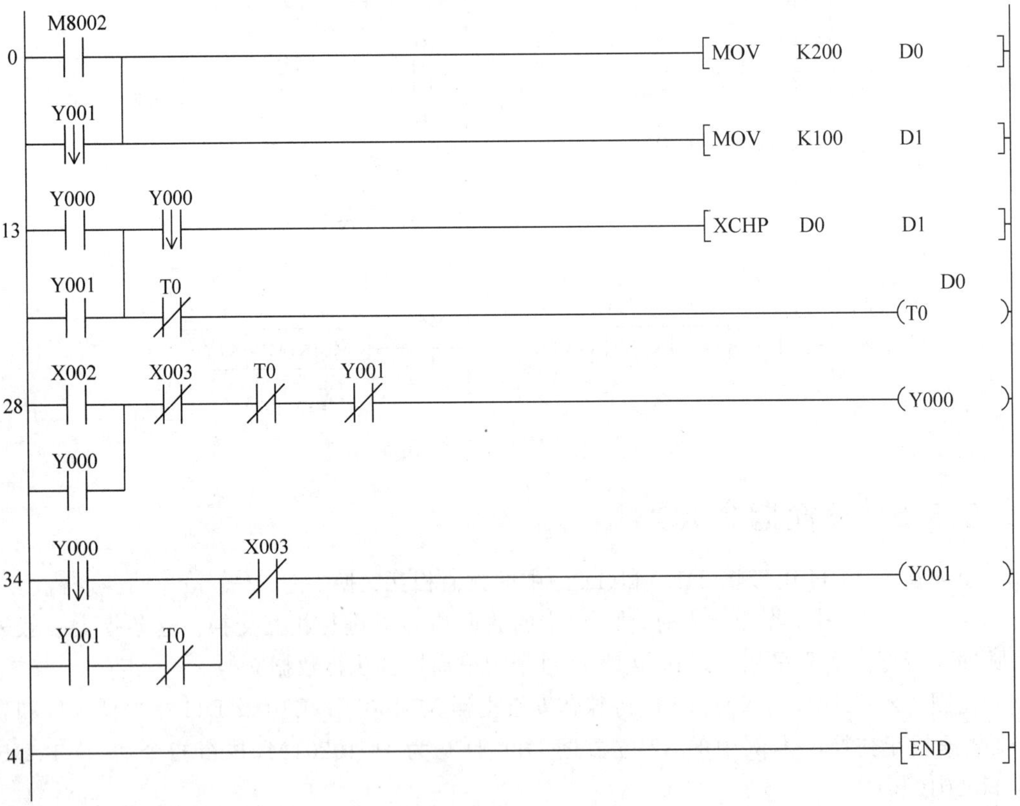

图 6-27　电动机控制梯形图

在下一个扫描周期,Y1 接点闭合,Y0 下降沿接点接通 XCHP 交换指令,将 D0 和 D1 中的数据进行交换,D0 中的数据变为 100,同时 T0 再次得电延时 10s 断开 Y1 线圈,电动机停止。

电动机停止后,Y1 下降沿接点接通 MOV 指令,将 D0、D1 中的数据还原。

6.3.6　BCD 交换指令

BCD 交换指令用于将二进制数转换成 BCD 码。

在 PLC 中的数据寄存器存放的是二进制数,PLC 中的数据运算(如加、减、乘、除、加 1、减 1 等)也是用二进制数,而输入的数据一般多为十进制数。BCD 交换指令(BCD)用于将 (S.)中的二进制数转换为 BCD 数并将其传送到(D.)中。

如图 6-28 所示,如 K2Y0＝53(BIN 数),执行 BCD D0 K2Y0 指令后,将 D0 表示的 BIN 数 53(01110101_2)转换为 BCD 数 53(0101 0011)存放到 K2Y0 中。

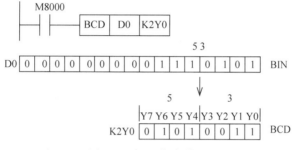

图 6-28　BIN 指令说明

使用 BCD(P)指令时,如转换结果超过 0～9999,会出错。使用 DBCD(P)指令时,如转换结果超过 0～99999999,会出错。

6.3.7　BIN 交换指令

BIN 指令用于将 BCD 码转换为二进制数。

在大多数情况下,PLC 接收的外部数据为 BCD 数,如用 BCD 数字开关输入数据等,而 PLC 中的数据寄存器只能存放二进制数,所以需要将 BCD 数转换为二进制数。BIN 交换指令(BIN)用于将(S.)中的 BCD 数转换为二进制数并将其传送到(D.)中。

如图 6-29 所示,如 K2X0 为两个数字开关,输入两位 BCD 数 53,执行 BIN K2X0 D0 指令后,将 K2X0 中的 53 转换为 BIN 数存放到 D0 中。D0＝53(11110101_2)。

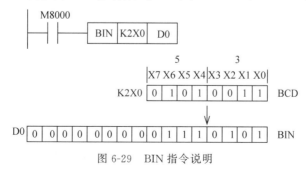

图 6-29　BIN 指令说明

使用 BIN(P)指令时,如转换结果超过 0~9999,会出错。

使用 DBIN(P)指令时,如转换结果超过 0~99999999,会出错。

如果(S.)中的数据不是 BCD 数,则 M8067(运算错误)=1,M8068(运算错误锁存)将不工作。

例 6.12 定时器的设定值间接设定和当前值显示。

用 4 位 BCD 码数字开关间接设定定时器的设定值,用 4 位七段数码管显示定时器的当前值。

图 6-30 所示为一个间接设定的定时器,其定时器 T0 的设定值由 4 个 BCD 码数字开关经输入继电器 X17~X0(K4X0)存放到数据寄存器 D0 中,由于数据寄存器只能存放 BIN 码,所以必须将 4 位 BCD 码数字转换为 BIN 码。D0 中的值作为定时器 T0 的设定值。

用 4 位数码管显示定时器 T0 的当前值,T0 中的当前值是以 BIN 码存放的,而 4 位数码管的显示要用 BCD 码,所以必须将 T0 的 BIN 码转换成 BCD 码输出,由输出继电器 Y17~Y0(K0Y0)经外部 BCD 译码电路驱动 4 位数码管。

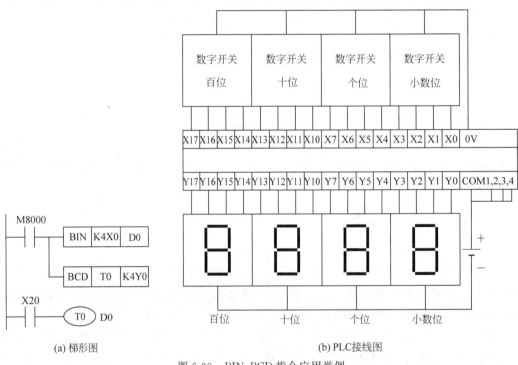

(a) 梯形图   (b) PLC接线图

图 6-30 BIN、BCD 指令应用举例

6.4 四则逻辑运算

6.4.1 BIN 加法指令 ADD

BIN 加法指令 ADD 用于源元件(S1.)和(S2.)二进制数相加,结果存放在目标元件(D.)中,如图 6-31 所示。

当执行条件 X0=1 时,将 D0+D2 的值存放在 D4 中。例如,若 D0 中的值为 5,D2 中的值为-8,则执行 ADD 的结果是 D4 中的值为-3。

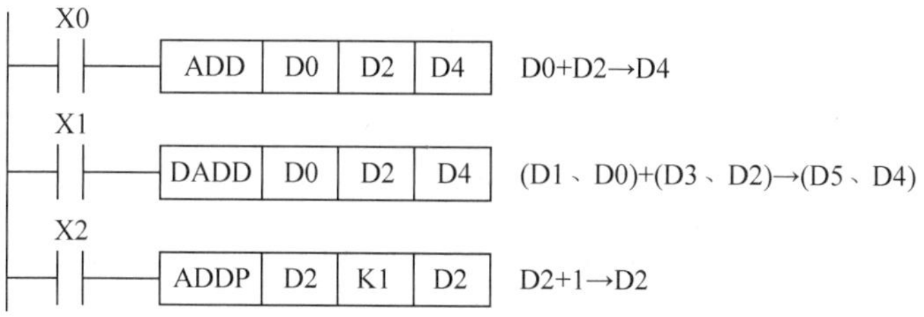

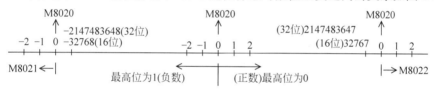

图 6-31　加法指令 ADD 说明

当执行条件 X1＝1 时,执行 32 位加法,将(D1、D0)中的 32 位二进制数和(D3、D2)中的 32 位二进制数相加,结果存放在(D5、D4)中。

当执行条件 X2＝1 时,将 D2 的值加 1,结果还存放在 D2 中。该指令为脉冲型指令,只执行一个扫描周期。如果用 ADD 指令,则每个扫描周期都加 1。

加法指令和减法指令在执行时要影响 3 个常用标志位,即 M8020 零标志、M8021 借位标志、M8022 进位标志。当运算结果为 0 时,零标志 M8020 置 1,运算结果超过 32767 (16 位)或 2147483647(32 位),则进位标志 M8022 置 1;运算结果小于－32768(16 位)或 －2147483648(32 位),则借位标志 M8021 置 1。

M8020 零标志、M8021 借位标志、M8022 进位标志与数值正负之间的关系如图 6-32 所示。

图 6-32　位标志与数值正负之间的关系

例 6.13 投币洗车机。

一台投币洗车机,用于司机清洗车辆,司机每投入 1 元硬币可以使用 10min 时间,其中喷水时间为 5min。投币洗车机的控制梯形图如图 6-33 所示。

用 D0 存放喷水时间,用 100ms 累计型定时器 T250 累计喷水时间,用 100ms 通用型定时器 T0 累计使用时间,用 D1 存放使用时间。PLC 初次运行时由 M8002 执行 ADDP 指令将 0 和 0 相加,将结果 0 分别传送到 D0 和 D1 中,由于执行 ADDP 指令结果是 0,所以 M8020＝1,M8020 常闭接点断开,按喷水按钮无效。

当投入 1 元硬币时,X0 接点接通一次,向 D0 数据寄存器增加 3000(5min),作为喷水的时间设定值,同时向 D1 的值增加 6000(10min)作为司机限时使用时间。由于此时执行 ADDP 的结果不为 0,所以 M8020＝0,M8020 常闭接点闭合,当司机按下喷水按钮 X1 时, T250 开始计时。当司机松开喷水按钮时,T250 保持当前值不变。当喷水按钮再次被按下时,T250 接着前一次计时时间继续计时,当累计达到 D0 中的设定值时,T250 常开接点闭合,将 D0、D1 清 0,T250 复位。M8020＝1,M8020 常闭接点断开,Y0 线圈失电,结束使用。

当喷水按钮 X1 动作时,T0 接通并由 M0 得电自锁,喷水累计时间未到 5s,但达到使用时间 10s,T0 动作,将 D0、D1 清 0,结束使用。

注意:由于定时器最长可以设定 3276.7s,约 54min。因此每次最多只能投 5 枚 1 元硬币。

如果要增加延时时间,可以编程使用长延时定时器。

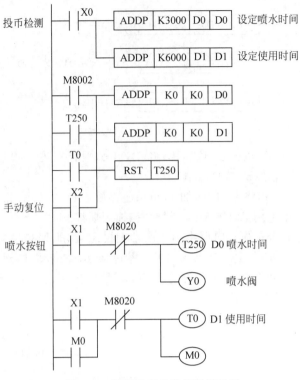

图 6-33 投币洗车机的控制梯形图

6.4.2 BIN 减法指令 SUB

BIN 减法指令 SUB 用于源元件（S1.）和（S2.）二进制数相减，结果存放在目标元件（D.）中，如图 6-34 所示。

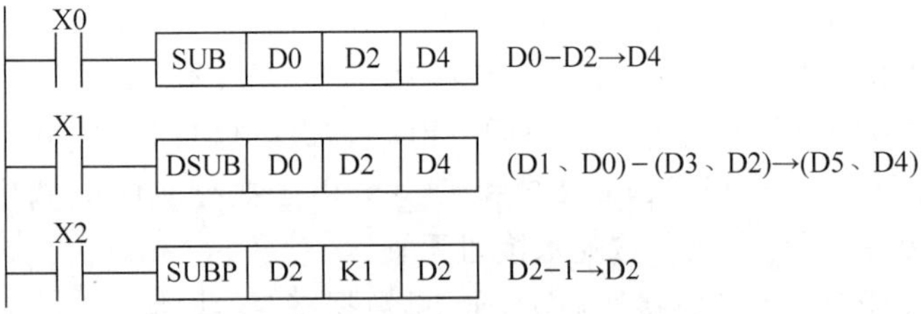

X0 ├─┤├─ SUB D0 D2 D4   D0－D2→D4

X1 ├─┤├─ DSUB D0 D2 D4   (D1、D0)－(D3、D2)→(D5、D4)

X2 ├─┤├─ SUBP D2 K1 D2   D2－1→D2

图 6-34 减法指令（SUB）说明

当执行条件 X0＝1 时，将 D0－D2 的值存放在 D4 中。例如，若 D0 中的值为 5，D2 中的值为－8，则执行 SUB 后的结果是 D4 中的值为 13。

当执行条件 X1＝1 时，执行 32 位减法，将（D1、D0）中的 32 位二进制数和（D3、D2）中的 32 位二进制数相减，结果存放在（D5、D4）中。

当执行条件 X2＝1 时，将 D2 的值减 1，结果存放在 D2 中。该指令为脉冲型指令，只执行一个扫描周期。

M8020 零标志、M8021 借位标志、M8022 进位标志对减法的影响和加法指令相同。

例 6.14 倒计时显示定时器 T0 的当前值。

其控制梯形图如图 6-35 所示。

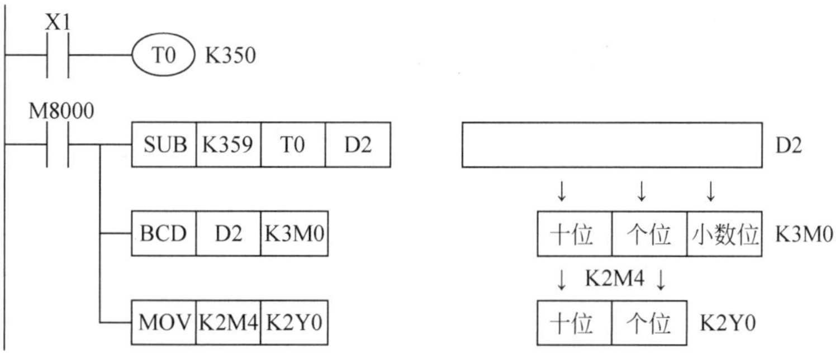

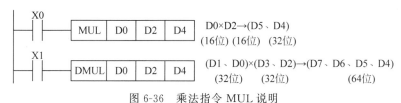

图 6-35　倒计时显示定时器 T0 的当前值

定时器 T0 的设定值为 35.0s,计时单位为 0.1s,不显示小数位,所以用 359－T0 作为倒计时数,当 T0＝0 时,D2＝359,显示前两位数即为 35;当 T0＝K350 时,D2＝359－T0＝359－350＝009,显示前两位数即为 0。

D2 中的数为 BIN 码,由 BCD 指令将其变换成 BCD 码存放在 K3M0 中,其中 K2M4 中存放的是十位数和个位数,将 K2M4 中的数传送到 K2Y0,以显示倒计时数 35～0s。

6.4.3　BIN 乘法指令 MUL

BIN 乘法指令 MUL 用于(S1.)和(S2.)相乘,结果存放在(D.)中,如图 6-36 所示。

```
X0
─┤├──  ┌─────┬────┬────┬────┐     D0×D2→(D5、D4)
       │ MUL │ D0 │ D2 │ D4 │    (16位)(16位)  (32位)
       └─────┴────┴────┴────┘
X1
─┤├──  ┌──────┬────┬────┬────┐    (D1、D0)×(D3、D2)→(D7、D6、D5、D4)
       │ DMUL │ D0 │ D2 │ D4 │    (32位)    (32位)       (64位)
       └──────┴────┴────┴────┘
```

图 6-36　乘法指令 MUL 说明

当 X0＝1 时,将 D0 中的 16 位数与 D2 中的 16 位数相乘,乘积为 32 位,结果存放在(D5、D4)中。

当 X1＝1 时,将(D1、D0)中的 32 位数与(D3、D2)中的 32 位数相乘,乘积为 64 位,结果存放在(D7、D6、D5、D4)中。

例 6.15　用两个数字开关确定一个定时器的设定值。

用两个数字开关确定一个定时器的设定值。要求设定值范围为 1～99s。梯形图如图 6-37 所示,如两个数字开关的设定值为 35,35 为 BCD 码,由 BIN 指令转换为 BIN 存放到 D2 中,再将 D2 中数值 35×10 传送到 D0,则 D0 中的 350 即为 T0 定时器的设定值 35s。

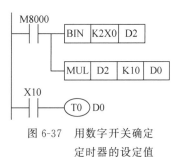

图 6-37　用数字开关确定定时器的设定值

6.4.4　BIN 除法指令 DIV

BIN 除法指令 DIV 用于(S1.)除以(S2.),商和余数存放在(D.)中,如图 6-38 所示。

当 X0＝1 时,将 D0 中的 16 位数与 D2 中的 16 位数相除,商存放在 D4 中,余数存放在 D5 中。

当 X1＝1 时,将(D1、D0)中的 32 位数与(D3、D2)中的 32 位数相除,商存放在(D5、D4)中,余数存放在(D7、D6)中。

如果除数为 0,则说明运算错误,不执行指令。若(D.)为位元件,则得不到余数。

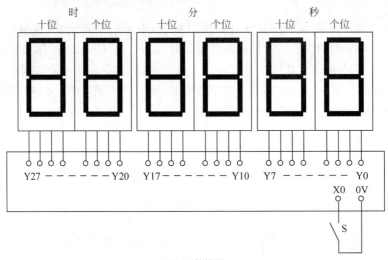

图 6-38 除法指令 DIV 的说明

例 6.16 用时、分、秒显示计时值。

通常在 PLC 中用定时器或计数器进行计时,但是其计时值读起来不直观,可以用程序转换成时、分、秒来阅读,如图 6-39 所示。

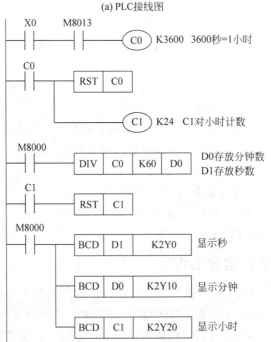

(a) PLC接线图

(b) PLC梯形图

图 6-39 除法指令运用实例

当 X0＝1 时,计数器 C0 对秒时钟 M8013 计数,计数值为 3600s,C0 为循环计数器,当达到设定值 3600 时复位,又从 0 开始重复计数,C0 接点每隔 3600s(1 小时)发 1 个脉冲,计数器 C1 对 C0 的脉冲计数,每计数 1 次为 1 小时,C1 计数值为 24 小时(一天)。

用除法指令 DIV 对 C0 除以 60,商存放在 D0 中,D0 中的值为分钟数,余数放在 D1 中,D1 中的值为秒数,C1 中的值为小时数。

D0、D1、C1 中的值为 BIN 值,如用七段数码管显示,可用 BCD 指令将其转换为十进制数。如果要显示天数,可以对 C1 进行计数。

6.4.5　BIN 加 1 指令 INC

BIN 加 1 指令 INC 用于将(D.)中的数值加 1,结果仍存放在(D.)中,如图 6-40 所示。当 X0＝1 时,D0 中的数值加 1,结果还放在 D0 中。若用连续指令 INC 时,则每个扫描周期加 1。

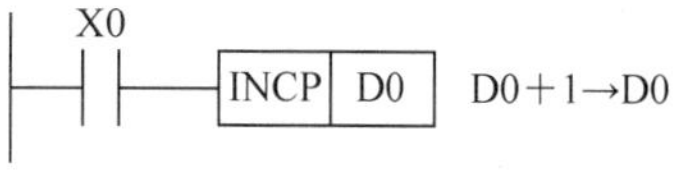

在进行 16 位运算时,32767 再加 1 就变为 -32768,注意这一点和加法指令不同,其标志 M8022 不动作。同样,在 32 位运算时,2147483647 再加 1 就变为 -2147483648,标志 M8022 也不动作。

```
     X0
──┤├────┤INCP│ D0│   D0+1→D0
```

图 6-40　BIN 加 1 指令 INC 说明

例 6.17　用一个按钮控制电动机的起动、停止和报警。

用一个按钮控制电动机的起动、停止和报警。第 1 次按按钮,报警;第 2 次按按钮,消除报警,电动机起动;第 3 次按按钮,报警;第 4 次按按钮,消除报警,电动机停止。

电动机控制梯形图如图 6-41(a)所示,初始状态时 K1M0＝0,按一次按钮 X0,执行一次 INCP 加 1 指令,K1M0＝0001_2,M0＝1,Y0 得电报警。再按一次按钮 X0,K1M0＝0010_2,M1＝1,Y1 得电,电动机起动。第 3 次按一次按钮 X0,K1M0＝0011_2,M1＝1,M0＝1,Y1、Y0 得电,电动机仍运行,报警器响。第 4 次按一次按钮 X0,K1M0＝0100_2,M1＝0,M0＝0,Y1、Y0 均失电,回到初始状态。

按钮 X0、Y1 和 Y0 的时序图如图 6-41(b)所示。

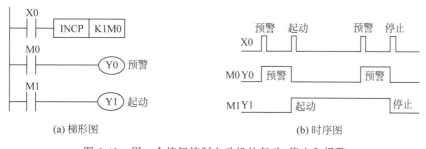

(a) 梯形图　　　　　　　　　　(b) 时序图

图 6-41　用一个按钮控制电动机的起动、停止和报警

6.4.6　BIN 减 1 指令 DEC

BIN 减 1 指令 DEC 用于将(D.)中的数值减 1,结果仍存放在(D.)中,如图 6-42 所示。

当 X0＝1 时,D0 中的数值减 1,结果还放在 D0 中。若用连续指令 DEC 时,则每个扫描周期都减 1。

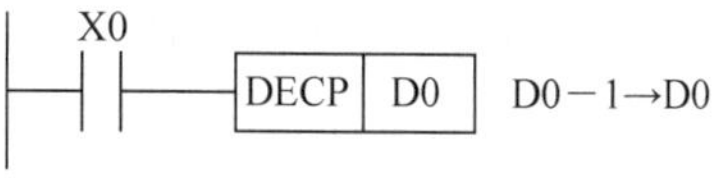

```
     X0
──┤├────┤DECP│ D0│   D0-1→D0
```

图 6-42　BIN 减 1 指令 DEC 说明

在进行 16 位运算时,-32768 再减 1 就变为 32767,

注意这一点和减法指令也不同,其标志 M8021 不动作。同样,在 32 位运算时,－2147483648 再减 1 就变为 2147483647,标志 M8021 也不动作。

用加 1 指令(INC)或减 1 指令(DEC)可以组成加计数或减计数的计数器,可以利用这种计数器的当前值对电路进行控制,十分方便。

6.4.7　逻辑字与指令 WAND、或指令 WOR、异或指令 WXOR

逻辑字与指令 WAND 用于(S1.)和(S2.)进行与运算,结果存放在(D.)中。

逻辑字或指令 WOR 用于(S1.)和(S2.)进行或运算,结果存放在(D.)中。

逻辑字异或指令 WXOR 用于(S1.)和(S2.)进行异或运算,结果存放在(D.)中。

对两个字(S1.)和(S2.)的逻辑字异或非运算,可以先将(S1.)和(S2.)进行异或运算,结果存放在(D.)中,再将(D.)取反,即可得到字异或非运算的结果,如图 6-43 所示。

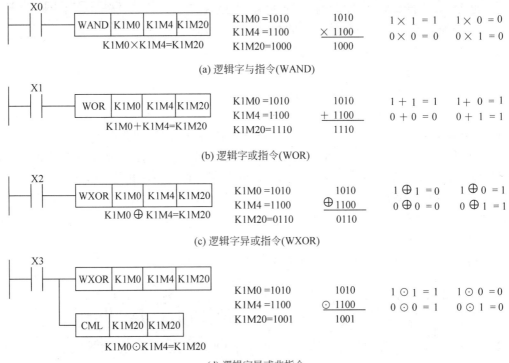

图 6-43　逻辑字与、或、异或、异或非运算

例 6.18　用 WAND、WOR、WXOR 指令简化电路。

图 6-44(a)是由 WAND 指令代替 4 支两接点串联输出回路,用于简化电路。如果使用 DWAND 指令,则可以最多代替 32 支两接点串联输出回路。

图 6-44(b)是由 SUM 和 WXORP 指令代替 4 支 ALT 交替输出回路,最多可以代替 16 支交替输出回路。如果将图 6-44(b)所示梯形图中的 K1 改为 K4,则即可用 16 个按钮 X0～X17 控制 16 台电动机 Y0～Y17 的起动、停止。

图 6-44(c)是由 WOR 指令代替 4 支置位输出回路。如果使用 DWOR 指令,则可以最

多代替 32 支置位输出回路。

图 6-44(d)是由 CML 和 WAND 指令代替 4 支复位输出回路。如果使用 DCML 和 DWAND 指令,则可以最多代替 32 支复位输出回路。

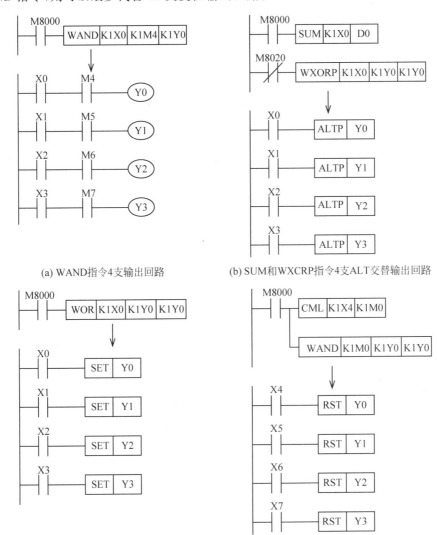

(a) WAND指令4支输出回路

(b) SUM和WXCRP指令4支ALT交替输出回路

(c) WOR指令4支置位输出回路

(d) CML和WAND指令4支复位输出回路

图 6-44　WAND、WOR、WXOR 指令的应用

例 6.19　用按钮控制 4 台电动机(用 WOR 和 WAND 指令)。

要求 4 台电动机能同时起动、同时停止,也能每台电动机单独起动、单独停止。

4 台电动机控制接线图如图 6-45 所示,SB1 为 4 台电动机同时起动按钮,SB2～SB5(X0～X3)分别为电动机 1～4 的起动按钮。SB6 为 4 台电动机同时停止按钮,SB7～SB10(X4～X7)分别为电动机 1～4 的停止按钮。

4 台电动机控制梯形图(基本指令)如图 6-45(b)所示,4 台电动机控制梯形图(应用指令)如图 6-45(c)所示。SB1 为 4 台电动机同时起动按钮,SB2～SB5 分别为电动机 1～4 的起动按钮。SB6 为 4 台电动机同时停止按钮，SB7～SB10 分别为电动机 1～4 的停止按钮。图 6-45(b)和图 6-45(c)控制功能是一样的。

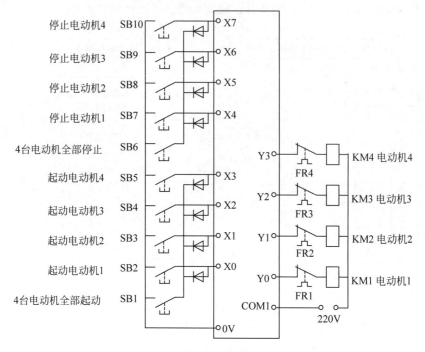

(a) 4台电动机控制接线图1

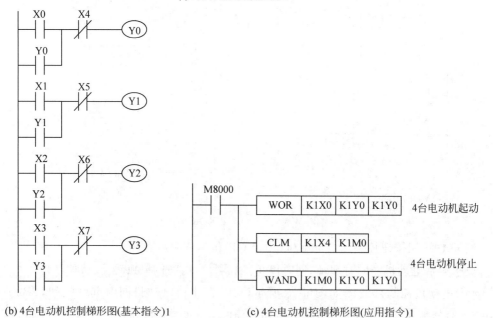

(b) 4台电动机控制梯形图(基本指令)1   (c) 4台电动机控制梯形图(应用指令)1

图 6-45   4 台电动机控制 1

图 6-45(b)的梯形图比较容易理解，不再讲述。下面介绍图 6-46(c)梯形图(应用指令)的工作原理。电动机控制的接线图如图 6-46(a)所示。

电动机 2(Y1)的起动如图 6-46(a)所示。如原来 Y2=1,K1Y0=0100₂,电动机 3 运行。现在要起动电动机 2(Y1),按下按钮 X1,K1X0=0010₂,执行 WOR 指令,则 K1X0 和 K1Y0 进行与运算,结果仍放到 K1Y0 中,K1Y0=0110₂,Y1 得电,电动机 2 起动。

电动机的停止如图 6-46(b)所示。现在如要停下电动机 3(Y2),按下按钮 X6,K1X4=0100₂,先执行 CLM 取反指令,K1M0=1101₂,再进行 WAND 运算,结果仍放到 K1Y0 中,K1Y0=0010₂,Y2 失电,电动机 3 停止。

按下 SB1 按钮,K1X0=1111₂,执行 WOR 指令,K1Y0=1111₂,电动机全部起动。按下 SB6 按钮,K1X4=1111₂,执行 CLM 取反指令,K1M0=0000₂,再执行 WAND 指令,电动机全部停止。

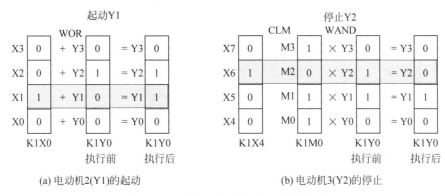

图 6-46　4 台电动机控制梯形图原理说明

例 6.20 用按钮控制 4 台电动机(用 WXOR 指令)。

要求 4 台电动机能同时起动、同时停止,每台电动机也能单独起动、单独停止。图 6-47(b)为基本指令编程的梯形图,比较容易理解,不再讲述。下面介绍图 6-47(c)梯形图(应用指令)的工作原理。电动机控制的接线图如图 6-47(a)所示。

梯形图采用逻辑字异或指令 WXORP,如图 6-47(c)所示。按下按钮 SB1,X0=1,将常数 K15(对应于二进制数 1111₂)传送到 K1Y0,K1Y0=1111₂,执行过程如图 6-48(a)所示,4 台电动机同时起动。

按下按钮 SB2,X1=1,将常数 K0(对应于二进制数 0000₂)传送到 K1Y0,K1Y0=0000₂,执行过程如图 6-48(b)所示,4 台电动机同时停止。

起动电动机 2(Y1),如起动前 Y2=1,如图 6-48(c)所示,按下按钮 SB4,X3=1,执行 SUM 指令,D0=1(由于 D0≠0,所以零标志 M8020=0),M8020 常闭接点闭合,接通 WXORP 指令,进行异或运算,Y1 由 0 变为 1。当按钮 SB4 松开时,K1X2=0,再执行 SUM 指令,D0=0,M8020=1,M8020 常闭接点断开,但是结果不变。Y1 仍为 1。

停止电动机 3(Y2),如起动前 Y1=1,Y2=1,如图 6-48(d)所示,按下按钮 SB5,X4=1,执行 SUM 指令,D0=1(由于 D0≠0,所以零标志 M8020=0),M8020 常闭接点闭合,接通 WXORP 指令,进行异或运算,Y2 由 1 变为 0。当按钮 SB4 松开时,K1X2=0,再执行 SUM 指令,D0=0,M8020=1,M8020 常闭接点断开,但是结果不变。Y2 仍为 0。

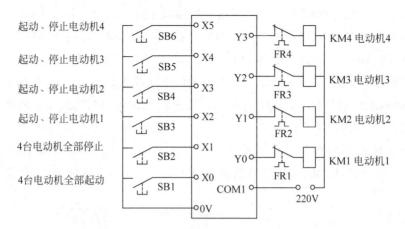

(a) 4台电动机控制接线图2

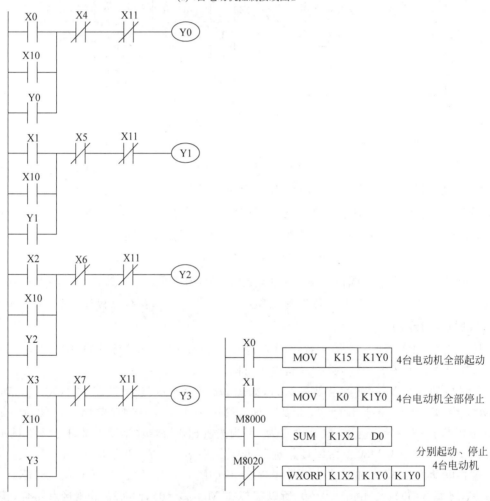

(b) 4台电动机控制梯形图(基本指令)2   (c) 4台电动机控制梯形图(应用指令)2

图 6-47   4 台电动机控制 2

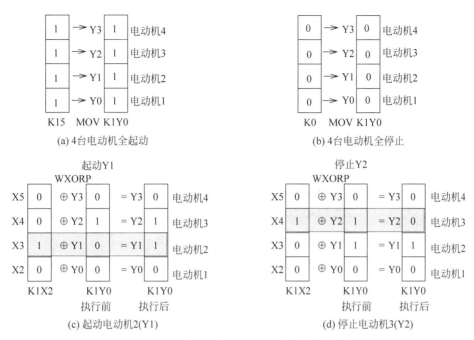

图 6-48 4 台电动机 WXORP 指令控制说明

6.5 循环移位

6.5.1 循环右移指令 ROR

循环右移指令 ROR 是将(D.)中的数值从高位向低位移动 n 位,最右边的 n 位回转到高位,如图 6-49 所示。

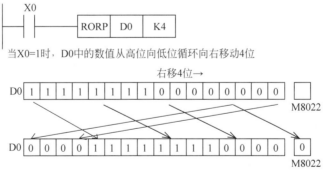

图 6-49 循环右移指令 ROR 说明

如果采用连续型指令,则每个扫描周期都移动 n 位,此时需要引起注意。如果采用位元件,则只有 K4(16 位指令)和 K8(32 位指令)有效,如 K4Y10、K8M0 等。

6.5.2 循环左移指令 ROL

循环左移指令 ROL 是将(D.)中的数值从低位向高位移动 n 位,最左边的 n 位回转到低位,如图 6-50 所示。

　　如果采用连续型指令,则每个扫描周期都移动 n 位,此时需要引起注意。如果采用位元件,则只有 K4(16 位指令)和 K8(32 位指令)有效,如 K4Y10、K8M0 等。

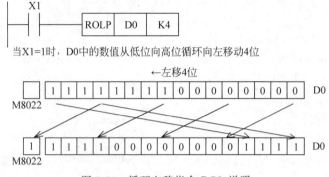

图 6-50　循环左移指令 ROL 说明

　　例 6.21　四相步进电动机控制。

　　步进电动机通常需要驱动设备控制,如果步进电动机功率小,电压低,转速慢且不常使用,也可以用 PLC 直接驱动。下面控制一个四相步进电动机,按 1-2 相激磁方式激磁,如图 6-51(b)所示可正反转控制,每步为 1s。电机运行时,指示灯亮,四相步进电动机的 1-2 相激磁方式接线图如图 6-51(a)所示。

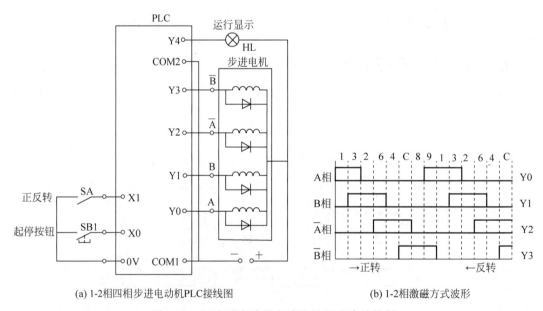

(a) 1-2相四相步进电动机PLC接线图　　　　　　(b) 1-2相激磁方式波形

图 6-51　1-2 相四相步进电动机的 PLC 直接控制

　　用 PLC 的 Y0～Y3 分别控制四相步进电动机的四相输出端。当 Y3～Y0 的值按照 1→3→2→6→4→C→8→9 变化时,步进电动机正转;当 Y3～Y0 的值按照 9→8→C→4→6→2→3→1 变化时,步进电动机反转。

　　四相步进电动机的 1-2 相激磁方式控制梯形图如图 6-52 所示。

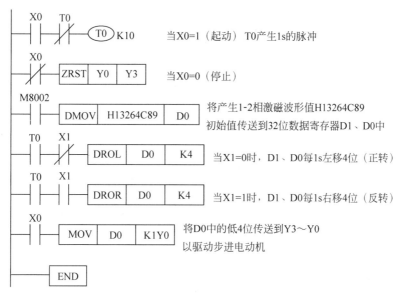

图 6-52　四相步进电动机的 1-2 相激磁方式控制梯形图

6.5.3　循环带进位右移指令 RCR

循环带进位右移指令 RCR 和指令 ROR 基本相同,不同的是在右移时连同进位 M8022 一起右移,如图 6-53 所示。

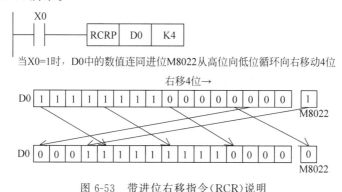

图 6-53　带进位右移指令(RCR)说明

6.5.4　循环带进位左移指令 RCL

循环带进位左移指令 RCL 和指令 ROL 基本相同,不同的是在左移时连同进位 M8022 一起左移,如图 6-54 所示。

循环带进位右移指令(RCR)和循环带进位左移指令(RCL)由于连同进位 M8022 一起移位,所以只需在执行指令前设定 M8022 的值,即可将其值送到要送到的位上。

6.5.5　位右移指令 SFTR

位右移指令 SFTR 用于位元件的右移。(D.)为 n1 位移位寄存器,(S.)为 n2 位数据,当执行该指令时,n1 位移位寄存器(D.)将(S.)的 n2 位数据向右移动 n2 位。

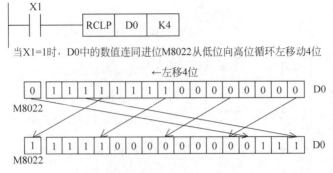

图 6-54　带进位左移指令 RCL 说明

如图 6-55 所示,由 M15～M0 组成 16 位移位寄存器,X3～X0 为移位寄存器的 4 位数据输入,当 X10＝1 时,M15～M0 中的数据向右移动 4 位,其中低 4 位数据移出丢失,X3～X0 的数据移入高 4 位。

如果采用连续型指令,则每个扫描周期都移动 n2 位,此时需要引起注意。

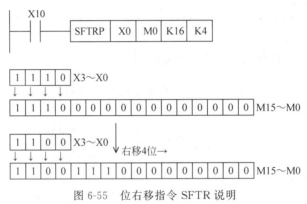

图 6-55　位右移指令 SFTR 说明

6.5.6　位左移指令 SFTL

位左移指令 SFTL 用于位元件的左移。(D.)为 n1 位移位寄存器,(S.)为 n2 位数据,当执行该指令时,n1 位移位寄存器(D.)将(S.)的 n2 位数据向左移动 n2 位。

如图 6-56 所示,由 M15～M0 组成 16 位移位寄存器,X3～X0 为移位寄存器的 4 位数据输入,当 X10＝1 时,M15～M0 中的数据向左移动 4 位,其中高 4 位数据移出丢失,X3～X0 的数据移入低 4 位。

如果采用连续型指令,则每个扫描周期都移动 n2 位,此时需要引起注意。

位左移指令 SFTL 和位右移指令 SFTR 在 PLC 控制中应用比较广泛,特别是用于步进控制非常方便、简单,可以起到简化电路的作用。下面举例说明。

例 6.22　依次轮流点亮 8 盏灯。

控制 8 盏灯依次轮流点亮,8 盏灯依次连接在 PLC 的 Y0 ～ Y7 输入端,梯形图如图 6-57 所示。

当 X0＝0 时,K2Y0＝0,当 X0＝1 时,由于 K2Y0＝0,比较结果是 M1＝1,在秒脉冲 M8013 的上升沿时,将 M1 的值 1 左移到 Y0,Y0＝1,这时由于 K2Y0 大于 0,比较结果是 M1＝0,在秒脉冲 M8013 的上升沿来临时,将 M1 的值 0 左移到 Y0,Y0＝0,Y1＝1……在左移的过程中 K2Y0 只有其中一个 Y＝1，最后 Y7＝1，再移一次，K2Y0＝0，又重复上述过程。时序图如图 6-58 所示。

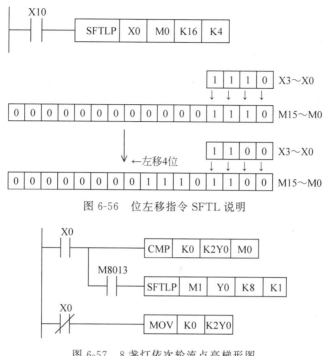

图 6-56　位左移指令 SFTL 说明

图 6-57　8 盏灯依次轮流点亮梯形图

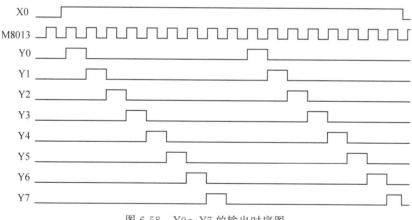

图 6-58　Y0～Y7 的输出时序图

例 6.23　两个按钮组成的选择开关。

用两个按钮组成一个如图 6-59 所示的 5 挡位可左、右转动连续通断的选择开关，控制 5 路输出。

控制梯形图如图 6-60 所示。初始状态时，未执行移位指令，Y0～Y4 均为 0，相当于 5 个接点全部断开，PLC 在运行时，M8000＝1，M8001＝0。

按动 SB1 按钮，执行一次左移，将 M8000 的 1 移送给 Y0，Y0＝1，每按动 1 次 SB1 按钮，将 M8000 的 1 左移动一位，Y0～Y4 依次为 1，当 Y0～Y4 全部为 1 时，SB1 按钮（X0）不起作用。

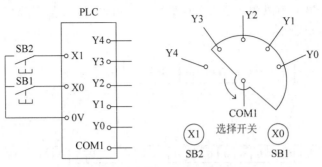

图 6-59　两个按钮组成的选择开关

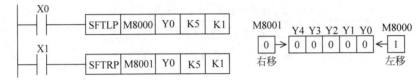

图 6-60　控制 5 路输出选择开关梯形图

按动 SB2 按钮,执行一次右移,将 M8001 的 0 移送给 Y4,Y4＝0。每按动 1 次 SB2 按钮,将 M8001 的 0 右移动一位,使 Y4～Y0 依次为 0,当 Y4～Y0 全部为 0 时,SB2 按钮(X1)不起作用。

控制结果,即梯形图动作过程表如表 6-6 所示。

表 6-6　梯形图动作过程表

按钮按动次序	输入按钮		选择开关输出接点				
	X0	X1	Y0	Y1	Y2	Y3	Y4
0			0	0	0	0	0
1	↑		1	0	0	0	0
2	↑		1	1	0	0	0
3	↑		1	1	1	0	0
4	↑		1	1	1	1	0
5	↑		1	1	1	1	1
6		↑	1	1	1	1	0
7		↑	1	1	1	0	0
8		↑	1	1	0	0	0
9		↑	1	0	0	0	0
10		↑	0	0	0	0	0

例 6.24　控制 5 条传送机的顺序控制。

如图 6-61 所示。皮带传送机由 5 个三相异步电动机 M1～M5 控制。起动时,按下起动按钮,起动信号灯亮 5s 后,电动机按照 M1～M5 每隔 5s 起动一台,待电动机全部起动后,起动信号灯灭。停止时,再按下停止按钮,停止信号灯亮,同时电动机按照 M5～M1 每隔 3s 停止一台,待电动机全部停止后,停止信号灯灭。

PLC 控制梯形图如图 6-62 所示,起动时,按下起动按钮 X0,Y0＝1 得电自锁,起动信号灯亮,同时 T0 得电开始延时,T0 每隔 5s 发出一个脉冲,将 Y0 的 1 依次左移到 Y1～Y5,5 台电机依次起动,当 Y5＝1 时,Y0 和 T0 同时失电,不再移位。

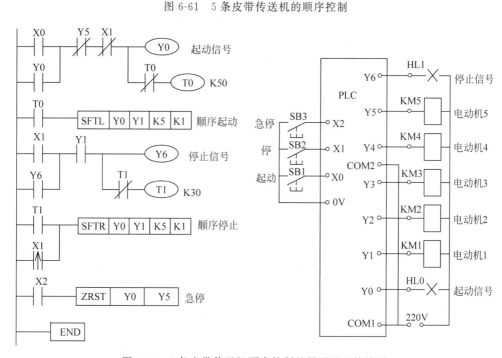

图 6-61　5 条皮带传送机的顺序控制

图 6-62　5 条皮带传送机顺序控制的梯形图和接线图

停止时,按下按钮 X1,Y6＝1 得电自锁,停止信号灯亮,同时 T1 得电开始延时,每隔 3s 发出一个脉冲,将 Y0 的 0 依次右移到 Y5～Y1,当 Y1＝0 时,Y6 和 T1 同时失电,5 台电机依次停止。

5 条皮带传送机顺序控制的左移、右移控制过程如图 6-63 所示。

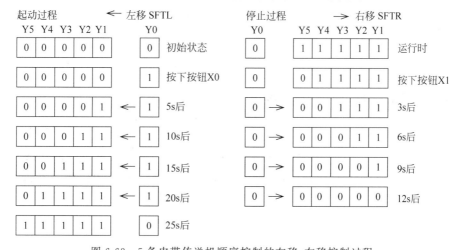

图 6-63　5 条皮带传送机顺序控制的左移、右移控制过程

例 6.25 4 台水泵轮流运行控制。

由 4 台三相异步电动机 M1～M4 驱动 4 台水泵。正常要求 2 台运行 2 台备用,为了防止备用水泵长时间不用造成锈蚀等问题,要求 4 台水泵中有 2 台运行,并且每隔 8 小时切换一台,使 4 台水泵轮流运行。

水泵控制的工作原理如图 6-64 所示。初始状态时 Y3～Y0 均为 0,M0=1,当通断一次 X0 时,M0 的 1 移位到 Y0,第 1 台水泵电机起动,当起动结束后再将 X0 闭合,又产生一次移位,这时 Y0=Y1=1,M=0,使第 1、2 台水泵电机起动运行,计数器 C0 开始对分钟脉冲 M8014 计数,当计满 480 次即 8 小时,C0 接通一个扫描周期,产生一次移位,使 Y1=Y2=1,M=0,第 2、3 台水泵电机起动运行。这样每 8 小时左移位一次,更换一台水泵,使每台水泵轮流工作。

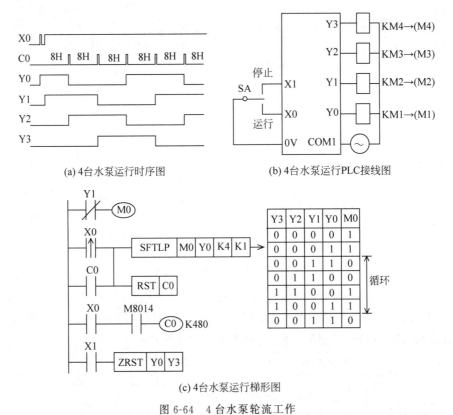

(a) 4台水泵运行时序图　　　(b) 4台水泵运行PLC接线图

(c) 4台水泵运行梯形图

图 6-64　4 台水泵轮流工作

6.5.7　字右移指令 WSFR

字右移指令 WSFR 是以字为单位,对(D.)的 n1 位字的字元件进行 n2 位字的向右移位。如图 6-65 所示,当执行该指令时,从 D0～D15 的 16 位数据寄存器中的数值向右传送 4 位,其中 D4～D15 中的数值分别传送到 D0～D11,由 D20～D23 中的数据传送到 D12～D15 中。

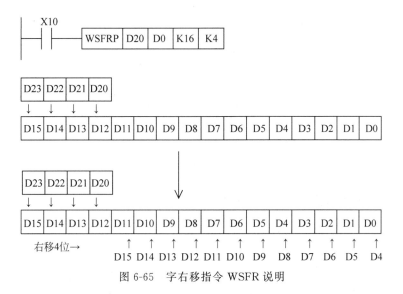

图 6-65　字右移指令 WSFR 说明

6.5.8　字左移指令 WSFL

字左移指令 WSFL 是以字为单位,对(D.)的 n1 位字的字元件进行 n2 位字的向左移位。如图 6-66 所示,当执行该指令时,从 D0～D15 的 16 位数据寄存器中的数值向左传送 4位,其中 D0～D11 中的数值分别传送到 D4～D15,由 D20～D23 中的数据传送到 D0～D3 中。

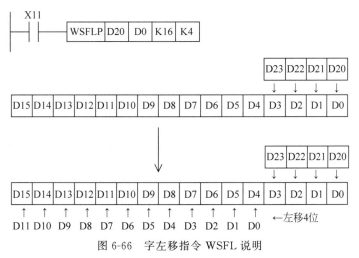

图 6-66　字左移指令 WSFL 说明

6.5.9　位移写入指令 SFWR

位移写入指令 SFWR 用于将(S.)中的数据依次传送到 n 位(D.)中,如图 6-67 所示。

当 X10 闭合一次时,将 D0 中的数据传送到 D2 中,改变 D0 中的数据,当 X10 再闭合一次时,将 D0 中的数据传送到 D3 中……以此类推,每传送一次数据,指针 D1 中的数据加 1。当指针 D1 中的数据大于(n-1)时,M8022=1。

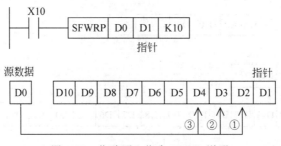

图 6-67　位移写入指令 SFWR 说明

6.5.10　位移读出指令 SFRD

位移读出指令 SFRD 用于将(S.)中的 n−1 个数据依次读出到(D.)中,如图 6-68 所示。当 X11 闭合一次时,将 D2 中的数据传送到 D20 中,指针 D1 中的数据减 1。同时左边的数据逐次向右移 1 位,当 X11 再闭合一次时,将 D2 中的数据传送到 D20 中……以此类推,每传送一次数据,指针 D1 中的数据减 1。当指针 D1 中的数据小于 0 时,M8020=1。

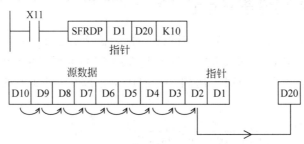

图 6-68　位移读出指令 SFRD 说明

例 6.26　入库物品先入先出。

写入 99 个入库物品的产品编号(4 位十进制数:0000~9999),依次存放在 D2~D100,按照先入库的物品先出库的原则,读取出库物品的产品编号,并用 4 位数码管显示产品编号。

如图 6-69 所示,4 位 BCD 码数字开关接在 PLC 的输入端 X0~X17,4 位数码管经译码电路接在 PLC 的输出端 Y0~Y17。

例如将编号为 3690 的产品入库,先将数字开关拨为 3690,按一下入库按钮 X20,执行 BIN 指令,将 BCD 码 3690 转为二进制数存放到 D0 中,再执行 SFWRP 指令,将 D0 中的数据 3690 存放到 D2 中,指针 D1 中的数据加 1(表示增加了 1 个产品)。

例如再将编号为 5684 的产品入库,先将数字开关拨为 5684,按一下入库按钮 X20,执行 BIN 指令,将 BCD 码 5684 转为二进制数存放到 D0 中,再执行 SFWRP 指令,将 D0 中的数据 5684 存放到 D3 中,指针 D1 中的数据加 1。

不断拨入产品编号,按下按钮 X20,D0 中的编号依次传送到 D2~ D100。

每次按下出库按钮 X21,D3~D100 中的编号即依次移入 D2,D2 中的编号移入 D101,指针 D1 数据减 1,执行 BCD 指令,将 D101 中的编号由 4 位数码管显示。

(a) 入库物品先入先出梯形图

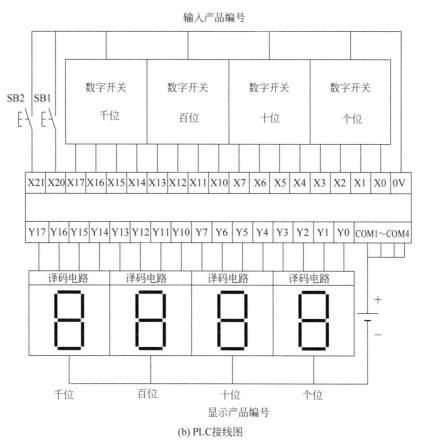

(b) PLC接线图

图 6-69 写入和读出产品编号

6.6 数据处理

6.6.1 全部复位指令 ZRST

全部复位指令 ZRST 是将(D1.)～(D2.)的元件进行全部复位,(D1.)和(D2.)应是同一种类的软元件,并且(D1.)的元件编号应小于(D2.)的元件编号。(D1.)和(D2.)可以同时为 32 位计数器,但不能指定(D1.)为 16 位计数器,(D2.)为 32 位计数器,如图 6-70 所示。

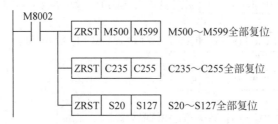

图 6-70　全部复位指令 ZRST 说明

例 6.27　三位选择按钮开关。

用 3 个按钮控制一个三位选择开关,要求 X0 按钮按下时,M0＝1。X1 按钮按下时,M1＝1。X2 按钮按下时,M2＝1。如图 6-71 所示的梯形图,X0、X1、X2 均为按钮输入。

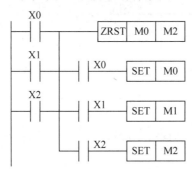

图 6-71　三位选择开关梯形图

当按下任一个按钮 X0、X1、X2 时,对应的辅助继电器 M0、M1、M2 得电置位。

例如按下按钮 X0 时,X0＝1,首先执行 ZRST M0 M2,使 M0、M1、M2 全部复位,紧接着辅助继电器 M0 得电置位。松开按钮 X0 时,M0 仍得电置位。

如再按下按钮 X1 时,X1＝1,首先执行 ZRST M0 M2,使 M0、M1、M2 全部复位,紧接着对应的辅助继电器 M1 得电置位。松开按钮 X1 时,M1 仍得电置位。

同理,按下按钮 X2,M2 得电置位。

例 6.28　用 3 个按钮控制 3 盏灯。

要求按下按钮 SB1 时,灯 EL1 亮;按下按钮 SB2 时,EL1、EL2 灯亮;按下按钮 SB3 时,EL1、EL2、EL3 灯亮;按下按钮 SB4 时,EL1、EL2、EL3 灯灭。

控制梯形图和 PLC 接线图如图 6-72 所示。

如当按钮 X0 按下时,M0 置位,先执行 ZRST 指令,使 M0、M1、M2 复位,Y0 置位得电,灯 EL1 亮。

当按钮 X1 按下时,先执行 ZRST 指令,使 M0、M1、M2 复位,再使 M1 置位,结果 Y0 和 Y1 得电,EL1 和 EL2 灯亮。

当按钮 X2 按下时,先执行 ZRST 指令,使 M0、M1、M2 复位,再使 M2 置位,结果 Y0、Y1 和 Y2 得电,EL1、EL2 和 EL3 灯亮。

当按钮 X3 按下时,只执行 ZRST 指令,使 M0、M1、M2 复位,全部灯灭。

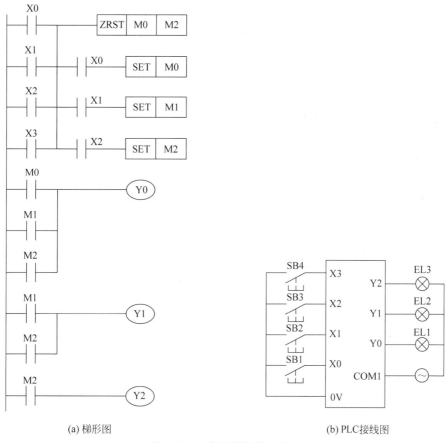

(a) 梯形图　　　　　　　　　(b) PLC接线图

图 6-72　3 个按钮控制 3 盏灯

6.6.2　译码指令 DECO

译码指令 DECO 用于将（S.）的 n 位二进制数进行译码操作，其结果用（D.）的第 2^n 个元件置 1 表示，如图 6-73 所示。

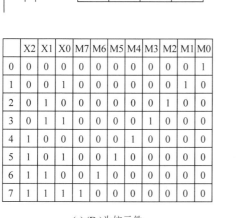

	X2	X1	X0	M7	M6	M5	M4	M3	M2	M1	M0
0	0	0	0	0	0	0	0	0	0	0	1
1	0	0	1	0	0	0	0	0	0	1	0
2	0	1	0	0	0	0	0	0	1	0	0
3	0	1	1	0	0	0	0	1	0	0	0
4	1	0	0	0	0	0	1	0	0	0	0
5	1	0	1	0	0	1	0	0	0	0	0
6	1	1	0	0	1	0	0	0	0	0	0
7	1	1	1	1	0	0	0	0	0	0	0

	D0			D1							
	b2	b1	b0	b7	b6	b5	b4	b3	b2	b1	b0
0	0	0	0	0	0	0	0	0	0	0	1
1	0	0	1	0	0	0	0	0	0	1	0
2	0	1	0	0	0	0	0	0	1	0	0
3	0	1	1	0	0	0	0	1	0	0	0
4	1	0	0	0	0	0	1	0	0	0	0
5	1	0	1	0	0	1	0	0	0	0	0
6	1	1	0	0	1	0	0	0	0	0	0
7	1	1	1	1	0	0	0	0	0	0	0

(a) (D.)为位元件　　　　　　　　　(b) (D.)为字元件

图 6-73　译码指令 DECO 说明

当 X4＝1 时，将 X2、X1 和 X0 表示的 3 位二进制数用 M7～M0 的一个位元件表示，例如，若 X2、X1、X0＝011_2，则 M3＝1。

当 X5＝1 时，将 D0 的低 3 位表示的二进制数用 D1 中 b7～b0 的一个位表示，例如，若 D0＝0011011010010011_2，且其中的低 3 位 b2、b1、b0＝011_2＝3，则 D1 中的 b3＝1。

当输入条件 X4、X5 断开时，不执行指令；若执行后，输入条件断开，其结果不变。

例 6.29 按钮式 2 位选择输出开关。

用一个按钮控制 2 位选择输出开关 Y0 和 Y1，每按一次按钮，Y0 和 Y1 依次轮流接通。梯形图如图 6-74(a)所示。

DECOP Y0 Y0 K1 指令是将 Y0 表达的两位二进制数译码，其结果用 Y0 开始的 2^1 位（2 位）位元件 Y1、Y0 表示。

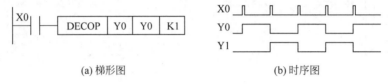

(a) 梯形图   (b) 时序图

图 6-74 按钮式 2 位选择输出开关

第一次闭合按钮 X0 时，Y0＝0，经 DECO 译码指令译码使 Y1、Y0＝01_2。第二次闭合按钮 X0 时，Y0＝1，经 DECO 译码指令译码使 Y1、Y0＝10_2。当 X0 再次闭合时，重复上述过程。Y0 和 Y1 的输出结果时序图如图 6-74(b)所示。

例 6.30 按钮式 3 位选择输出开关。

用一个按钮控制 3 位选择输出开关 Y0～Y2，每按一次按钮，Y0～Y2 依次轮流接通。梯形图如图 6-75(a)所示。

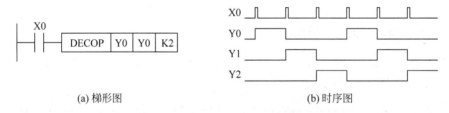

(a) 梯形图   (b) 时序图

图 6-75 按钮式 3 位选择输出开关

DECOP Y0 Y0 K2 指令是将 Y1、Y0 表达的两位二进制数译码，其结果用 Y0 开始的 2^2 位位元件 Y3、Y2、Y1、Y0 表示。

第一次闭合按钮 X0 时，Y1、Y0＝00_2，经 DECO 译码指令译码使 Y3、Y2、Y1、Y0＝0001_2。

第二次闭合按钮 X0 时，Y1、Y0＝01_2，经 DECO 译码指令译码使 Y3、Y2、Y1、Y0＝0010_2。

第三次闭合按钮 X0 时，Y1、Y0＝10_2，经 DECO 译码指令译码使 Y3、Y2、Y1、Y0＝0100_2。

第四次闭合按钮 X0 时，Y1、Y0＝00_2，经 DECO 译码指令译码使 Y3、Y2、Y1、Y0＝0001_2。

再次闭合按钮 X0 时重复上述过程。

Y0～Y2 的输出结果时序图如图 6-75(b)所示。执行 DECOP 指令，Y0～Y2 的输出结果如表 6-7 所示。

表 6-7　执行 DECOP 指令，Y0～Y2 的输出结果

输出顺序	源　元　件		目　的　元　件			
	Y1	Y0	Y3	Y2	Y1	Y0
未执行	0	0	0	0	0	0
1	0	0	0	0	0	1
2	0	1	0	0	1	0
3	1	0	0	1	0	0
4	0	0	0	0	0	1
5	0	1	0	0	1	0
6	1	0	0	1	0	0

6.6.3　编码指令 ENCO

编码指令 ENCO 和译码指令 DECO 相反，DECO 指令用于将(S.)的 2^n 位中最高位的 1 进行编码，编码存放(D.)在低 n 位中，如图 6-76 所示。图中的 φ 表示该值既可以是 0 也可以是 1。

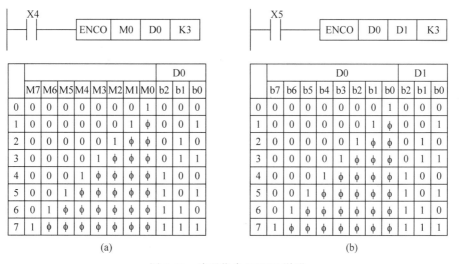

图 6-76　编码指令 ENCO 说明

当 X4＝1 时，将 M7～M0 中的最高位的 1 进行编码，编码存放 D0 中的低 3 位中。如果 M7～M0＝00110000_2，则 D0 中的 b2、b1、b0＝101_2。

当 X5＝1 时，将 D0 的低 8 位二进制数中 b7～b0 的最高位的 1 进行编码，编码存放 D1 中的低 3 位中。如果 D0＝0011011000010011_2，且其中的低 8 位中最高位为 1 的是 b4，则编码结果为 D1＝4＝0000000000000100_2。

当输入条件 X4、X5 断开时，不执行指令。如果执行后输入条件断开，则其结果不变。

例 6.31　大数优先动作。

当输入继电器 X7～X0 中有 n 个同时动作时，编号较大的优先。

如图 6-77 所示，例如当 X5、X3、X0 同时动作时(X5、X3、X0 都为 1)，最大编码的输入继电器 X5 有效。

执行 ENCO 指令，将 X5 的编号 5 存放到 D0 中，D0＝5。执行 DECO 指令，对应的 M5＝1。

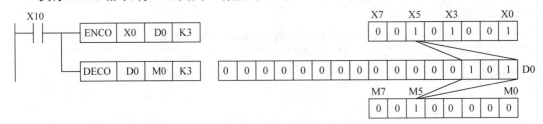

图 6-77　大数优先输出

6.6.4　1 的个数指令 SUM

1 的个数指令 SUM 用于将(S.)中为 1 的个数存放在(D.)中，无 1 时零位标志 M8020＝1。如图 6-78 所示，D0 中有 9 个 1，即说明 D2 中的数据为 9。

如果图 6-78 所示梯形图使用 32 位指令 DSUM 或 DSUMP，则将 D1、D0 中 32 位数据的 1 的个数写入 D3、D2 中，由于 D3、D2 中的数不可能大于 32，所以 D3＝0。

图 6-78　1 的个数指令 SUM 说明

例 6.32　4 输入互锁。

用 4 个输入开关 X3、X2、X1、X0(K1X0)分别控制输出 Y3、Y2、Y1、Y0(K1Y0)，要求仅有一个开关闭合时，对应的一个输出 Y3、Y2、Y1、Y0 线圈得电，如有两个及以上输入开关闭合时，全部输出线圈失电。

控制梯形图如图 6-79(a)所示，执行 SUM 指令，将 K1X0(X3、X2、X1、X0)中为 1 的个数存放在 K1M0 中。

当 4 个输入点 X3～X0 中只有 1 个闭合时，K1M0＝1，即 M3＝0，M2＝0，M1＝0，M0＝1 时执行 MOV 指令，对应的输出继电器线圈得电。K1M0 的取值范围为 0～4，如表 6-8 所示。M3 始终为 0，所以梯形图中只需要用 M2、M1、M0 三个接点就行了。

如果有多个输入点闭合时，K1M0≠1，则不执行 MOV K1X0 K1Y0，而执行 MOV K0 K1Y0 指令，将输出复位为 0。

表 6-8　4 输入互锁控制梯形图逻辑关系

X0～X3 闭合的个数	K1M0				输出结果
	M3	M2	M1	M0	
0	0	0	0	0	无输出
1	0	0	0	1	有输出
2	0	0	1	0	无输出
3	0	0	1	1	无输出
4	0	1	0	0	无输出

图 6-79(b)所示梯形图和图 6-79(a)略有不同,当只有 1 个输入接点闭合时,对应的输出
继电器线圈得电。之后如果有多个输入点闭合时,则不起作用,只有按下复位按钮 X4 将输
出复位为 0 后才能接通其他输出继电器。

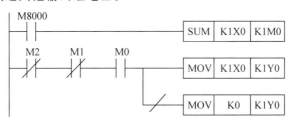

(a) 4 输入互锁手动复位

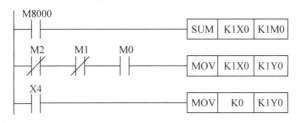

(b) 4 输入互锁自动复位

图 6-79 4 输入互锁控制梯形图

例 6.33 8 个人进行表决。

8 个人进行表决,当超过半数人同意时(同意者闭合开关),绿灯亮;当半数人同意时黄
灯亮;当少于半数人同意时,红灯亮。PLC 接线图和梯形图如图 6-80 所示。

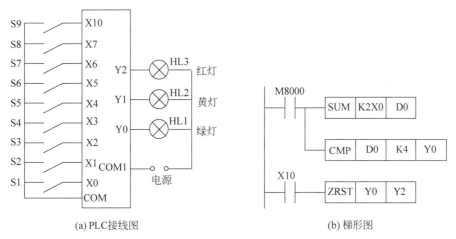

(a) PLC接线图   (b) 梯形图

图 6-80 PLC 接线图和梯形图

用 8 个表决开关 S1～S8,对应接到 PLC 的 X0～X7,S9 为复位开关,执行 SUM 指令将
X0～X7 中 1 的个数(接点闭合为 1,断开为 0),存放到数据寄存器 D0 中。

执行比较指令 CMP,将 D0 和 K4 进行比较,当超过半数人同意时(D0>4)(同意者闭合
开关),比较结果 Y0=1,绿灯亮;当半数人同意时(D0=4),比较结果 Y1=1,黄灯亮;当少
于半数人同意时(D0 < 4),比较结果 Y2=1,红灯亮。闭合开关 X10,灯灭。

6.6.5　报警器置位指令 ANS 和报警器复位指令 ANR

报警器置位指令 ANS 用于驱动信号的报警。如图 6-81 所示,当 X0＝1 时,延时 1s 报警器 S900 动作。当 X0＝0 时 S900 仍置位。如果不到 1s,X0 由 1 变为 0,则定时器 T0 复位。

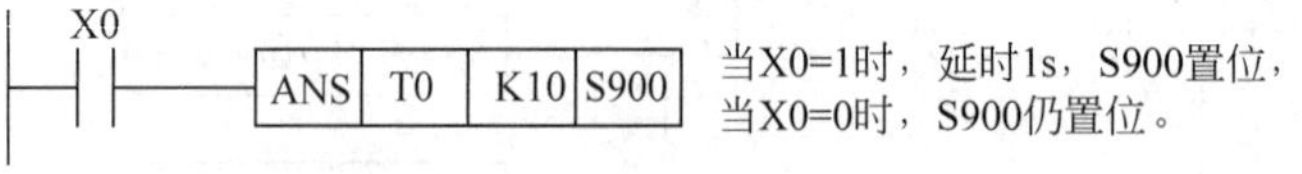

$$
\begin{array}{c}
\text{X0} \\
\dashv\vdash \quad \boxed{\text{ANS} \mid \text{T0} \mid \text{K10} \mid \text{S900}}
\end{array}
\quad
\begin{array}{l}
\text{当X0=1时, 延时1s, S900置位,} \\
\text{当X0=0时, S900仍置位。}
\end{array}
$$

图 6-81　报警器置位指令 ANS 说明

如果预先使 M8049(信号报警器有效)＝1,则 S900～S999 中最小报警器的编号被存入 D8049。当 S900～S999 中任何一个动作时,M8048＝1。

报警器复位指令 ANR 用于对报警器 S900～S999 复位。如图 6-82 所示,当 X10＝1 时,将已经动作的报警器复位。

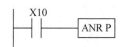

图 6-82　报警器复位指令 ANR 说明

如果有多个报警器同时动作,当 X10＝1 时,将其中最小编号的报警器复位。需要注意,如果用 ANR 指令,则每个扫描周期将按最小编号顺序复位一个报警器。

例 6.34　送料小车报警器监控。

用报警器监控送料小车的运行情况,如图 6-83 所示。

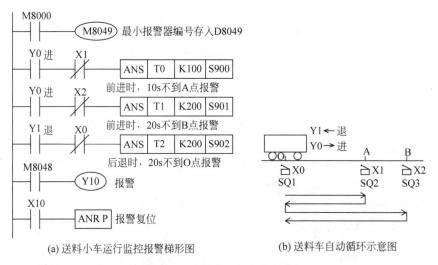

(a) 送料小车运行监控报警梯形图　　　(b) 送料车自动循环示意图

图 6-83　送料车运行监控报警

在图 6-83 中,一辆小车从 O 点前进,如果超过 10s 还没有到达 A 点,则报警器 S900 动作;如果超过 20s 还没有到达 B 点,则报警器 S901 动作;如果小车在 B 点后退时超过 20s 还没有到达 O 点,则报警器 S902 动作。

只要报警器 S900～S902 中有一个动作,则 M8048＝1,使 Y10＝1,起动报警器报警。用 X10 按钮可对已动作的报警器 S900～S902 复位。

如果有多个报警器同时动作,例如 S901 和 S902 同时动作,则第一次按按钮 X10,最小编号 S901 先复位,再按一次按钮 X10,S902 复位,当报警器全部复位后,M8048＝0,使 Y10＝0,解除报警。

6.7 方便指令

6.7.1 状态初始化指令 IST

状态初始化指令 IST 用于状态转移图和步进梯形图的状态初始化设定,如图 6-84 所示。

图 6-84 状态初始化指令 IST 说明

状态初始化指令 IST 应用见本书配套教学资源《工程案例手册》中的案例 12.6 气动机械手 IST 指令控制。

6.7.2 凸轮控制(绝对方式)指令 ABSD

凸轮控制(绝对方式)指令 ABSD 用于模拟凸轮控制器的工作方式,可以将凸轮控制器的旋转角度转换成 1~64 个开关的通断。

如图 6-85 所示,用一个有 360 个齿的齿盘检测旋转角度,当齿盘旋转时,每旋转 1°产生 1 个脉冲,由计数器 C0 对接近开关 X1 检测的齿脉冲进行计数,其计数值就对应齿盘的旋转角度。

用 MOV 指令将图 6-85 所示的数据写入 D300~D307 中,由 4 个开关 M0~M3 根据 D300~D307 所设置的上升点和下降点进行接通和断开。上升点表示由 0→1 的点,当计数器 C0 的计数值到 40 时,M0=1;下降点表示由 1→0 的点,当计数器 C0 的计数值到 140 时,M0=0。注意,本指令只能用一次。

在用 D ABSD 指令时,(S2.)可以用高速计数器,这时计数器的当前值、输出波形会受到扫描周期的影响,需要及时响应,要用 HSZ 指令进行高速比较。

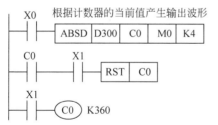

上升点	下降点	输出元件
D300 =40	D301 =140	M0
D302 =100	D303 =200	M1
D304 =160	D305 =60	M2
D306 =240	D307 =280	M3

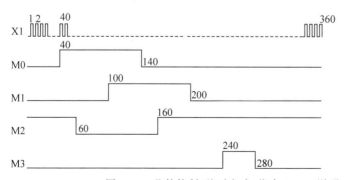

图 6-85 凸轮控制(绝对方式)指令 ABSD 说明

例 6.35 用一个按钮控制 4 台电动机顺序起动逆序停止。

要求每按一次按钮，按照 M1→M4 顺序起动一台电动机。当全部起动后，每按一次按钮，按照 M4→M1 逆序停止一台电动机。如果前一台电动机因故障停止，则后一台电动机也要停止。

用一个按钮 X0 控制 4 台电动机顺序起动，逆序停止主电路图、PLC 接线图和梯形图如图 6-86 所示。

根据 4 台电动机顺序起动，逆序停止的控制过程，将上述的上升点、下降点 1、8、2、7、3、6、4、5 用 MOV 指令依次写入 D0~D7 中，如图 6-86(c)所示。

当第 1 次按按钮时，计数器 C0 的计数值为 1，即为 Y0 的上升点，Y0 得电，第 1 台电动机起动。当第二次按按钮时，计数器 C0 的计数值为 2，即为 Y1 的上升点，Y1 得电，第 2 台电动机起动。同时，再按两次按钮，分别起动第 3 台和第 4 台电动机。

当第 5 次按按钮时，计数器 C0 的计数值为 5，即为 Y3 的下降点，Y3 失电，第 4 台电动机先停。再按 3 次按钮，Y2、Y1、Y0 相继失电，分别停止第 3 台、第 2 台和第 1 台电动机。最后一次松开按钮时计数器清零。

本电路要求只有当前一台电动机起动后，后一台电动机才能起动。如果前一台电动机因故障停止，则后一台电动机也要停止，所以要在 PLC 接线图中加 KM1、KM2、KM3 的连锁接点。

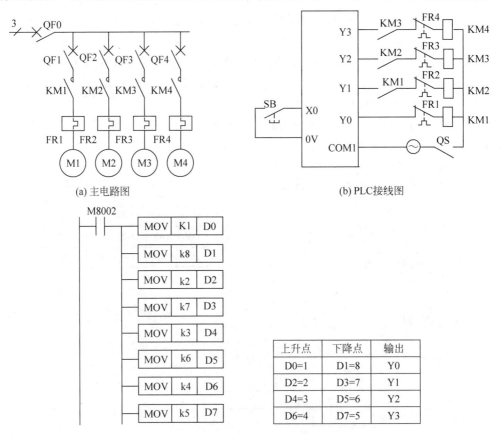

(a) 主电路图

(b) PLC接线图

上升点	下降点	输出
D0=1	D1=8	Y0
D2=2	D3=7	Y1
D4=3	D5=6	Y2
D6=4	D7=5	Y3

(c) 上升、下降点初始设置梯形图

图 6-86　4 台电动机顺序起动逆序停止控制图

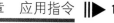

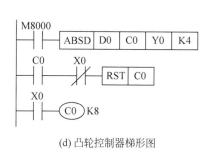

(d) 凸轮控制器梯形图

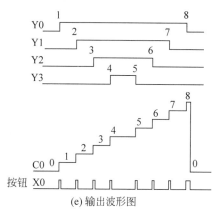

(e) 输出波形图

图 6-86 （续）

6.7.3 凸轮控制（增量方式）指令 INCD

凸轮控制（增量方式）指令 INCD 也是用于模拟凸轮控制器的工作方式，它也是将计数器的计数值转换成 1～64 个开关的通断。

INCD 指令说明梯形图和时序图如图 6-87(a) 和图 6-87(b) 所示，当 X1＝1 时，计数器 C0 对秒脉冲 M8013 计数，相当于定时器，由 4 个开关 M0～M3 根据 D300～D303 所设置的数值，按顺序依次动作。计数器 C1 记录 M0～M3 的动作顺序。

例 6.36 4 台电动机轮换运行控制。

控制 4 台电动机 M1～M4，要求每次只运行两台电动机，4 台电动机轮换运行，每台电动机连续运行 12 小时。4 台电动机轮换运行主电路图、PLC 接线图和梯形图如图 6-88 所示。

PLC 初次运行时，由 FMOV 指令依次将 360 同时写入 D0～D3 中。当按下起动按钮 X0 时，Y0 得电自锁，起动信号灯 EL 亮，执行 INCD 指令，计数器 C0 对分脉冲 M8014 进行计数，相当一个定时器。当计数值等于 D0～D3 中的数值 360 时，延时时间为 360min（6min），计数器 C0 重新计数，输出结果如图 6-89 所示。由梯形图可得出 Y1～Y4 的时序图。

例 6.37 用凸轮控制指令 INCD 实现 PLC 交通灯控制。

十字路口交通灯控制要求如下：

(1) 在十字路口，要求东西方向和南北方向各通行 35s，并周而复始。

(2) 在南北方向通行时，东西方向的红灯亮 35s，而南北方向的绿灯先亮 30s 再闪 3s（0.5s 暗，0.5s 亮）后黄灯亮 2s。

(3) 在东西方向通行时，南北方向的红灯亮 35s，而东西方向的绿灯先亮 30s 再闪 3s（0.5s 暗，0.5s 亮）后黄灯亮 2s。

十字路口的交通灯接线图和布置示意图如图 6-90 所示。

用凸轮控制指令 INCD，首先将通行时间分为 6 个时间段，由于东南和西北方向的通行时间一样，也可以分为 3 个时间段，分别存放到 D0～D2 中，如图 6-91 所示。

十字路口的交通灯控制梯形图和时序图如图 6-92 所示。

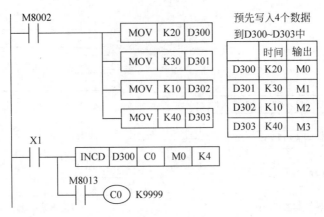

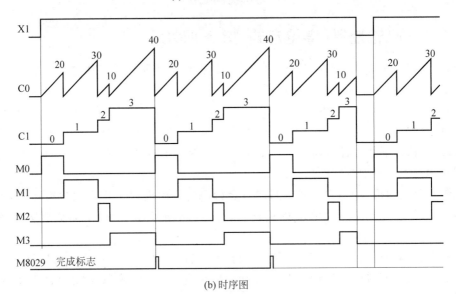

(a) INCD指令说明梯形图

(b) 时序图

图 6-87　凸轮控制(增量方式)指令 INCD 说明

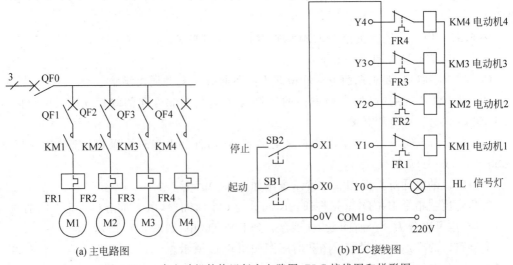

(a) 主电路图　　　　　　　　　　(b) PLC接线图

图 6-88　4 台电动机轮换运行主电路图、PLC 接线图和梯形图

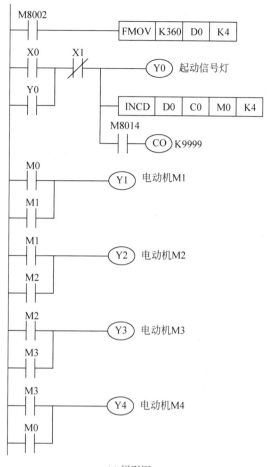

(c) 梯形图

图 6-88 （续）

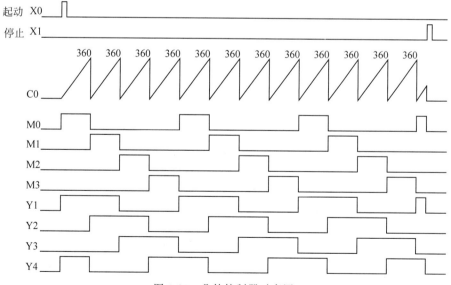

图 6-89 凸轮控制器时序图

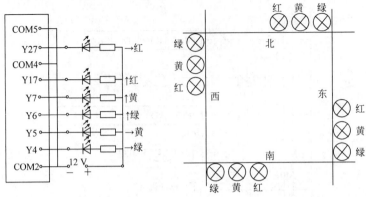

(a) 十字路口交通灯接线图　　　(b) 十字路口交通灯布置示意图

图 6-90　十字路口交通灯的接线图及布置图

东西方向	红灯 Y0			绿灯　Y4	绿闪 Y4	黄灯 Y5
南北方向	绿灯 Y1	绿闪 Y1	黄灯 Y2	红灯 Y3		
	30s	3s	2s	30s	3s	2s
	D0	D1	D2	D0	D1	D2
	M0	M1	M2	M0	M1	M2

图 6-91　十字路口交通灯时间分配图

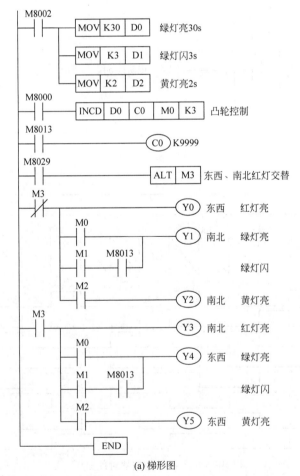

(a) 梯形图

图 6-92　十字路口的交通灯控制梯形图和时序图

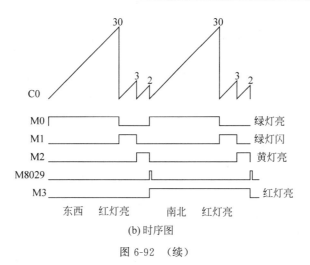

(b) 时序图

图 6-92 （续）

6.7.4　示教定时器指令 TTMR

示教定时器指令 TTMR 用于将按钮闭合的时间记录在数值寄存器中,如图 6-93 所示是把 X10 闭合的时间乘以 10 的值存放在 D300 中。

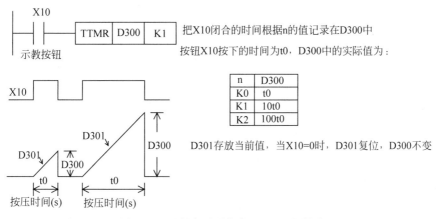

图 6-93　示教定时器指令 TTMR 的说明

例 6.38　用示教定时器指令 TTMR 为 T0～T9 设置延时时间。

如图 6-94 所示,例如要修改定时器 T1 的设定值 D301,首先拨动 BCD 码数字开关(连接在输入端 X3～X0)为 1,执行 BIN 指令将数字开关中的 BCD 数转换成 BIN 数存放到变址寄存器 Z 中,其结果 Z 中的数据为 1。

按下示教按钮 X10,将 X10 闭合时间(秒数)乘以 10 存入 D200 中。当松开按钮时,X10下降沿接点发出一个脉冲将 D200 中的数据存放到 D300Z 中。由于 Z=1,D300Z 就是D301,例如,按钮 X10 按下的时间为 5s,D301 中的数据为 K50,T0～T9 为 0.1s 型的定时器,所以 T1 的延时时间也是 5s。

6.7.5　特殊定时器指令 STMR

特殊定时器指令 STMR 用于组成 4 种特殊延时定时器。当 X0=1 时,M0～M3 按图 6-95所示时序延时动作。

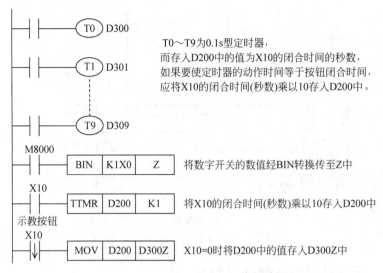

T0～T9为0.1s型定时器，而存入D200中的值为X10的闭合时间的秒数，如果要使定时器的动作时间等于按钮闭合时间，应将X10的闭合时间(秒数)乘以10存入D200中。

将数字开关的数值经BIN转换传至Z中

将X10的闭合时间(秒数)乘以10存入D200中

X10=0时将D200中的值存入D300Z中

图 6-94　用数字开关和按钮为定时器设定时间

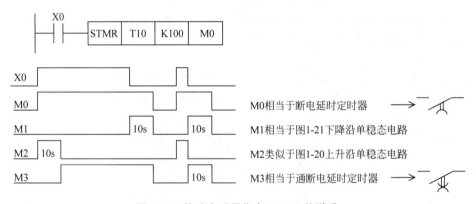

M0相当于断电延时定时器

M1相当于图1-21下降沿单稳态电路

M2类似于图1-20上升沿单稳态电路

M3相当于通断电延时定时器

图 6-95　特殊定时器指令 STMR 的说明

例 6.39　洗手间便池自动冲水。

某洗手间的便池控制要求为：当使用者进去时，使光电开关 X0 接通，3s 后 Y0 接通，使控制电磁阀打开，开始冲水，时间为 2s；当使用者离开后，再一次冲水，时间为 3s。其控制要求可以用输入 X0 与输出 Y0 的时序图，如图 6-96 所示。

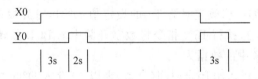

图 6-96　便池自动冲水控制时序图

洗手间便池自动冲水梯形图如图 6-97(a)所示。当使用者进去时，使光电开关 X0 接通，特殊定时器的 M2＝1，3s 后 M2＝0，M2 下降沿接点接通 Y0 线圈并自锁，使控制电水阀 Y0 得电打开，开始冲水，同时 T1 得电，2s 后 T1 常闭接点断开 Y0，停止冲水。当使用者离开后，X0＝0，特殊定时器的 M1＝1，Y0 得电再一次冲水，时间为 3s。其控制要求可以用输入 X0 与输出 Y0 的时序图表示，如图 6-97(b)所示。

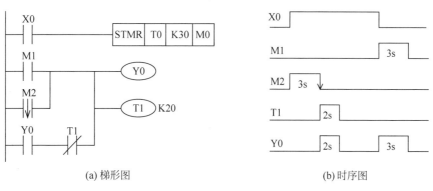

图 6-97 便池自动冲水控制梯形图及时序图

6.7.6 交替输出指令 ALT

交替输出指令 ALT 相当于前面介绍过的二分频电路或单按钮起动停止电路。如图 6-98 所示,在 X0 的上升沿,M0 的状态发生翻转,由 0 变为 1 或由 1 变为 0。

例 6.40 分频电路和振荡电路。

图 6-99(a)所示为多级分频电路。M0 是 X0 的二 分频电路,而 M1 又是 M0 的二分频电路,也就是 X0 的 四分频电路。

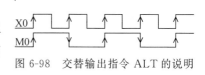

图 6-98 交替输出指令 ALT 的说明

图 6-99(b)所示为振荡电路,ALT 指令由 T1 的定时脉冲进行控制,形成振荡电路。

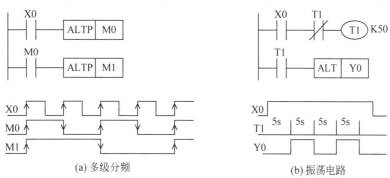

图 6-99 交替输出指令 ALT 的应用

例 6.41 单按钮定时报警起动,报警停止控制电动机。

控制一台电动机,起动时,按一下按钮 SB1,警铃报警 5s 后电动机起动,停止时,再按一下按钮 SB1,警铃报警 5s 后电动机停止。电动机运行时,按下按钮 SB2 或电动机过载,电动机立即停止。

单按钮定时报警起动,报警停止控制电动机 PLC 接线图、梯形图如图 6-100 所示。

SB1(X1)为单按钮起动停止控制按钮,起动时,按一下按钮 SB1,X1 闭合一次,M0=1,接通 STMR 指令,M3 接点闭合,Y0 得电警铃报警 5s,M4 接点闭合,Y1 得电,KM 得电,电动机起动。

停止时,再按一下按钮 SB1,X1 闭合一次,M0=0,断开 STMR 指令,M2 接点闭合,Y0 得电警铃报警 5s,之后 M2 和 M4 接点断开,Y0、Y1 失电,警铃和电动机均失电。

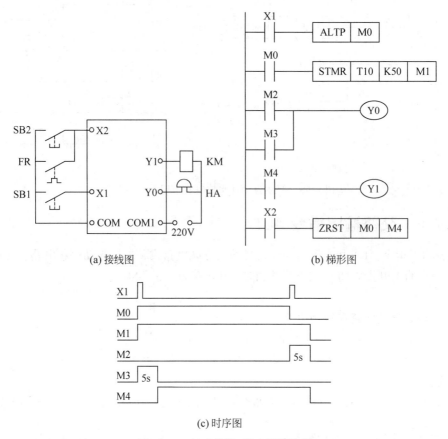

(a) 接线图　　　　　　　(b) 梯形图

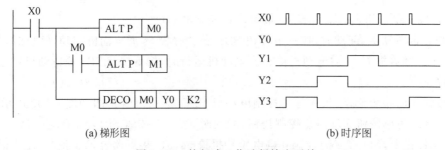

(c) 时序图

图 6-100　起动报警、停止报警控制

当电动机运行时如果过载,则热继电器 FR 接点闭合 X2＝1,M0～M4 均复位,警铃和电动机均失电。

当电动机运行时如果按下按钮 SB2,则 X2 闭合,效果与热继电器 FR 接点相同,M0～M4 复位,警铃和电动机均立即失电。特殊定时器的动作时序图如图 6-100(c)所示。

例 6.42　按钮式 4 位选择输出开关。

用一个按钮控制 4 位选择输出开关 Y0～Y3,每按一次按钮,Y0～Y3 依次轮流接通。梯形图和时序图如图 6-101 所示。

(a) 梯形图　　　　　　　　　　(b) 时序图

图 6-101　按钮式 4 位选择输出开关

初始状态时,M0＝M1＝0 , Y0～Y3＝0。

当按钮第一次闭合 X0 时,M0 由 0 变 1,M0 接点闭合,M1 由 0 变 1,即 $M1M0=11_2=3$。

经 DECO 译码指令译码使 Y3＝1。

当按钮第二次闭合 X0 时，M0 由 1 变 0，M0 接点断开，M1＝1 不变，即 $M1M0＝10_2＝2$。经 DECO 译码指令译码使 Y2＝1。

当按钮第三次闭合 X0 时，M0 由 0 变 1，M0 接点闭合，M1 由 1 变 0，即 $M1M0＝01_2＝1$。经 DECO 译码指令译码使 Y1＝1。

当按钮第四次闭合 X0 时，M0 由 1 变 0，M0 接点断开，M1＝0 不变，即 $M1M0＝00_2＝1$。经 DECO 译码指令译码使 Y0＝1。

当按钮 X0 再次闭合时，重复上述过程。Y0～Y3 的输出结果时序图如图 6-101(b)所示。

6.8 外部设备 I/O

6.8.1 十字键输入指令 TKY

十字键输入指令 TKY 用于使用 10 个输入按钮输入数字 0～9，通过 0～9 的键盘(数字键)输入，对定时器和计数器等设定数据。TKY 指令只能使用一次。

如图 6-102 所示，当 X12＝1 时，使用 X0～X11 的 10 个输入按钮分别输入数字 0～9 及对应的继电器动作，如表 6-8 所示。如果依次按下 X2、X1、X3 和 X0 按钮，则输入十进制数 2130 到 D0 中(以二进制数形式保存)，如果再按下 X4 按钮，则第一位数 2 被溢出，变成 1304。

(a) 梯形图

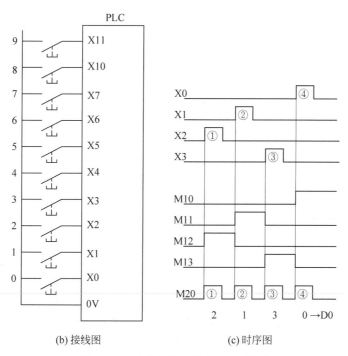

图 6-102 十字键输入指令 TKY 说明

使用DTKY指令可输入8位十进制数到D1、D0中。当X0~X11中的某个输入按钮被按下时,对应的M10~M19继电器动作,如表6-9所示,并保持到下一个按钮按下时复位。当有多个按钮按下时,先按下的按钮有效。

当某个按钮被按下时,继电器M20动作,按钮松开时复位。当X12＝0时,D0中的数据保持不变,但M10~M19全部复位。

表6-9   数字按钮的对应关系

数字按钮	X0	X1	X2	X3	X4	X5	X6	X7	X10	X11	
输入数字	0	1	2	3	4	5	6	7	8	9	
对应继电器	M10	M11	M12	M13	M14	M15	M16	M17	M18	M19	M20

6.8.2 十六键输入指令HKY

十六键输入指令HKY用于组成4×4输入矩阵,使用该指令时输入十进制数或十六进制数,通过0~F的键盘(十六键)输入,设定数值(0~9)及运行条件(A~F功能键)等的输入数据。当扩展功能为ON时,可以使用0~F键的十六进制数进行键盘的输入,如图6-103所示。

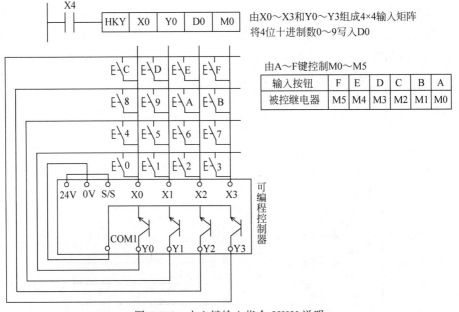

图6-103   十六键输入指令HKY说明

当X4＝1时,由X0~X3和Y0~Y3组成4×4输入矩阵,使用0~9输入按钮输入4位数字0~9到D0中,如果超过4位,则高位溢出。由A~F输入按钮控制M0~M5,当某个字母按钮按下时,对应的辅助继电器动作,并保持到下一个按钮按下时复位。如果有多个按钮按下时,先按下的有效。

当某个数字按钮被按下时,继电器M7动作,按钮松开时复位。当某个字母按钮被按下时,继电器M6动作,按钮松开时复位。当X4＝0时,D0中的数据保持,M0~M7全部复位。当M8167＝1时,将十六进制数0~F写入D0(以二进制数形式保存)。

每个数据的输入需要8个扫描周期,为了防止按钮输入的滤波延迟造成输入错误,可使用恒定扫描模式和定时器中断处理。

例 6.43　HKY 指令用于电动机的定时控制。

控制一台电动机,按下起动按钮,电动机运行一段时间后自动停止,要求电动机运行时间可以调整。

PLC 接线图如图 6-104(a)所示,X0～X3 和 Y0～Y3 组成 4×4 输入矩阵,0～9 号按钮用于定时器的设定值输入,按钮 A 用于电动机的起动控制,按钮 B 用于电动机的停止控制。Y4 控制接触器 KM,用于电动机的控制。

梯形图如图 6-104(b)所示,定时器的设定值由数字按钮 0～9 输入 D0 中,D0 作为定时器的设定值。

按下起动按钮 A,M0＝1,Y4 线圈得电自锁,电动机起动,T0 得电延时,当定时器 T0 达到设定值 D0 时,T0 常闭接点断开 Y4 线圈,电动机停止。

按下停止按钮 B,M1＝1,M1 常闭接点断开 Y4 线圈,电动机停止。

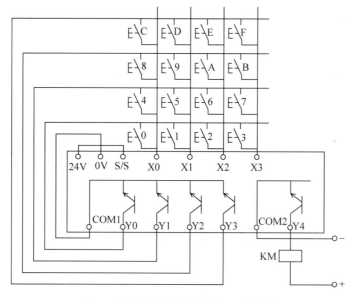

(a) HKY用于定时器的设定数值PLC接线图

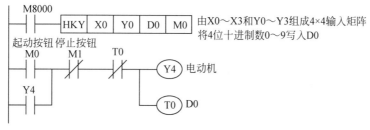

(b) HKY用于定时器的设定数值PLC梯形接线图

图 6-104　HKY 用于定时器的设定数值

6.8.3　数字开关指令 DSW

数字开关指令 DSW 用于组成一组 4 位或两组 4 位 BCD 码数字开关,可以用于设定值的输入等。

如图 6-105 所示,由 Y10～Y13 和 X10～X17 组成 4×8 输入矩阵。第一组 4 位 BCD 码

数字开关的 4 位 BCD 码数字传送到 D0 中,第二组 4 位 BCD 码数字开关的 4 位 BCD 码数字传送到 D1 中。

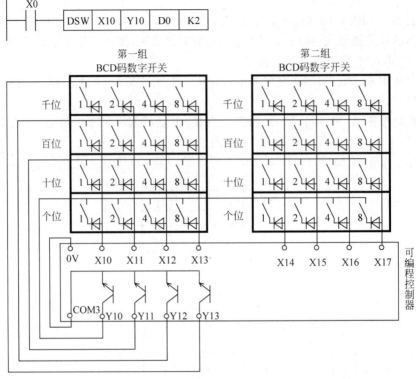

图 6-105　数字开关指令 DSW 说明

当 n=K1 时,只有一组 4 位 BCD 码数字开关。当 n=K2 时,有两组 4 位 BCD 码数字开关。当 X0=1 时,Y10~Y13 按图 6-106 所示的顺序将两组 4 位 BCD 数分别传送到 D0、D1 中。第一次循环完毕后,M8029 产生一个脉冲,并继续工作。

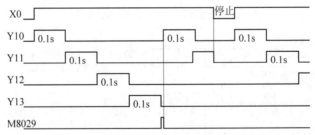

图 6-106　数字开关指令 DSW 输出执行顺序

为了连续输入数字开关的数据,应采用晶体管输出型 PLC,但采用继电器输出型 PLC 也是可以的。为了防止输出继电器连续工作,可采用图 6-107 所示的梯形图,X0 为按钮,这样输出继电器只动作一个循环。

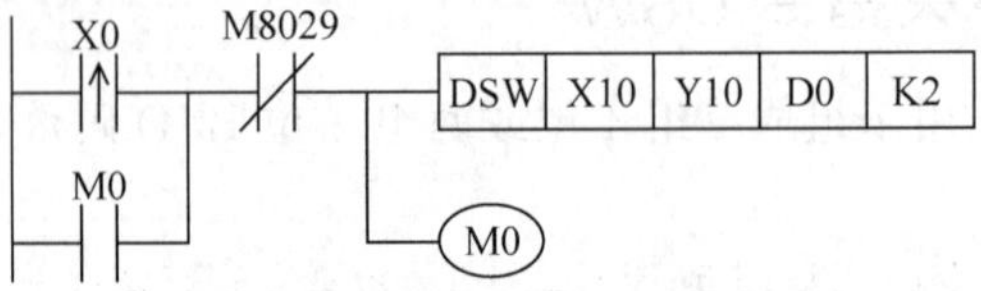

图 6-107　继电器输出型 PLC 的 DSW 指令应用

6.8.4　七段码译码指令 SEGD

七段码译码指令 SEGD 用于将 1 位十六进制数经译码控制一位七段数码管，如图 6-108 所示。

十六进制	二进制	七段码显示	g Y7	f Y6	e Y5	d Y4	c Y3	b Y2	a Y1	a Y0	显示字符
0	0000		0	0	1	1	1	1	1	1	0
1	0001		0	0	0	0	0	1	1	0	1
2	0010		0	1	0	1	1	0	1	1	2
3	0011		0	1	0	0	1	1	1	1	3
4	0100		0	1	1	0	0	1	1	0	4
5	0101		0	1	1	0	1	1	0	1	5
6	0110		0	1	1	1	1	1	0	1	6
7	0111		0	0	0	0	0	1	1	1	7
8	1000		0	1	1	1	1	1	1	1	8
9	1001		0	1	1	0	1	1	1	1	9
A	1010		0	1	1	1	0	1	1	1	A
B	1011		0	1	1	1	1	0	0	0	b
C	1100		0	0	1	1	1	0	0	1	C
D	1101		0	1	0	1	1	1	1	0	d
E	1110		0	1	1	1	1	0	0	1	E
F	1111		0	1	1	1	0	0	0	1	F

图 6-108　七段码译码指令 SEGD 的说明

当 X0＝1 时，将(S.)(此例为 D0)的低 4 位二进制数(1 位十六进制数)进行译码，结果存放到(D.)的低 8 位中，(D.)的高 8 位不变(此例为 Y7～Y0)，显示 0～F 十六进制字符。用 Y0～Y6 分别控制一位七段数码管的 a～g 笔画。

例 6.44　七段数码管显示定时器的当前值。

用两位七段数码管显示定时器的当前值，显示最大值为 99s。如图 6-109 所示，定时器 T0 的设定值为 99s，需用两位七段数码管，定时器 T0 的当前值为 BIN 数，需将其转换成 BCD 数，执行 BCD 指令，将 T0 的当前值转换成 BCD 数，存放在 K3M0 中，其中 K1M8 为十位数，K1M4 为个位数，K1M0 为小数位。只显示十位和个位，小数位不显示。

执行指令 SEGD K1M4 K2Y0，将 K1M4(个位数)译码，经 Y0～Y6 输出直接驱动个位数七段数码管。

执行指令 SEGD K1M8 K2Y10，将 K1M8(十位数)译码，经 Y10～Y16 输出直接驱动十位数七段数码管。

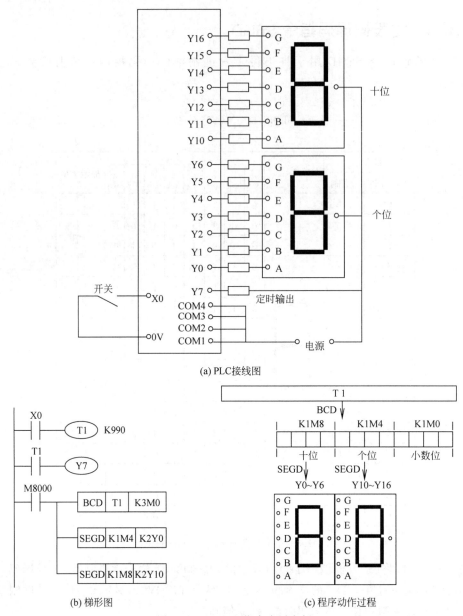

图 6-109　SEGD 指令应用实例

6.9　时钟数据运算

6.9.1　时钟数据比较指令 TCMP

时钟数据比较指令 TCMP 用于将源数据（S1.）时、（S2.）分、（S3.）秒设定的时间与（S.）起始的 3 点时间数据进行比较,比较结果由 3 个连续的继电器表示。

如图 6-110 所示,D0 中的数据为"时",D1 中的数据为"分",D2 中的数据为"秒"。当 X0=1 时,将 D0 与 10 时 30 分 50 秒比较,根据比较结果,使（D.）中指定的连续 3 点输出中某一点动作。

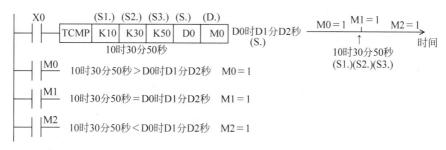

图 6-110 时钟数据比较指令 TCMP 的说明

"时""分""秒"设定值范围分别为 0~23、0~59 和 0~59。利用时钟数据读取指令 TRD (FCN166)也可以和可编程控制器内置的实时时钟数据进行比较。

例 6.45 定时闹钟。

用 PLC 控制一个电铃,要求除了星期六、星期日以外,每天早上 7 点 10 分电铃响 10 秒,按下复位按钮,电铃停止。如果不按下复位按钮,每隔 1 分钟再响 10 秒进行提醒,共响 3 次结束。

定时闹钟 PLC 接线图、梯形图和指令表如图 6-111 所示,执行功能指令 TRD D0,将 PLC 中 D8013~D8019(实时时钟)的时间传送到 D0~D6 中,如表 6-10 所示。

表 6-10　时钟读出

D8018	D8017	D8016	D8015	D8014	D8013	D8019
D0	D1	D2	D3	D4	D5	D6
年	月	日	时	分	秒	星期

执行 TCMP 指令进行时钟比较,如果当前时间 D3、D4、D5 中的时、分、秒等于 7 时 10 分 0 秒,则 M1=1,M1 常开接点闭合,M3 线圈得电自锁,但是当 D8019=0(星期日),或 D8019=6(星期六)时,M3 线圈不得电。

M3 常开接点闭合,定时器 T0、T1 得电开始计时,计数器 C0 计一次数,Y0 得电电铃响,响 10s 后 T1 常闭接点断开,Y0 失电,60s 后 T0 常闭接点断开,T0、T1、C0 失电,Y0 再次得电电铃响,第二个扫描周期 T0 常闭接点闭合,T0、T1 得电重新计时,C0 再计一次数,当 C0 计数值为 4 时,M3 失电,C0 复位,T0、T1、C0、Y0 均失电。按下复位按钮,电铃停止。

6.9.2　时钟数据区间比较指令 TZCP

时钟数据区间比较指令 TZCP 用于将源数据(S.)与(S1.)、(S2.)设定的"时""分""秒" 3 点时间数据进行比较,其中源数据(S1.)不得大于(S2.)的数值,比较结果由 3 个连续的继电器来表示。

如图 6-112 所示,当 X0=1 时,将(D0,D1,D2)的时间分别与(D20,D21,D22)和(D30, D31,D32)的时间进行比较,若(D20,D21,D22)>(D0,D1,D2),则 Y0=1;若(D20,D21, D22)≤(D0,D1,D2)≤(D30,D31,D32),则 Y1=1;若(D0,D1,D2)>(D30,D31,D32),则 Y2=1。当 X0=0 时,不执行 CMP 指令,但 Y0、Y1、Y2 保持不变。若要将比较结果复位, 可用 ZRST 指令将 Y0、Y1、Y2 置 0。

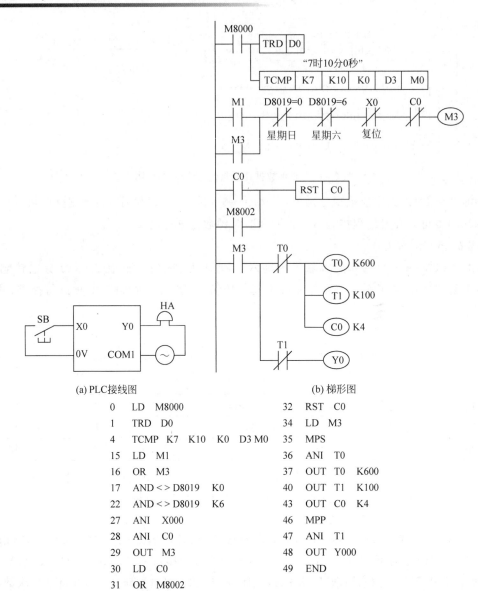

(a) PLC接线图   (b) 梯形图

0	LD	M8000	
1	TRD	D0	
4	TCMP	K7 K10 K0 D3 M0	
15	LD	M1	
16	OR	M3	
17	AND<>	D8019 K0	
22	AND<>	D8019 K6	
27	ANI	X000	
28	ANI	C0	
29	OUT	M3	
30	LD	C0	
31	OR	M8002	
32	RST	C0	
34	LD	M3	
35	MPS		
36	ANI	T0	
37	OUT	T0 K600	
40	OUT	T1 K100	
43	OUT	C0 K4	
46	MPP		
47	ANI	T1	
48	OUT	Y000	
49	END		

(c) 指令表

图 6-111   定时闹钟 PLC 接线图、梯形图和指令表

图 6-112   时钟数据区间比较指令 TZCP 说明

例 6.46 闹钟整点报时。

对 PLC 中的时钟进行整点报时,要求几点钟响几次(按 12 小时制,例如 13 点钟为下午 1 点钟,只响 1 次),每秒一次。为了不影响晚间休息,只在 6 时到 21 时报时。

整点报时的梯形图和指令表如图 6-113 所示,执行 TRD D0 指令,将 D8013~D8019 中的时间读到对应的数据寄存器 D0~D6 中,其中 D3 中存放时钟 D8015 的"时",D4 中存放 D8014 分钟的"分",D5 中存放 D8013 秒钟的"秒"(参见 TRD D0 指令说明)。

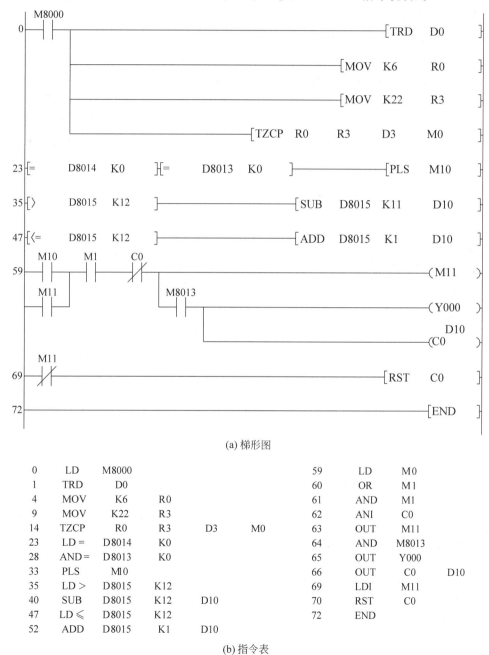

(a) 梯形图

0	LD	M8000			59	LD	M0	
1	TRD	D0			60	OR	M1	
4	MOV	K6	R0		61	AND	M1	
9	MOV	K22	R3		62	ANI	C0	
14	TZCP	R0	R3	D3 M0	63	OUT	M11	
23	LD =	D8014	K0		64	AND	M8013	
28	AND=	D8013	K0		65	OUT	Y000	
33	PLS	M10			66	OUT	C0	D10
35	LD >	D8015	K12		69	LDI	M11	
40	SUB	D8015	K12	D10	70	RST	C0	
47	LD ≤	D8015	K12		72	END		
52	ADD	D8015	K1	D10				

(b) 指令表

图 6-113 整点报时梯形图

设报时时间的下限值为 6 时 0 分 0 秒(MOV K6 R0),上限值为 22 时 0 分 0 秒(MOV K22 R3),执行时钟数据区间比较指令 TZCP,当 R0(6 时)、R1(0 分)、R2(0 秒)≤D3、D4、D5≤R3(22 时)、R4(0 分)、R5(0 秒)时,比较接点 M1=1(尽管在 22 时 0 分 0 秒时 M1=1,但是很快 M1 就为 0 了,Y0 会得一次电,如需在 22 时 Y0 不得电,可将上限值设为 21 时 1 分 0 秒即可)。

当分钟时钟寄存器 D8014=0(0 分钟),秒钟时钟寄存器 D8013=0(0 秒钟)时为整点时间,M10 发出一个脉冲。

M1 接点闭合,当 M10 发脉冲时,M11 线圈得电自锁,Y0 每秒接通一次,报时器每秒响一次。计数器 C0 对 M8013 的秒脉冲计数。当 C0 的当前值等于 D10 的钟点数时,报时器响的次数和钟点数正好相同,C0 接点动作,断开 M11、Y0、C0 线圈,M11 常闭接点闭合,将 C0 复位。

PLC 中的时钟为 24 小时制,即 D8015 中的值为 0~23,需将其改为 12 小时制。在上午,时钟小时数 D8015≤12 时,C0 的设定值 D10 =D8015+1。在下午,时钟小时数 D8015>12 时,C0 的设定值 D10 =D8015+1−12。

以上 D8015+1 考虑的是 n 点钟响 n 次,在 n+1 次时停止。也就是说计数值 C0 应比整点数多一次。

6.9.3　时钟数据加法指令 TADD

时钟数据加法指令 TADD 用于将存于(S1.)起始单元的 3 点时、分、秒时钟数据与(S2.)起始单元的 3 点时、分、秒时钟数据相加,结果存入目标数据(D.)起始的 3 个单元中,如图 6-114 所示。

图 6-114　时钟数据加法指令 TADD 说明

运算结果若为 0(0 时 0 分 0 秒)时,零标志 M8020=1。时钟数据加法运算结果大于 24 小时,将自动减去 24 小时后的结果进行保存,标志 M8022=1,如 18 时 30 分 10 秒+10 时 20 分 5 秒=4 时 50 分 15 秒。

6.9.4　时钟数据减法指令 TSUB

时钟数据减法指令 TSUB 用于将存于(S1.)起始单元的 3 点时、分、秒时钟数据与(S2.)起始单元的 3 点时、分、秒时钟数据相减,结果存入目标数据(D.)起始的 3 个单元中,如图 6-115 所示。

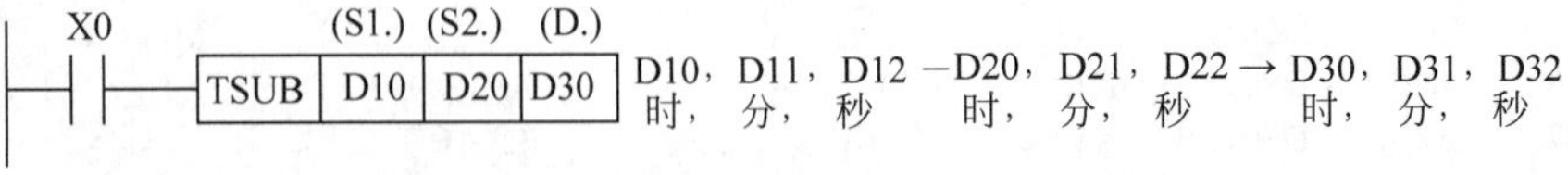

图 6-115　时钟数据减法指令 TSUB 说明

运算结果若为 0(0 时 0 分 0 秒)时,零标志 M8020=1。时钟数据加法运算结果小于 0 时,将自动加上 24 小时后的结果进行保存,标志 M8021=1,如 5 时 20 分 10 秒−18 时 10 分 5 秒=

11 时 10 分 5 秒。

6.9.5 时、分、秒数据的秒转换指令 HTOS

时、分、秒数据的秒转换指令 HTOS 用于将[S.，S.＋1，S.＋2]的时间（时刻）数据（时、分、秒）换算成秒后，将结果保存到 D. 中。

如图 6-116(a)所示，当 X0＝1 时，执行 TRD D10 指令，是从可编程控制器内置的实时时钟中读出时间数据存放在 D10～D16 中，如图 6-116(b)所示。

执行 DHTOS 指令是将 D13～D15 中的 20 时 21 分 23 秒转换为 73283 秒存放在 D101、D102 中，如图 6-116(c)所示(20 时 21 分 23 秒＝73283 秒)。

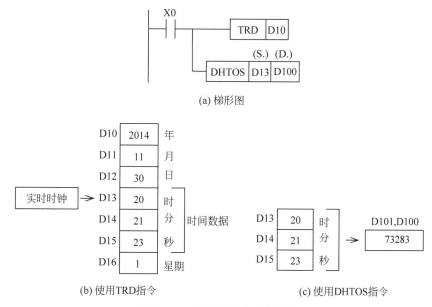

(a) 梯形图

(b) 使用TRD指令 (c) 使用DHTOS指令

图 6-116　HTOS 指令使用说明

例 6.47　用"时、分、秒"设定定时器的动作时间。

有时用秒来设定定时器很不直观，例如设定定时器的动作时间为 5 小时 48 分 46 秒，要把它化成秒也比较麻烦，用"时、分、秒"直接设定定时器的动作时间就比较直观了。

PLC 接线图如图 6-117(a)所示。用 2 位 8421BCD 码数字开关来设定定时器的动作时间，K1X0 为时间的个位数(0～9)，K1X4 为时间的十位数(0～6)。

PLC 梯形图如图 6-117(b)所示，采用 16 位定时器最多可以延时 0.91 小时，为增加延时时间，可以采用 16 位计数器对秒脉冲 M8013 计数可以延时 9.1 小时。规定最多延时时间为 9 小时，同时要求秒钟和分钟的设置范围为 0～60。D0 设置小时数(0～9)，D1 设置分钟数(0～60)，D2 设置秒钟数(0～60)。

由于设置小时数为 0～9，当大于 9 时，由比较接点将其断开，实际上个位数 BCD 数字开关输入的数字不可能大于 9，所以这个比较接点也可以不要。

由于设置分钟和秒钟数为 0～60，当十位数 BCD 数字开关输入的数字大于 6，由比较接点将其断开，使之不能设置分钟和秒钟数。

执行 HTOS D0 D10 指令，将 D0(小时)、D1(分钟)、D2(秒钟)所表示的时间转换成秒，存放在 D10 中, D10 作为计数器的设定值。

按下计时按钮 SB4, X13＝1, M0＝1, 接通计数器 C0, C0 对秒脉冲 M8013 计数, 当计数值等于设定值 D10 时, C0 接点闭合接通输出继电器 Y0, 按下复位按钮 X14, 将 M0 和 C0 复位。

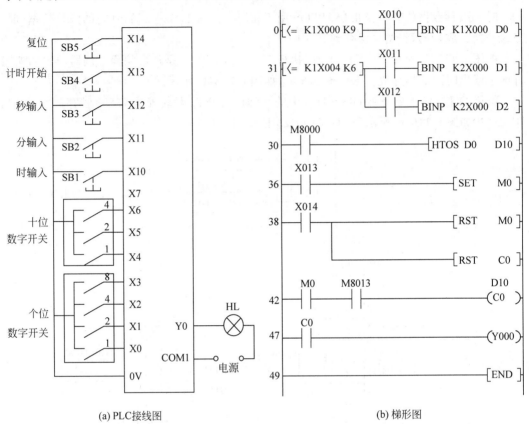

(a) PLC接线图　　　　　　　　　　(b) 梯形图

图 6-117　用"时、分、秒"设定定时器的动作时间

6.9.6　秒数据的[时、分、秒]转换指令 STOH

STOH 指令是将 S.中的秒数据换算成时、分、秒, 其结果保存到[D, D＋1, D＋2](时、分、秒)中。

如图 6-118 所示, 当 X0＝1 时, 将 D0、D1 中保存的 73283 秒数据换算成 20 时 21 分 23 秒后, 其结果保存到[D100、D101、D102]中。

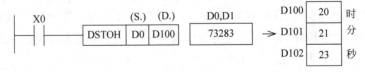

图 6-118　STOH 指令使用说明

例 6.48　将 32767 秒用"时、分、秒"表示。

一个 16 位数据寄存器表达的最大数为 32767, 执行下列程序将 32767 秒用"时、分、秒"表示, 指令如下:

LD　M8000

MOV　K32767　R0

STOH　R0　R10

执行指令 MOV　K32767　R0 是将 32767 存放到 R0 中。

执行指令 STOH　R0　R10,将 R0 中的 32767 转化成"时、分、秒"依次存放在 R10、R11、R12 中,R10=9 小时、R11=6 分钟、R12=7 秒钟,及 32767 秒等于 9 小时 6 分 7 秒。

一个定时器最多可以延时多长时间?

定时器的最大设定值为 32767,如采用 100ms 的定时器,最多可以延时多长时间为 3276.7 秒,执行下列程序:

LD　M8000

MOV　K3276　R0

STOH　R0　R10

可得 R10=0 小时、R11=54 分钟、R12=36 秒钟,及 3276 秒等于 54 分 36 秒。一个定时器最多可以延时 54 分 36.7 秒。

6.9.7　时钟数据读出指令 TRD

时钟数据读出指令 TRD 用于将 PLC 中的实时时钟数据读到 7 点数据寄存器中。

在 PLC 中,有 7 点实时时钟用的特殊数据寄存器 D8013～D8019,用于存放年、月、日、时、分、秒和星期。

如图 6-119 所示,当 X1=1 时,执行 TRD 指令,将 D8013～D8019 中的时间读到对应的数据寄存器 D0～D6 中。

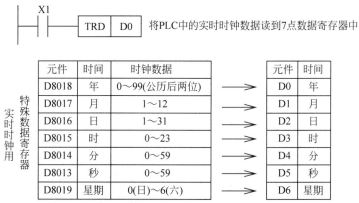

图 6-119　时钟数据读出指令 TRD 说明

例 6.49　花园定时浇水。

某花园要求每天早上 8 时到 8 时 15 分对花卉进行一次浇水,用 PLC 控制浇水泵的起动和停止。

花卉浇水控制梯形图如图 6-120 所示。首先将开始浇水时间 8 时 0 分 0 秒写到 D20、D21、D22 中,将停止浇水时间 8 时 15 分 0 秒写到 D30、D31、D32 中。

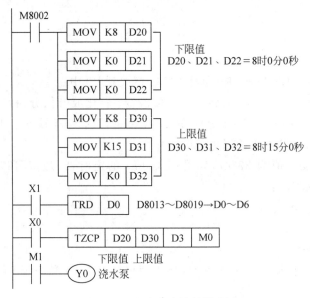

图 6-120　花卉浇水控制梯形图

当 X1＝1 时，执行 TRD 指令，将 D8013～D8019 中的时间读到对应的数据寄存器 D0～D6 中，其中 D3、D4、D5 为实时时钟的×时×分×秒。

执行 TZCP 指令，当 D3、D4、D5 为实时时钟的×时×分×秒在 D20、D21、D22（8 时 0 分 0 秒）和 D30、D31、D32（8 时 15 分 0 秒）之间时，比较结果 M1＝1，Y0 得电，浇水泵起动进行浇水。

6.9.8　时钟数据写入指令 TWR

时钟数据写入指令 TWR 用于修正或设置 PLC 内部的实时时钟数据，如图 6-121 所示。

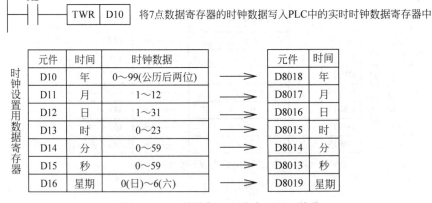

图 6-121　时钟数据写入指令 TWR 说明

首先在 D10～D16 中依次设置年、月、日、时、分、秒的时钟数据，当 X2＝1 时，执行 TWR 指令，将 D10～D16 中设置的时钟数据传送到如图 6-121 所示的 D8013～D8019 中。

D8018（年）可以改为 4 位模式（见 FNC167 TWR）。

例 6.50　对 PLC 中的实时时钟进行设置。

如设置时间为 2019 年 5 月 19 日 9 时 58 分 30 秒，星期日，如图 6-122 所示。首先将设置时间用 MOV 指令传送到 D10～D16 中,设置时间应有一定的提前量,当到达设置时间时及时闭合按钮 X0,同时将设置时间传送到 D8013～D8019 中。由于秒不太容易设置准确,可以用 M8017 进行秒的校正。当闭合 X1 时,在其上升沿校正秒,如秒数小于 30s,将秒数改为 0,否则将秒数改为 0,再加 1 分钟。

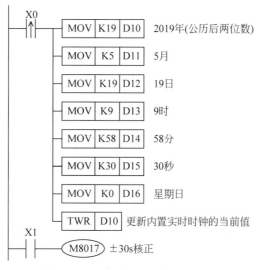

图 6-122 PLC 实时时钟设置梯形图

如果公历年份用 4 位数字表达,可以追加,如图 6-123 所示。公历年份用 4 位数字表达方式时,设定值 80～99 对应于 1980 年—1999 年,00～79 对应 2000—2079 年。

6.9.9 计时表指令 HOUR

HOUR 指令是以小时为单位,对输入触点持续接通时间进行累加检测的指令。如图 6-124 所示。当 X0 接点闭合的时间超出 100 个小时,Y5＝1。在 D200 中存放的是以小时为单位的当前值。在 D201 中以秒为单位,保存不满 1 个小时的当前值。

图 6-123 年份用 4 位数字表达方式   图 6-124 HOUR 指令说明

例 6.51 显示时、分、秒。

模拟 1 个时钟显示时、分、秒,如图 6-125 所示,当 X0＝1 时,执行 HOUR 指令,D0 中存放小时数,D1 中存放不满 1 个小时的秒数。将 D1 除以 60,D2 中的数为分钟数,D3 中存放不满 1 分钟的秒数。

将 D0 中的 BIN 数转成 BCD 数,传送到 K2Y0 中,用两个数码管显示小时数。将 D2 中的 BIN 数转成 BCD 数,传送到 K2Y10 中,用两个数码管显示分钟数。将 D3 中的 BIN 数转成 BCD 数,传送到 K2Y20 中,用两个数码管显示分钟数。

当 D0＝12(12 时)时,M0＝1,M0 上升沿接点将 D0～D3 全部复位一个扫描周期,又重新开始计时。当 X0＝0 时,D0～D3 全部复位,时分秒全部显示为 0。

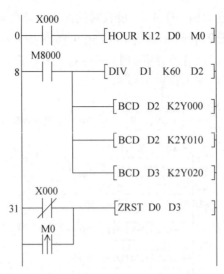

图 6-125　模拟时钟显示时分秒梯形图

6.10　比较型接点

6.10.1　比较型接点指令

比较型接点指令有 3 种形式：起始比较接点、串联比较接点和并联比较接点，每种又有 6 种比较方式：＝（等于）、＞（大于）、＜（小于）、＜＞（不等于）、≤（小于或等于）、≥（大于或等于）。比较型接点是根据两个数据的比较结果而动作的，比较的数据也有 16 位和 32 位两种。比较型接点指令如表 6-11 所示。

表 6-11　比较型接点指令

功能号	指 令 格 式			程序步	接点动作条件	
FNC224	LD(D)＝	(S1.)	(S2.)	5/9 步	(S1.)＝(S2.)	
FNC225	LD(D)＞	(S1.)	(S2.)	5/9 步	(S1.)＞(S2.)	
FNC226	LD(D)＜	(S1.)	(S2.)	5/9 步	(S1.)＜(S2.)	起始比较接点
FNC228	LD(D)＜＞	(S1.)	(S2.)	5/9 步	(S1.)＜＞(S2.)	
FNC229	LD(D)≤	(S1.)	(S2.)	5/9 步	(S1.)≤(S2.)	
FNC230	LD(D)≥	(S1.)	(S2.)	5/9 步	(S1.)≥(S2.)	
FCN232	AND(D)＝	(S1.)	(S2.)	5/9 步	(S1.)＝(S2.)	
FNC233	AND(D)＞	(S1.)	(S2.)	5/9 步	(S1.)＞(S2.)	
FNC234	AND(D)＜	(S1.)	(S2.)	5/9 步	(S1.)＜(S2.)	串联比较接点
FNC236	AND(D)＜＞	(S1.)	(S2.)	5/9 步	(S1.)＜＞(S2.)	
FNC237	AND(D)≤	(S1.)	(S2.)	5/9 步	(S1.)≤(S2.)	
FNC238	AND(D)≥	(S1.)	(S2.)	5/9 步	(S1.)≥(S2.)	
FNC240	OR(D)＝	(S1.)	(S2.)	5/9 步	(S1.)＝(S2.)	
FNC241	OR(D)＞	(S1.)	(S2.)	5/9 步	(S1.)＞(S2.)	
FNC242	OR(D)＜	(S1.)	(S2.)	5/9 步	(S1.)＜(S2.)	并联比较接点
FNC244	OR(D)＜＞	(S1.)	(S2.)	5/9 步	(S1.)＜＞(S2.)	
FNC245	OR(D)≤	(S1.)	(S2.)	5/9 步	(S1.)≤(S2.)	
FNC246	OR(D)≥	(S1.)	(S2.)	5/9 步	(S1.)≥(S2.)	

比较型接点指令 LD(D)＝～OR(D)≥(FNC224～FNC246 共 18 条)用于将两个源数据(S1.)、(S2.)的数据进行比较,根据比较结果决定接点的通断,如图 6-126 所示。

图 6-126 比较型接点指令 LD(D)＝～OR(D)≥说明

起始比较接点指令和基本指令中的起始接点指令类似,用于和左母线连接或用于接点组中的第一个接点。在图 6-126 中,当 C10 的当前值等于 200 时该接点闭合。

串联比较接点指令和基本指令中的串联接点指令类似,用于和前面的接点组或单接点串联。在图 6-126 中,当 D0 的数值不等于－10 时该接点闭合。

并联比较接点指令和基本指令中的并联接点指令类似,用于和前面的接点组或单接点并联。在图 6-126 中,当 D100 的数值大于或等于 100000 时该接点闭合。

6.10.2 比较型接点的改进

在以前所提及的接点都是继电器的接点,均属于位元件,而比较接点相当于字元件,比较的两个元件(S1.)、(S.)都必须是字元件。

在 FX₃ᵤ 型 PLC 中的比较型接点指令相当于常开接点,在编程过程中显得不太直观,如果将其画成接点的形式则比较符合读图习惯。

如图 6-127 所示,将接点动作条件(S1.)＜＞(S2.)、(S1.)≤(S2.)、(S1.)≥(S2.)分别改为(S1.)＝(S2.)、(S1.)＞(S2.)、(S1.)＜(S2.),这些接点动作条件的指令就可以用常闭接点表达。将图形符号改为常开接点和常闭接点,表示原来的 6 种接点动作条件就变为3 种。

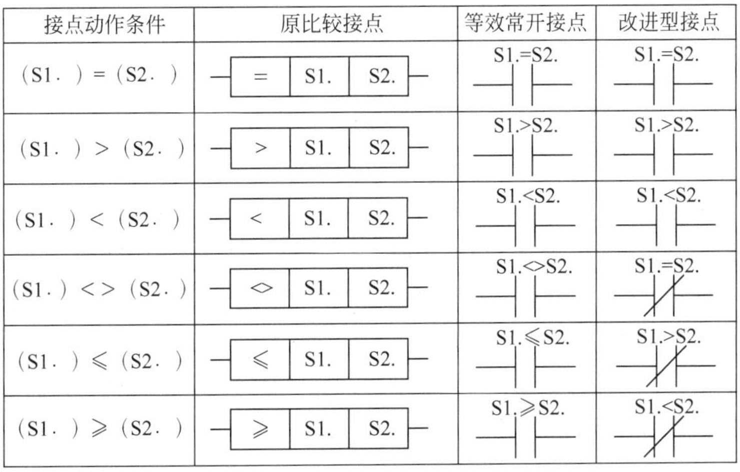

接点动作条件	原比较接点			等效常开接点	改进型接点
(S1.)＝(S2.)	＝	S1.	S2.	S1.=S2.	S1.=S2.
(S1.)＞(S2.)	＞	S1.	S2.	S1.>S2.	S1.>S2.
(S1.)＜(S2.)	＜	S1.	S2.	S1.<S2.	S1.<S2.
(S1.)＜＞(S2.)	＜＞	S1.	S2.	S1.<>S2.	S1.=S2.
(S1.)≤(S2.)	≤	S1.	S2.	S1.≤S2.	S1.>S2.
(S1.)≥(S2.)	≥	S1.	S2.	S1.≥S2.	S1.<S2.

图 6-127 改进型接点

各种比较型接点指令对应的改进型接点如表 6-12 所示。

表 6-12　比较型接点指令对应的改进型接点

起始比较接点指令		串联比较接点指令		并联比较接点指令		接点动作条件	改进型接点
FNC224	LD(D)＝	FNC232	AND(D)＝	FNC240	OR(D)＝	(S1.)＝(S2.)	(S1.)(D)＝(S2.) ┤├
FNC225	LD(D)＞	FNC233	AND(D)＞	FNC241	OR(D)＞	(S1.)＞(S2.)	(S1.)(D)＞(S2.) ┤├
FNC226	LD(D)＜	FNC234	AND(D)＜	FNC242	OR(D)＜	(S1.)＜(S2.)	(S1.)(D)＜(S2.) ┤├
FNC228	LD(D)＜＞	FNC236	AND(D)＜＞	FNC244	OR(D)＜＞	(S1.)＝(S2.)	(S1.)(D)＝(S2.) ┤/├
FNC229	LD(D)≤	FNC237	AND(D)≤	FNC245	OR(D)≤	(S1.)＞(S2.)	(S1.)(D)＞(S2.) ┤/├
FNC230	LD(D)≥	FNC238	AND(D)≥	FNC246	OR(D)≥	(S1.)＜(S2.)	(S1.)(D)＜(S2.) ┤/├

这样，如图 6-126 所示的梯形图就可以用图 6-128 表示。例如，图中 32 位指令用 D＝、D＞、D＜表示；图中的并联常闭接点为 32 位比较接点，表示当 D101、D100 中的 32 位数据小于 100000 时常闭接点动作断开。

建议在梯形图设计和绘制时采用如图 6-128 所示的梯形图。

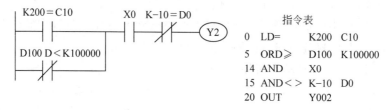

图 6-128　改进的比较接点梯形图

例 6.52　植物园灌溉控制。

某植物园对 A、B 两种植物进行灌溉，控制要求 A 类植物需要定时灌溉，在 6:00～6:30,23:00～23:30 灌溉；B 类植物需要每隔一天的 23:10 灌溉一次，每次 10min。

控制梯形图如图 6-129 所示(采用比较接点)。

例 6.53　商店自动门控制。

某商店自动门控制如图 6-130 所示，它主要由微波人体检测开关 SQ1(进门检测 X0)、SQ2(出门检测 X1)和门限位开关 SQ3(开门限位 X2)、SQ4(关门限位 X3)、门控电机 M 和接触器 KM1(开门 Y0)、KM2(关门 Y1)组成。当人接近大门时，微波检测开关 SQ1、SQ2 检测到人就开门，当人离开时，检测不到人，2s 后自动关门。

在商店开门期间(8 时到 18 时)，检测开关 SQ1，SQ2 只要检测到人就开门；18 时到 19 时，顾客只能出不能进，只有出门检测开关 SQ2 检测到人才开门，而进门检测开关 SQ1 不起作用。

商店自动门控制接线图与梯形图如图 6-131 所示(采用改进的比较接点)。

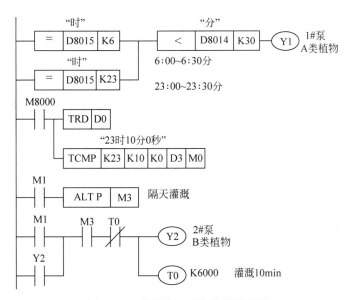

图 6-129　植物灌溉系统控制梯形图

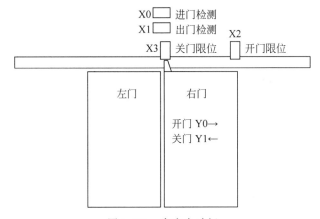

图 6-130　商店自动门

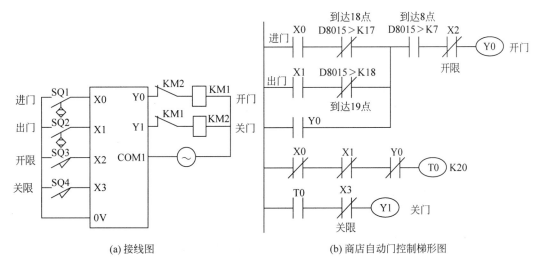

(a) 接线图　　　　　　　(b) 商店自动门控制梯形图

图 6-131　商店自动门控制接线图与梯形图

习题

1. 分析题图 1 梯形图的控制原理。

2. 当 PLC 运行时,梯形图题图 2 工作,试画出题图 2 中 M0 和 M1 的时序图。

3. 用 K4Y0 表示 BCD 码 6812。

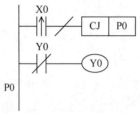

题图 1　梯形图的控制原理

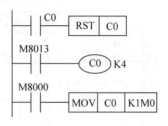

题图 2　梯形图

4. 根据控制要求画梯形图,并写出程序。

(1) 当 X0＝1 时,将数 123456 存放到数据寄存器中。

(2) 当 X1＝1 时,将 K2X10 表示的 BCD 数存放到数据寄存器 D2 中。

(3) 当 X2＝1 时,将 K0 传送到数据寄存器 D10～D20 中。

5. 分析题图 3 所示的梯形图,如何使 Y0＝1?

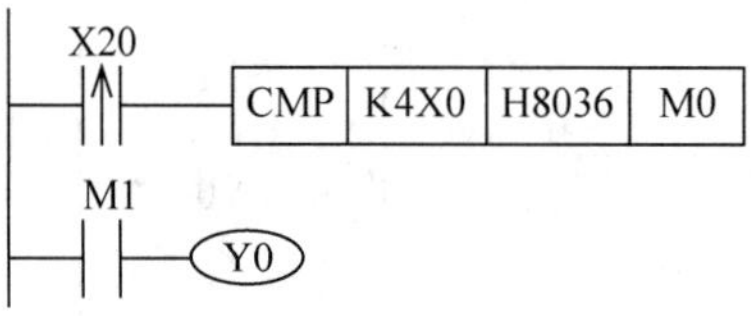

题图 3　梯形图

6. 分析题图 4 所示梯形图的控制原理,根据时序图画出 M1、M2、M3、M4、Y0 和 Y1 的时序图。

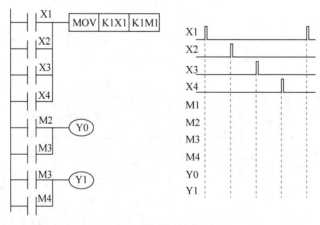

题图 4　梯形图控制原理

7. 设计一个定时器,其设定值由 4 位 BCD 码数字开关设定,设定值范围为 0.01～99.99s,当 X20 动作时,定时器得电,当达到设定值时,Y0 得电。

8. 设计一个计数器,对 X0 的接通次数计数,其计数设定值由两位 BCD 码数字开关设定,当达到设定值时,Y0 得电,当 X2 动作时,计数器复位,Y0 失电。

9. 分析指令 INCP D2 和 INC D2 的具体区别。

10. 分析题图 5 所示的梯形图,当 X0＝1 时,其输出结果是什么?

题图 5　梯形图

11. 分析题图 6 所示的两个梯形图,当 X0 变化时,Y0 会产生什么样的结果? 画出对应的 Y0 变化的时序图。

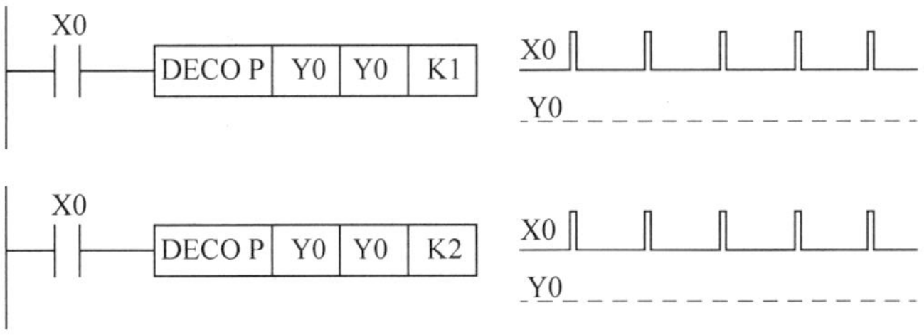

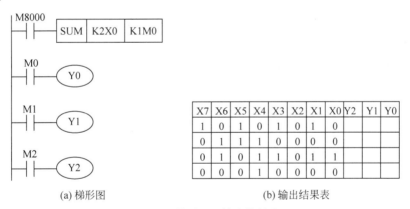

题图 6　两个梯形图

12. 分析题图 7 所示的梯形图,当输入条件如题图 7(b)所示时,Y0、Y1 和 Y2 的结果分别是什么?

X7	X6	X5	X4	X3	X2	X1	X0	Y2	Y1	Y0
1	0	1	0	1	0	1	0			
0	1	1	1	0	0	0	0			
0	1	0	1	1	0	1	1			
0	0	0	1	0	0	0	0			

(a) 梯形图　　　　　　　　　　(b) 输出结果表

题图 7　梯形图和输出结果表

13. 题图 8 所示的梯形图用于电动机的控制与报警,试分析其控制原理。

题图 8　梯形图

14. 8 个人进行表决,当超过半数人同意时(同意者闭合开关)绿灯亮,当半数人同意时黄灯亮,当少于半数人同意时红灯亮。试设计 PLC 梯形图和接线图。

15. 用 3 个开关控制一盏灯,其 PLC 接线图和梯形图如题图 9 所示,试分析在什么情况下灯亮。

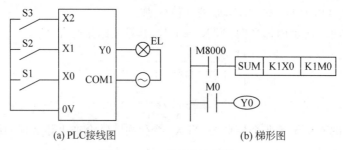

(a) PLC接线图　　　　　　　(b) 梯形图

题图 9　PLC 接线图和梯形图

16. 用按钮控制一台电动机,电动机起动后运行一段时间自动停止,运行时间用一位 BCD 码数字开关设置一个定时器的设定值,要求设定值为 1～9min 可调。

17. 用特殊定时器编程,点动控制一台电动机。要求按下按钮时,电动机起动运行,松开按钮时,电动机停止,能耗制动 5s 结束。试画出电动机主电路图、PLC 接线图和控制梯形图。

18. 控制一个电铃,除星期日之外,每天早上 8 时响 20s,晚上 18 时响 20s。

19. 用加 1 和减 1 指令设置定时器 T0 的间接设定值,T0 的初始值为 12.5s,但最大值不得超过 20s,最小值不得低于 5s。

20. 控制一台电动机,按下起动按钮电动机运行一段时间自行停止,按下停止按钮电动机立即停止。运行时间用两个按钮来调整,时间调整间距为 10s,初始设定时间为 1000s,最小设定时间为 100s,最大设定时间为 3000s。

21. 用 PLC 控制一个电铃,要求除了星期六和星期日以外,每天早上 7 点 10 分电铃响 10s,按下复位按钮,电铃停止。如果不按下复位按钮,每隔 1min 再响 10s 进行提醒,响 3 次后结束。

22. 要求 PLC 中的时钟进行整点报时,是几点钟就响几次,每秒 1 次。为了不影响晚间休息,只在早晨 6 时到晚上 21 时报时。

PLC 设计基础

第 3 部分介绍了 PLC 编程的开发基础,在这里,根据作者长期的设计经验,开发了一种新的 PLC 梯形图设计方法——布尔代数设计法,为 PLC 控制的时序电路设计提供了一种简单实用的途径。

PLC 主要用于工业电气设备的控制,因此在设计之前要熟悉电气设备的控制要求,PLC 的控制不仅是程序的设计,还要有全方位的考虑,例如控制系统是否简单、经济、实用、维修方便,设备是否安全可靠,操作是否简单、方便,并考虑有无防止误操作的安全措施等。

在一次事故调查中曾发现,为了方便操作设备,用一根长绳子拉动 PLC 的控制按钮,梯形图采用单按钮起动停止方式。在设备检修时,由于重物坠落砸断绳子,使设备起动而不能及时停止,以致造成人身伤亡。惨痛的教训是我们设计的警钟。

本书介绍 GX Developer 编程软件,用于 FX_{3U} 型 PLC 还是不错的。随着时间的推移,三菱公司不断会有新版本的编程软件出现,大家也可以借鉴。编程软件的使用是 PLC 应用不可或缺的一部分,需经常实践应用。有读者喜欢用仿真软件验证梯形图,这在大多数情况下是可行的,但有时也不行,原因是多方面的,例如有些指令不能仿真,即使能仿真,有时也会产生误差。但还必须和输出电路、主电路连起来才能确认其正确性。

第 7 章

布尔代数在 PLC 中的应用

直到目前为止，尚未见到布尔代数在 PLC 中的系统应用，由于作者在这方面的应用有限，在此将自己把布尔代数应用在 PLC 中的经验介绍给大家，以期抛砖引玉。

布尔代数也称为逻辑代数，源于哲学领域中的逻辑学。1847 年，英国数学家乔治•布尔(George Boole)成功地将形式逻辑归结为一种代数演算，创立了有名的布尔代数。1938 年，香农(Shannon)将布尔代数电话继电器的开关电路的设计，提出了"开关代数"。

本书从 PLC 的角度出发，将布尔代数引入 PLC 中，供读者参考应用。

在 PLC 梯形图中最重要的就是各种接点的串并联电路。前面讲过，接点接通用 1 表示，接点断开用 0 表示。接点的串、并联可以用逻辑表达式表示，用布尔代数就可以对逻辑表达式进行逻辑运算，根据控制要求得出 PLC 控制梯形图。

7.1 PLC 控制电路的基本组成

PLC 控制电路根据逻辑关系可以分成 3 个组成部分。

1. 输入元件

PLC 的输入元件为输入继电器 X。输入继电器 X 用于连接外部的输入信号，是控制电路的输入逻辑变量，用于对 PLC 电路的控制。输入继电器 X 在梯形图中是无记忆元件，不允许有线圈。

连接于 PLC 输入端的输入元件有如下两种。

(1) 主令元件：是人向控制电路发布控制指令的元件，如按钮、开关、数字开关等。

(2) 检测元件：是电路和电气控制设备本身向控制电路发布控制指令的元件，用于对电路和电气控制设备的某些物理量(如行程距离、温度、转速、压力和电流等)的检测。常用的检测元件有行程开关、接近开关、热继电器、电流继电器和速度继电器等。

2. 中间逻辑元件

除了 PLC 的输入继电器 X 和输出继电器 Y 之外的软元件都是中间逻辑元件，如 M、T、C、D、Z、V。中间逻辑元件是梯形图中的中间逻辑变量，用于对梯形图中变量的逻辑变换和记忆等。

3. 输出执行元件

PLC 的输出执行元件为输出继电器 Y。输出元件用于对电路控制结果的执行，是控制电路的输出逻辑变量，也具有变量的逻辑变换和记忆功能。

连接于 PLC 输出电路的电气元件可分为有记忆功能和无记忆功能两种。常用的有记忆功能的输出执行元件有接触器、继电器等。无记忆功能的输出执行元件有信号灯、报警器、电磁铁、电磁阀和电动机等。

所谓有记忆功能元件,通常是指有线圈也有接点的元件,例如辅助继电器 M,在梯形图中可以有接点,也可以有线圈。

无记忆功能元件是指只有接点而没有线圈的元件,输入继电器 X 是无记忆功能元件,在梯形图中只有接点,没有线圈。

7.2　PLC 位元件的状态和值

位元件(也称布尔元件)是指只有“0”和“1”两种状态或值的元件。PLC 中的位元件有输入继电器 X、输出继电器 Y、辅助继电器 M、状态继电器 S、定时器 T、计数器 C 和数据寄存器 D□. b。

PLC 中的位元件有两种状态:一种是原始状态,另一种是动作状态。通常规定位元件未受激励时的原始状态为 0 状态,受激励时而动作的状态为 1 状态。接点在断开时的值为 0,闭合时的值为 1。

在未受外力的原始状态下,处于断开状态的开关(接点)称为常开开关(接点),处于接通状态的开关(接点)称为常闭开关(接点)。显然,常开开关(接点)在原始状态下的值为 0,常闭开关(接点)在原始状态下的值为 1。

通常规定位元件在失电状态下为 0 状态,对于有记忆元件,常开接点的值为 0,常闭接点的值为 1;位元件在得电状态下为 1 状态,对于有记忆元件,常开接点的值为 1,常闭接点的值为 0。位元件的状态和值如表 7-1 所示。

表 7-1　位元件的状态和值

位元件	原始状态	动作状态	常 开 接 点		常 闭 接 点	
			原始状态的值	动作状态的值	原始状态的值	动作状态的值
输入元件	0	1	0	1	1	0
有记忆元件	0	1	0	1	1	0
无记忆元件	0	1	(无接点)			

常开接点的值和元件本身的状态一致,称为原变量。常闭接点的值和元件本身的状态相反,称为反变量。

7.3　PLC 中的接点种类

PLC 中的接点是位元件,元件的状态和值可以用一位二进制数(0 或 1)表示。例如 X1=0,Y1=1 等。

PLC 中接点的种类有 6 种(以 X0 为例):常开接点 X0、常闭接点 $\overline{X0}$、上升沿常开接点 X0↑、下降沿常开接点 X0↓、上升沿常闭接点 $\overline{X0↑}$、下降沿常闭接点 $\overline{X0↓}$。

PLC 中接点的种类及图形符号如表 7-2 所示。

表7-2 PLC中接点的种类及图形符号

接点名称	常开接点	常闭接点	上升沿常开接点	下降沿常开接点	上升沿常闭接点	下降沿常闭接点
接点符号	X0	$\overline{X0}$	X0↑	X0↓	$\overline{X0}$↑	$\overline{X0}$↓
图形符号	X0 ┤├	X0 ┤/├	X0 ┤↑├	X0 ┤↓├	X0 ┤/↑├	X0 ┤/↓├

7.4 布尔代数的基本逻辑运算

1. 与运算

与运算也称逻辑乘或者逻辑与,在PLC中就是接点的串联,如图7-1所示。

图7-1的逻辑表达式为:

$$Y0 = X0 \cdot X1 \text{ 或 } Y0 = X0 \times X1 \text{ 或 } Y0 = X0\,X1$$

式中"·""×"称为逻辑与,或者称为逻辑乘。

2. 或运算

或运算也称逻辑加,在PLC中就是接点的并联,如图7-2所示。

图7-1 接点的串联　　图7-2 接点的并联

图7-2的逻辑表达式为:

$$Y0 = X0 + X1$$

式中"+"称为逻辑加。

3. 非运算

非运算也称逻辑反,在PLC中就是接点的取反,如图7-3所示。

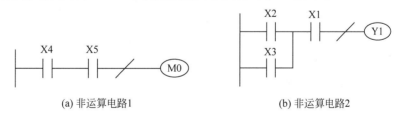

(a) 非运算电路I　　(b) 非运算电路2

图7-3 接点的取反

图7-3(a)的逻辑表达式为:

$$M0 = \overline{X4 \times X5}$$

图7-3(b)的逻辑表达式为:

$$Y1 = \overline{(X2 + X3)X1}$$

式中"——"称为逻辑取反,或者称为逻辑取非。

4. 异或运算和同或（异或非）运算

异或运算电路如图 7-4 所示。

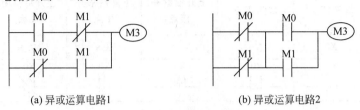

(a) 异或运算电路1　　　　　　(b) 异或运算电路2

图 7-4　接点的异或连接

图 7-4(a)的逻辑表达式为：

$$M3=M0\overline{M1}+\overline{M0}M1=M0\oplus M1$$

图 7-4(b)的逻辑表达式为：

$$M3=(\overline{M0}+\overline{M1})(M0+M1)=M0\oplus M1$$

式中"$\oplus$"称为逻辑异或运算。

在异或电路中，两个变量 M0 和 M1 不相同时，即一个为 0；另一个为 1 时，结果为 1，即

$M0\oplus M1=0\oplus 0=0$(M0 和 M1 都为 0)

$M0\oplus M1=1\oplus 1=0$(M0 和 M1 都为 1)

$M0\oplus M1=0\oplus 1=1$(M0 为 0，M1 为 1)

$M0\oplus M1=1\oplus 0=1$(M0 为 1，M1 为 0)

同或运算电路如图 7-5 所示。

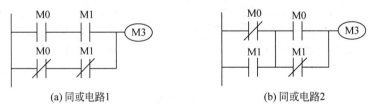

(a) 同或电路1　　　　　　(b) 同或电路2

图 7-5　接点的同或连接

图 7-5(a)的逻辑表达式为：

$$M3=M0M1+\overline{M0M1}=M0\odot M1$$

图 7-5(b)的逻辑表达式为：

$$M3=(\overline{M0}+M1)(M0+\overline{M1})=M0\odot M1$$

式中"$\odot$"称为逻辑同或运算，或者称为逻辑异或非运算。

在同或电路中，两个变量 M0 和 M1 同时为 0，或同时为 1 时，结果为 1，即

$M0\odot M1=0\odot 0=1$ (M0 和 M1 都为 0)

$M0\odot M1=1\odot 1=1$ (M0 和 M1 都为 1)

$M0\odot M1=0\odot 1=0$ (M0 为 0，M1 为 1)

$M0\odot M1=1\odot 0=0$ (M0 为 1，M1 为 0)

显而易见，异或取反就是同或，同或取反就是异或。

$$M0\oplus M1=\overline{M0\odot M1}\qquad M0\odot M1=\overline{M0\oplus M1}$$

7.5　梯形图逻辑表达式的基本定律

布尔代数中的与、或、非三种运算可以导出布尔代数运算的一些基本定律,再由这些定律导出一些常用公式。它们为逻辑函数的化简提供了理论依据,也是分析和设计 PLC 梯形图的重要工具。

为了公式的简洁,下面用大写字母 A、B、C、D 等表示变量。

1. 基本定律

1) 与常量有关的定律

0-1 率(见图 7-6):

$$A \cdot 0 = 0$$
$$A + 1 = 1$$

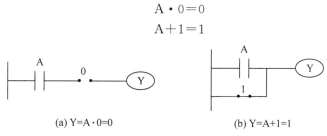

(a) Y=A·0=0　　　　　(b) Y=A+1=1

图 7-6　0-1 率等效图

自等率(见图 7-7):

$$A \cdot 1 = A$$
$$A + 0 = A$$

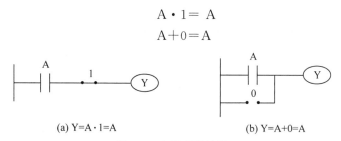

(a) Y=A·1=A　　　　　(b) Y=A+0=A

图 7-7　自等率等效图

2) 与普通代数相似的定律

交换律(见图 7-8):

$$A \cdot B = B \cdot A$$
$$A + B = B + A$$

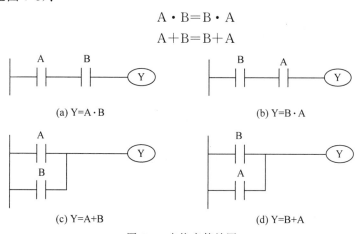

(a) Y=A·B　　　　　(b) Y=B·A

(c) Y=A+B　　　　　(d) Y=B+A

图 7-8　交换率等效图

分配律(见图 7-9、图 7-10):

$$A \cdot (B+C) = A \cdot B + A \cdot C$$

$$A+(B \cdot C) = (A+B) \cdot (A+C)$$

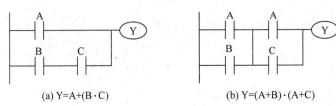

(a) Y= A·(B+C)   (b) Y= A·B + A·C

图 7-9　分配律等效图 1

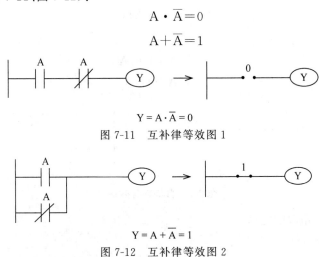

(a) Y=A+(B·C)   (b) Y=(A+B)·(A+C)

图 7-10　分配律等效图 2

互补律(见图 7-11、图 7-12):

$$A \cdot \overline{A} = 0$$

$$A + \overline{A} = 1$$

$$Y = A \cdot \overline{A} = 0$$

图 7-11　互补律等效图 1

$$Y = A + \overline{A} = 1$$

图 7-12　互补律等效图 2

重叠律(见图 7-13、图 7-14):

$$A \cdot A = A$$

$$A + A = A$$

$$Y = A \cdot A = A$$

图 7-13　重叠律等效图 1

反演律(见图 7-15、图 7-16):

$$\overline{A \cdot B} = \overline{A} + \overline{B}$$

$$\overline{A + B} = \overline{A} \cdot \overline{B}$$

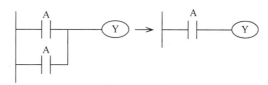

$$Y = A + A = A$$

图 7-14　重叠律等效图 2

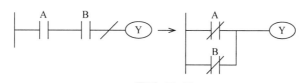

$$Y = \overline{A \cdot B} = \overline{A} + \overline{B}$$

图 7-15　反演律等效图 1

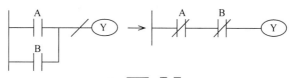

$$Y = \overline{A + B} = \overline{A} \cdot \overline{B}$$

图 7-16　反演律等效图 2

对合律(见图 7-17)：

$$\overline{\overline{A}} = A$$

$$Y = \overline{\overline{A}} = A$$

图 7-17　对合律等效图

2. 基本规则

1) 代入规则

一个包含变量 A 的逻辑等式中,如果把 A 换成另一个逻辑式,则等式仍成立。这就是代入规则。

例如前面提到的反演律：$\overline{A \cdot B} = \overline{A} + \overline{B}$ 和 $\overline{A + B} = \overline{A} \cdot \overline{B}$。

把 $\overline{A \cdot B} = \overline{A} + \overline{B}$ 式中的 B 换成 B·C,等式也成立。

$$\overline{A \cdot (B \cdot C)} = \overline{A} + \overline{B \cdot C} = \overline{A} + \overline{B} + \overline{C}$$

把 $\overline{A + B} = \overline{A} \cdot \overline{B}$ 中的 B 换成 B+C,等式也成立。

$$\overline{A + (B + C)} = \overline{A} \cdot \overline{(B + C)} = \overline{A} \cdot \overline{B} \cdot \overline{C}$$

利用代入规则可以推导出更多的公式。

以上就是利用代入规则推导公式：

$$\overline{A \cdot B \cdot C} = \overline{A} + \overline{B} + \overline{C}$$

$$\overline{A + B + C} = \overline{A} \cdot \overline{B} \cdot \overline{C}$$

2) 反演规则

一个逻辑等式 Y 中,如果把式中的"·"换成"+","+"换成"·";"1"换成"0","0"换成"1",则得到反函数 $\overline{Y}$。这就是反演规则。

例如求 $Y=AB(C+DE)+\overline{B}C$ 的反函数,根据反演规则:

$$\overline{Y}=[\overline{A}+\overline{B}+\overline{C}\cdot(\overline{D}+\overline{E})]\cdot(B+\overline{C})$$

利用反演规则注意如下:

(1) 利用反演规则求得的反函数和用反演律求得的反函数一致。

例如

$$Y=A\overline{B}+\overline{A}B$$

利用反演规则,求得

$$\overline{Y}=(\overline{A}+B)(A+\overline{B})=\overline{A}B+A\overline{B}$$

利用反演律,求得

$$\overline{Y}=\overline{A\overline{B}+\overline{A}B},求得\ \overline{Y}=\overline{A\overline{B}}\cdot\overline{\overline{A}B}=(\overline{A}+B)(A+\overline{B})=\overline{A}B+A\overline{B}$$

(2) 在求反符号下有两个以上变量时,求反符号应该保持不变。

例如 $Y=\overline{\overline{A\overline{B}}CD}$,则

$$\overline{Y}=\overline{\overline{\overline{A}}+\overline{B}+\overline{C}+\overline{D}}$$

7.6 常用公式

表 7-3 和表 7-4 列出了有关逻辑代数常用的基本公式和其他常用公式。

表 7-3 逻辑代数常用的基本公式

序号	公　　式	序号	公　　式
1	$0\times A=0$	10	$0+A=A$
2	$1\times A=A$	11	$1+A=1$
3	$A\times A=A$	12	$A+A=A$
4	$A\times\overline{A}=0$	13	$A+\overline{A}=1$
5	$A\times B=B\times A$	14	$A+B=B+A$
6	$(A\times B)\times C=A\times(B\times C)$	15	$(A+B)+C=A+(B+C)$
7	$A\times(B+C)=A\times B+A\times C$	16	$A+(B\times C)=(A+B)\times(A+C)$
8	$\overline{A\times B}=\overline{A}+\overline{B}$	17	$\overline{A+B}=\overline{A}\times\overline{B}$
9	$\overline{\overline{A}}=A$	18	

表 7-4 逻辑代数的其他常用公式

序号	公　　式
1	$A+A\times B=A$
2	$A+\overline{A}\times B=A+B$
3	$A\times B+A\times\overline{B}=A$
4	$A\times(A+B)=A$
5	$A\times B+\overline{A}\times C+B\times C=A\times B+\overline{A}\times C$ $A\times B+\overline{A}\times C+B\times C\times D=A\times B+\overline{A}\times C$
6	$A\times\overline{A\times B}=A\times\overline{B}$ $\overline{A}\times\overline{A\times B}=\overline{A}$

7.7 基本逻辑电路的类型

基本逻辑电路根据控制逻辑的特点可分为组合电路和时序电路。

1. 组合电路

组合电路的控制结果只和输入变量的状态有关,如图 7-18 所示的控制电路均为组合电路。

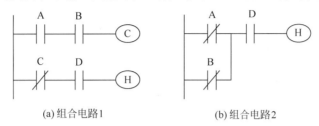

(a) 组合电路1   (b) 组合电路2

图 7-18 中间逻辑变量的消除

由于组合电路的控制结果只和输入变量的状态有关,所以可以用布尔代数(也称开关代数或逻辑代数)通过计算得出。

组合电路是由输入变量、中间逻辑变量和输出逻辑变量三者构成的,但不含记忆元件。由于组合电路的输出只和输入有关,所以中间逻辑变量也可以根据逻辑关系将其消除。

如图 7-18(a)所示,写出梯形图的逻辑关系表达式:

$$C=AB$$

$$H=\overline{C}D$$

将 $C=AB$ 代入 $H=\overline{C}D$,得:

$$H=\overline{C}D=\overline{AB}D=(\overline{A}+\overline{B})D$$

根据上式画出梯形图如图 7-18(b)所示。由上式可知,输出变量 H 只和 A、B、D 有关,与输出变量 H 无关,所以是组合电路。

每个输入变量都有 0 和 1 两种状态(0 表示原始状态,1 表示动作状态),N 个输入变量则有 2^N 种状态,可以用 N 位二进制数来表示。

2. 时序电路

时序电路也称记忆电路,其中包含记忆元件。时序电路的控制结果不仅和输入变量的状态有关,也和记忆元件的状态有关。由于中间逻辑元件和输出执行元件中有记忆元件,所以,时序电路的控制结果和输入变量、中间逻辑变量和输出逻辑变量三者都有关系。时序电路的逻辑关系比较复杂,目前主要用经验法来设计。

继电器、接触器是最基本的记忆元件,在电气控制电路中,绝大多数电气控制电路为记忆电路,记忆电路主要用于对短时通断信号(如按钮、位置开关等)的记忆,常用于各种电动机的起动停止控制,电气控制电路中的自锁电路就是一种记忆电路,如图 7-19 所示。

写出梯形图的逻辑关系表达式为:

$$Y0=(X0+Y0)\overline{X1}$$

由梯形图和逻辑关系表达式可知,输出变量 Y0 不仅和输

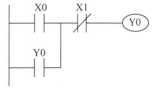

图 7-19 时序电路

入变量 X0、X1 有关,还与输出变量 Y0 有关。所以这是一个时序电路(记忆电路)。

布尔代数适用于组合电路的逻辑运算,也可以用于时序电路中的局部电路。

7.8　PLC 组合电路的设计方法

利用布尔代数可以进行 PLC 梯形图的设计。下面通过例子说明 PLC 梯形图设计的方法和步骤。

例 7.1　楼梯走廊灯控制。

在楼梯走廊里,楼上楼下各安装一个开关控制一盏灯,试画出控制电路。

根据题意分析可知,两个开关中只有一个开关动作时灯亮,两个开关都动作或都不动作时灯不亮。

(1) 根据题意列出真值表,两个开关只有 4 种输入状态,如表 7-5 所示。

表 7-5　例 7.1 真值表

输入状态		输出结果
X2	X1	Y0
0	0	0
0	1	1
1	0	1
1	1	0

设开关 1 输入端为 X1,开关 2 输入端为 X2,输出端灯为 Y0。当两个开关都不动作时,X1=0,X2=0,灯不亮,Y0=0。当开关 1 动作时,X1=1,开关 2 不动作时,X2=0,灯亮,Y0=1。当开关 1 不动作时,X1=0,开关 2 动作时,X2=1,灯亮,Y0=1。当两个开关都动作时,X1=1,X2=1,灯不亮,Y0=0。

(2) 根据真值表写出逻辑表达式。

$$Y0 = X1\overline{X2} + \overline{X1}X2 = X1 \oplus X2$$

(3) 化简逻辑表达式。这个逻辑表达式已经最简了,就不需要化简了。

(4) 根据逻辑表达式 $Y0 = X1\overline{X2} + \overline{X1}X2$ 画出控制梯形图,如图 7-20 所示。

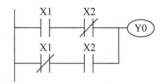

图 7-20　两个开关控制一盏灯控制梯形图

例 7.2　用两个开关控制一个七段数码管的显示。

用两个开关控制一个七段数码管显示 1、2、3、4,试画出控制电路。

(1) 确定七段数码管显示 1、2、3、4 的笔画如图 7-21 所示。

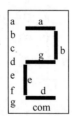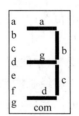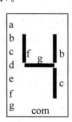

图 7-21　七段数码管显示 1、2、3、4 的笔画

(2) 两个开关有 4 种状态,每个状态显示一个数字,据此列出真值表,如表 7-6 所示。

(3) 根据真值表写出各笔画的逻辑表达式,并化简。

七段数码管各段笔画的逻辑表达式分别如下:

$$a = d = \overline{S2}S1 + S2S1 = (\overline{S2} + S2)S1 = S1$$
$$b = g = S1 + S2$$

表 7-6 七段数码管显示的真值表

开 关		显示数字	七段数码管笔画						
S2	S1		a	b	c	d	e	f	g
0	0	1	0	0	0	0	1	1	0
0	1	2	1	1	0	1	1	0	1
1	1	3	1	1	1	1	0	0	1
1	0	4	0	1	1	0	0	1	1

$$c = S2$$
$$e = \overline{S2}$$
$$f = \overline{S1}$$

（4）根据逻辑表达式画出控制电路，如图 7-22 所示。

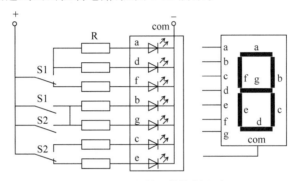

图 7-22 七段数码管控制电路

说明：为了使电路简单，这里采取了两项措施：①数码管的"1"使用了笔画 f、e 而不是笔画 b、c。②真值表中的 S2、S1 的值不是按二进制数 00、01、10、11 的顺序排列，而是按 00、01、11、10 的顺序排列。

例 7.3 用 PLC 控制 4 组彩灯。

用 PLC 控制 4 组彩灯，要求每隔 1s 变化 1 次，每次亮 2 组彩灯，按图 7-23(a)所示的时序图反复变化。4 组彩灯分别由 Y0～Y3 控制。

（1）根据控制要求，列出 Y0～Y3 所对应的真值表，如表 7-7 所示。

表 7-7 输出控制状态真值表

当前值	由 K1M0 表示 C0 当前值				输 出 控 制			
C0	M3	M2	M1	M0	Y3	Y2	Y1	Y0
0	0	0	0	0	0	0	1	1
1	0	0	0	1	0	1	1	0
2	0	0	1	0	1	1	0	0
3	0	0	1	1	1	0	0	1

（2）由表 7-7 所示的真值表可写出如下逻辑表达式。

在真值表中，当 M1 M0 ＝ 00 时 Y0＝1，M1 M0＝11 时 Y0＝1。据此写出 Y0 逻辑表达式：

$$Y0 = \overline{M0}\ \overline{M1} + M0 M1$$

同理,写出 Y1、Y2、Y3 的逻辑表达式:

$$Y1 = \overline{M1}$$

$$Y2 = \overline{M0}M1 + M0\overline{M1} = \overline{Y0}$$

$$Y3 = M1 = \overline{Y1}$$

(3) 梯形图设计。

设计一个循环计数器(参考图 3-24),用计数器 C0 对 M8013(1s 时钟脉冲)计数,M8013 每变化 4 次(4s)为 1 个周期,C0 的计数值为 0、1、2、3,并依次循环。由计数器的当前值控制 Y0~Y3 的状态。

为了取得计数器的当前值,可用 MOV 指令将计数器的当前值传送到 K1M0 中,用 K1M0 表示计数器的当前值。由 K1M0 表示 C0 当前值,再由 K1M0 控制 Y0~Y3 的状态。

由逻辑表达式可以画出 Y0~Y3 的梯形图,如图 7-23(b)所示。

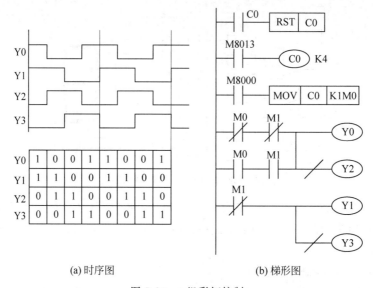

(a) 时序图　　　　　　　(b) 梯形图

图 7-23　4 组彩灯控制

以上例子比较简单只需 3 步,对于比较复杂的例子,根据真值表写出的逻辑表达式通常 需要化简,下面介绍逻辑代数和卡诺图两种常用的化简方法。

7.9　逻辑代数化简法

一个逻辑表达式可以有多种表达方式。例如:

$$
\begin{aligned}
Y &= AC + D & &\text{与-或表达式}\\
&= (A + \overline{C})(C + D) & &\text{或-与表达式}\\
&= \overline{\overline{AC} \cdot \overline{CD}} & &\text{与非-与非表达式}\\
&= \overline{\overline{(A + \overline{C})} + \overline{(C + D)}} & &\text{或非-或非表达式}\\
&= \overline{\overline{AC} + \overline{CD}} & &\text{与-或-非表达式}
\end{aligned}
$$

因为与-或表达式比较常见,同时与-或表达式比较容易同其他形式的表达式相互转换,所以本节所谓化简,一般是指化为最简的与-或表达式。

常用的逻辑代数化简法如下:

1. 并项法

利用 $A+\overline{A}=1$ 的公式,将两项合并成一项,并消除一个变量。如:
$$Y=\overline{A}BC+\overline{A}B\overline{C}=\overline{A}B(C+\overline{C})=\overline{A}B$$

2. 吸收法

利用 $A+AB=A$ 的公式,消除多余的变量。如:
$$Y=\overline{A}B+\overline{A}BCD(E+F)==\overline{A}B$$

3. 消去法

利用 $A+\overline{A}B=A+B$ 的公式,消除多余变量。如:
$$Y=AB+\overline{A}C+\overline{B}C=AB+(\overline{A}+\overline{B})C=AB+\overline{AB}C=AB+C$$

4. 配项法

利用 $B=B(A+\overline{A})$ 将 $(A+\overline{A})$ 与某乘积项相乘,再展开,消除多余项。例如:
$$Y=AB+\overline{A}\overline{C}+B\overline{C}$$
$$=AB+\overline{A}\overline{C}+(A+\overline{A})B\overline{C}$$
$$=AB+\overline{A}\overline{C}+(AB\overline{C}+\overline{A}B\overline{C})$$
$$=AB(1+\overline{C})+\overline{A}\overline{C}(1+B)$$
$$=AB+\overline{A}\overline{C}$$

例 7.4　化简如图 7-24(a) 所示的电路。

根据如图 7-24(a)所示电路写出逻辑表达式:
$$Y=B\overline{A}C+AC$$

化简,可得:
$$Y=B\overline{A}C+AC=(B\overline{A}+A)C=(B+A)C$$

根据化简逻辑表达式画出电路,如图 7-24(b)所示。

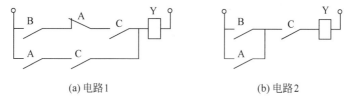

(a) 电路1　　　　　　　　　　　(b) 电路2

图 7-24　例 7.4 的电路

例 7.5　化简如图 7-25 所示梯形图。

根据图 7-25 所示梯形图写出逻辑表达式并化简。
$$Y0=(X0+M0)+(X0+\overline{M0})$$

$\qquad = X0\ X0+X0\overline{M0}+M0X0+M0\overline{M0}$ 　　　　(式中 X0 X0= X0,M0$\overline{M0}$=0)

$\qquad = X0+X0\overline{M0}+M0X0\ +0$

$\qquad = X0(1+\overline{M0}+M0)$ 　　　　　　　　　　(式中 $1+\overline{M0}+M0=1$)

$\qquad = X0$

根据化简结果画出梯形图(如图 7-26 所示)。

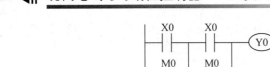

图 7-25　梯形图

图 7-26　梯形图

7.10　卡诺图化简法

卡诺图是美国工程师 Karnaugh 于 20 世纪 50 年代提出的。用卡诺图可以表示和化简逻辑表达式。首先介绍最小项和最大项的概念以及卡诺图的构成,其次介绍如何用卡诺图表达逻辑表达式、真值表、表达式之间的转换。最后介绍用卡诺图化简逻辑表达式。

我们知道,一个开关变量 A 有两种状态,接通为 A＝1,断开为 A＝0。两个开关变量 A 和 B 有四种状态,A＝0,B＝0,写作 AB＝00;A＝0,B＝1,写作 AB＝01;A＝1,B＝0,写作 AB＝10;A＝1,B＝1,写作 AB＝11。三个开关变量 A、B 和 C 有八种状态。可见 n 个开关变量有 2^n 种状态。例如 4 个开关(n＝4)有 2^4＝16 种状态。n 个开关变量的 2^n 种状态可以用 2^n 个 n 位二进制数表示。如三个开关 A、B、C 的状态可以用八种 3 位二进制数表示。如表 7-8 所示。例如二进制数 011 表示 ABC＝011,就是 A＝0,B＝1,C＝1。

1. 逻辑表达式的最小项概念

在介绍卡诺图之前,先介绍最小项的概念。例如有三个逻辑变量 A、B、C,可以有 8 个最小项,分别是 $\overline{A}\overline{B}\overline{C}$、$\overline{A}\overline{B}C$、$\overline{A}B\overline{C}$、$\overline{A}BC$、$A\overline{B}\overline{C}$、$A\overline{B}C$、$AB\overline{C}$、$ABC$,如表 7-8 所示。

表 7-8　三个逻辑变量 A、B、C 最小项编号

最小项	使最小项为 1 的变量取值			对应的十进制数	编号
	A	B	C		
$\overline{A}\overline{B}\overline{C}$	0	0	0	0	m0
$\overline{A}\overline{B}C$	0	0	1	1	m1
$\overline{A}B\overline{C}$	0	1	0	2	m2
$\overline{A}BC$	0	1	1	3	m3
$A\overline{B}\overline{C}$	1	0	0	4	m4
$A\overline{B}C$	1	0	1	5	m5
$AB\overline{C}$	1	1	0	6	m6
ABC	1	1	1	7	m7

最小项的性质如下:

(1) 任何一个最小项只有一个取值使它为 1,例如当 ABC＝011 时,$\overline{A}BC＝\overline{0}\,11＝1$。

(2) 全体最小项之和为 1。

(3) 任意两个最小项之乘积为 0。例如 $\overline{A}\,BC×A\overline{B}\overline{C}＝\overline{A}AB\overline{B}C\overline{C}＝0$。

(4) 相邻两个最小项之和可以合并成一项,并消去一对因子。例如在 4 变量卡诺图中 m7($\overline{D}CBA$)和 m15(DCBA)相邻,$\overline{D}CBA＋DCBA＝(\overline{D}＋D)＝CBA$。

2. 逻辑表达式的最大项概念

在有 n 个变量逻辑表达式中,n 个变量(原变量或反变量)之和称为最大项。

例如三个变量 A、B、C 有 8 个(2^n)最大项:$(\overline{A}＋\overline{B}＋\overline{C})$、$(\overline{A}＋\overline{B}＋C)(\overline{A}＋B＋\overline{C})$、$(\overline{A}＋B＋C)$、$(A＋\overline{B}＋\overline{C})$、$(A＋\overline{B}＋C)$、$(A＋B＋\overline{C})$、$(A＋B＋C)$,如表 7-9 所示。

表 7-9 三个逻辑变量 A、B、C 最大项编号

最大项	使最大项为 0 的变量取值			对应的十进制数	编号
	A	B	C		
$A + B + C$	0	0	0	0	M0
$A + B + \bar{C}$	0	0	1	1	M1
$A + \bar{B} + C$	0	1	0	2	M2
$A + \bar{B} + \bar{C}$	0	1	1	3	M3
$\bar{A} + B + C$	1	0	0	4	M4
$\bar{A} + B + \bar{C}$	1	0	1	5	M5
$\bar{A} + \bar{B} + C$	1	1	0	6	M6
$\bar{A} + \bar{B} + \bar{C}$	1	1	1	7	M7

最大项的性质如下：

(1) 在输入变量的任意取值下必有一个最大值,而且只有一个最大项的值为 0。

(2) 全体最大值的积为 0。

(3) 任意两个最大项的和为 1。

(4) 只有一个变量不同的两个最大项的乘积等于各相同变量之和。

对比表 7-8 和表 7-9 可知最小项和最大项存在如下关系：

$$Mi = \overline{mi}$$

例如 $m0 = \overline{ABC}, \overline{m0} = \overline{\overline{ABC}} = A + B + C = M0$。

3. 卡诺图的构成

1）1 变量卡诺图

1 个变量 A 有 2 个最小项：$\bar{A}$、A。1 变量卡诺图只有 2 个小方格,如图 7-27 所示。

图 7-27 1 变量 A 卡诺图

2）2 变量卡诺图

2 个变量 B、A 有 4 个最小项：$\overline{BA}$、$\overline{B}A$、BA、$B\overline{A}$。2 变量卡诺图只有 4 个小方格,如图 7-28 所示。2 变量卡诺图相当于两个折叠的 1 变量卡诺图,如图 7-28(a)所示,向右展开的 4 个小方格。再加入变量 B,如图 7-28(b)所示。

也可以将 1 变量卡诺图如图 7-28(c)所示向下展开,加入变量 B,变成如图 7-28(d)所示的 2 变量卡诺图。图 7-28(d)左边的 0 表示 B=0,1 表示 B=1。上边的 0 表示 A=0,1 表示 A=1。方格中的 01 表示最小项为 $m1 = \bar{B}A$,10 表示最小项为 $m2 = B\bar{A}$ 等。

3）3 变量卡诺图

3 个变量 C、B、A 有 8 个最小项：$\overline{CBA}$、$\overline{CB}A$、$\overline{C}BA$、$\overline{C}B\overline{A}$、$C\overline{BA}$、$C\overline{B}A$、$CBA$、$CB\overline{A}$。3 变量卡诺图有 8 个小方格,如图 7-29 所示。2 变量卡诺图相当于两个折叠的 2 变量卡诺图,如图 7-28(b)所示,向下展开成的 8 个小方格。再加入变量 C,如图 7-29(a)所示。

也可以将 2 变量卡诺图如图 7-28(c)向右展开,变成如图 7-29(b)所示的 3 变量卡诺图。图 7-29(b)左边的 00 表示 CB=00,01 表示 CB=01 等。上边的 0 表示 A=0,1 表示 A=1。方格中的 101 表示最小项为 $m5 = C\bar{B}A$,110 表示最小项为 $m6 = CB\bar{A}$ 等。

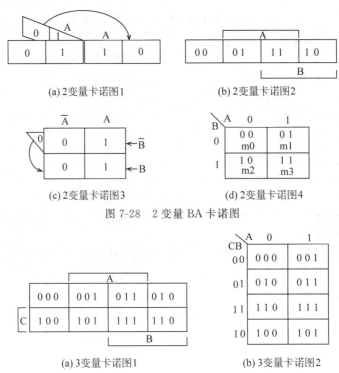

(a) 2变量卡诺图1　　　　(b) 2变量卡诺图2

(c) 2变量卡诺图3　　　　(d) 2变量卡诺图4

图 7-28　2 变量 BA 卡诺图

(a) 3变量卡诺图1　　　　(b) 3变量卡诺图2

图 7-29　3 变量 CBA 卡诺图

4）4 变量卡诺图

如图 7-30(a)所示的 4 变量卡诺图是由 3 变量 CBA 卡诺图 7-29(a)向下反转的 4 变量 D、C、B、A 的最小项卡诺图。

当然，4 变量卡诺图也可以由 3 变量 CBA 卡诺图 7-29(b)向右反转成为 4 变量 D、C、B、A 的最小项卡诺图。请读者自己画画看。

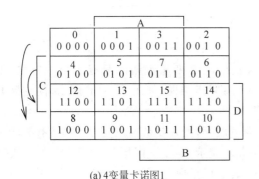

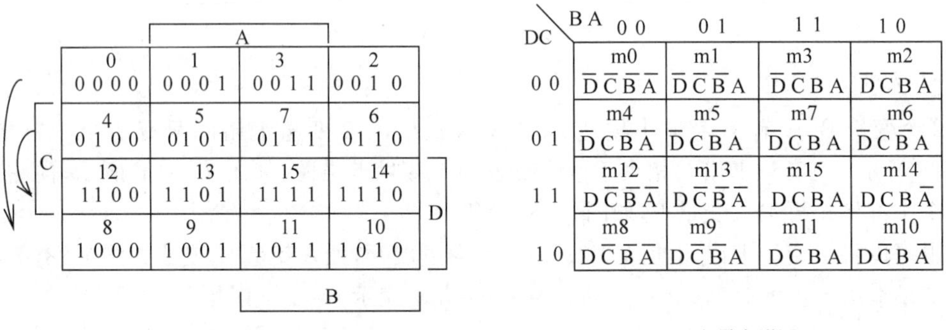

(a) 4变量卡诺图1　　　　　　　　　　　(b) 4变量卡诺图2

图 7-30　4 变量 DCBA 的最小项卡诺图

5）5 变量卡诺图

如图 7-31 所示的 5 变量卡诺图是由 4 变量 DCBA 卡诺图 7-30(a)向右反转的 5 变量 D、C、E、B、A 的最小项卡诺图。

6）卡诺图的特点

通过卡诺图可以直接观察相邻项，对应一个小方格的上、下、左、右的变量只有一个因子有变化。这是卡诺图用于化简的基本依据。

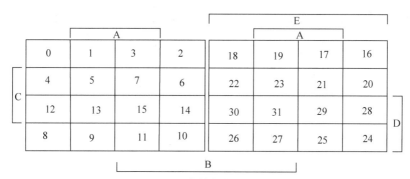

(a) 5变量卡诺图1

(b) 5 变量卡诺图2

图 7-31　5 变量 DCEBA 的最小项卡诺图

现以 4 变量卡诺图为例,观察 m3 对应的 $\overline{D}\,\overline{C}BA$,左边为 $\overline{D}C\overline{B}A$,只有 B 有变化,$\overline{D}$、$\overline{C}$、A 没有变化,右边为 $\overline{D}\,\overline{C}B\overline{A}$,只有 A 有变化,下边为 $D\overline{C}BA$,只有 C 有变化。m3 的上面好像没有,其实最上面和最下面也是相邻的,就是 m3 和 m11 也是相邻的,m11 为 $D\overline{C}BA$,只有 D 是变化的。同理,最左面和最右面也是相邻的。

例如在 4 变量卡诺图中,每一个小方格都有上、下、左、右的相邻项。例如 m2 的 4 个相邻项分别为 m0、m3、m6、m10。

对于 5 变量卡诺图来说,有 5 个相邻项。在垂直中心线两边相当于两个 4 变量卡诺图。这两个 4 变量卡诺图的相邻关系对于 5 变量卡诺图来说也适用,例如 m4 和 m6 相邻,m18 和 m16 相邻。

注意:对称于垂直中心线两边的方格也是相邻项。例如 m3 和 m9 是相邻项,m5 和 m21 是相邻项等。

在 4 变量卡诺图中,m3 的 4 个相邻项分别为 m1、m2、m7、m11。在 5 变量卡诺图中,m3 的相邻项除了 m1、m2、m7、m11,对称于中线的 m19 也是 m3 的相邻项。

5 变量以上的卡诺图,直接识别相邻项比较困难,故引用较少。

4. 用卡诺图表示逻辑表达式

任何一个逻辑表达式都可以表示成最小项表达式的形式,所以可以用卡诺图表示逻辑表达式。具体分析如下。

在例 7.1 中的 $Y0 = X1\overline{X2} + \overline{X1}X2$,式中有两个最小项 $X1\overline{X2}$ 和 $\overline{X1}X2$。

在 2 变量 X1、X2 卡诺图,如图 7-32(a)所示,在 $X1\overline{X2}$ 的方格中填入 1,在 $\overline{X1}X2$ 的方格中

填入 1,其他方格中填入 0,如图 7-32(b)所示。这就是逻辑表达式 $Y0 = X1\overline{X2} + \overline{X1}X2$ 的卡诺图。

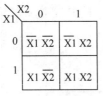

(a) 2变量X1、X2卡诺图 (b) X1X2+X1X2卡诺图

图 7-32　表示逻辑表达式的卡诺图

由上可知,以最小项表达式表示逻辑表达式,只要在卡诺图对应的最小项填入 1 即可。

5. 非最小项的处理

如果逻辑表达式是非最小项,该如何处理?

例如,逻辑表达式 $Y = AB + A\overline{C}$,有 3 个变量,AB 和 $A\overline{C}$ 都不是最小项。AB 在卡诺图的位置:找出既是 A 行又是 B 列的方格,在其中填入 1,如图 7-33(a)所示。$A\overline{C}$ 在卡诺图的位置:找出既是 A 行又是 $\overline{C}$ 列的方格,在其中填入 1,如图 7-33(b)所示。将图 7-33(a)和图 7-33(b)合并在一起就是 $Y = AB + A\overline{C}$ 的卡诺图,如图 7-33(c)所示。

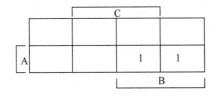 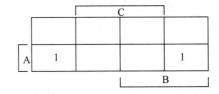

(a) AB在卡诺图的位置 (b) AC在卡诺图的位置

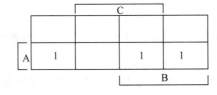

(c) AB+AC在卡诺图的位置

图 7-33　非最小项的处理

也可以先把表达式 Y 变换成最小项逻辑表达式,即

$$Y = AB + A\overline{C} = = ABC + AB\overline{C} + A\overline{B}\overline{C}$$

在卡诺图中的相应最小项位置填上 1。

6. 用卡诺图进行化简

例 7.6　化简逻辑表达式。

化简逻辑表达式 $Y = ABC + AB\overline{C} + A\overline{B}C + \overline{A}BC$。在卡诺图中,在对应 4 个最小项方格中填入 1。将相邻的两个 1 圈起来,共组成 3 个圈,根据这 3 个圈,可得:

$$Y = AB + BC + CA$$

化简卡诺图如图 7-34 所示。

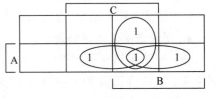

图 7-34　$Y = ABC + AB\overline{C} + A\overline{B}C + \overline{A}BC$ 化简卡诺图

例7.7 化简逻辑表达式。

化简逻辑表达式 $Y=ABC+AB\overline{C}+A\overline{B}C+\overline{A}BC+\overline{A}\,BC+A\overline{B}\overline{C}$。用卡诺图表示逻辑表达式 Y，如图 7-35 所示。

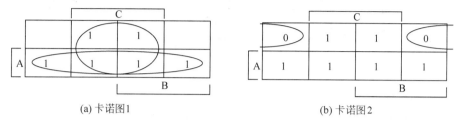

(a) 卡诺图1　　　　　　　　　(b) 卡诺图2

图 7-35　$Y=ABC+AB\overline{C}+A\overline{B}C+\overline{A}BC+\overline{A}BC+A\overline{B}C$ 化简卡诺图

将取值为 1 的相邻项圈成 2 个圈，如图 7-35(a)所示，得出：

$$Y=A+C$$

也可以将取值为 0 的相邻项圈成 1 个圈，如图 7-35(b)所示得出 Y 的反变量：

$$\overline{Y}=\overline{A}\,\overline{C}$$

$$Y=\overline{\overline{A}\overline{C}}=A+C$$

例7.8 化简逻辑表达式。

化简逻辑表达式 $Y=\overline{A}\overline{B}\overline{C}D+\overline{A}BC\overline{D}+AB\overline{C}\overline{D}+\overline{A}BC+A\overline{B}C\overline{D}$。用卡诺图表示逻辑表达式 Y，如图 7-36 所示。

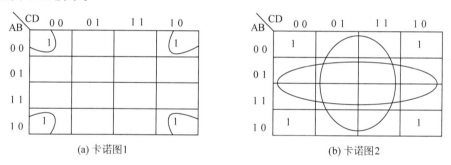

(a) 卡诺图1　　　　　　　　　(b) 卡诺图2

图 7-36　$Y=\overline{A}\overline{B}\overline{C}D+\overline{A}BC\overline{D}+AB\overline{C}\overline{D}+\overline{A}BC+A\overline{B}C\overline{D}$ 化简卡诺图

化简卡诺图的步骤如下：

(1) 如图 7-36(a)所示，如果将上面两个 1 圈起来，将下面两个 1 圈起来，可得：

$$Y=\overline{A}\overline{B}\overline{D}+A\overline{B}\overline{D}=(\overline{A}+A)\overline{B}\overline{D}=\overline{B}\overline{D}$$

(2) 如图 7-36(a)所示，如果将 4 个 1 圈在一起，可直接得：

$$Y=\overline{B}\overline{D}$$

(3) 如图 7-36(b)所示，如果将图中的 0 圈成两个大圈，可得：

$$\overline{Y}=B+D$$

$$Y=\overline{B+D}=\overline{\overline{B}+\overline{D}}=\overline{B}\overline{D}$$

7. 卡诺图在梯形图设计中的应用

下面通过实例，介绍卡诺图在梯形图设计中的应用。

例7.9 用一个按钮控制 PLC 七段数码管显示数字。

用一个按钮控制 PLC，用七段数码管显示数字 1、2、3、4、5，如图 7-37 所示。

 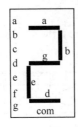 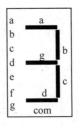 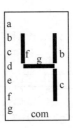 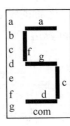

图 7-37　七段数码管显示数字

1）PLC 梯形图设计

PLC 梯形图如图 7-38 所示，这是一个用按钮 X0 控制 PLC 七段数码管显示数字 1、2、3、4、5 的梯形图。

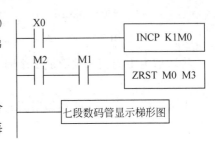

图 7-38　七段数码管显示梯形图

2）控制原理如下

初始状态 K1M0＝0，按一下按钮 X0，执行加一指令 INCP K1M0，K1M0＝1，再按一下按钮 X0，K1M0＝2，每按一下按钮 X0，K1M0 加一次 1，按到第 6 次时，K1M0＝6＝0110_2，这时 M2＝1，M1＝1。M2 和 M1 接点接通，执行 ZRST M0 M3 指令，将 K1M0 清零。

图 7-38 所示的梯形图是由 K1M0 的计数值控制数码管显示 1～5。

3）七段数码管显示梯形图设计

根据七段数码管显示的控制要求，列出 K1M0 数值对应如图 7-37 所示七段数码管各段笔画，真值表如表 7-10 所示（其中 M3 用不到）。

表 7-10　七段数码管各段笔画真值表

输入（由 X0 控制）			数字	输出（七段数码管）						
M2	M1	M0		Y6 g	Y5 f	Y4 e	Y3 d	Y2 c	Y1 b	Y0 a
0	0	0	0							
0	0	1	1					1	1	
0	1	0	2	1		1	1		1	1
0	1	1	3	1			1	1	1	1
1	0	0	4	1	1			1	1	
1	0	1	5	1	1		1	1		1

下面由真值表画出七段数码管的各段笔画。

（1）根据七段数码管 a 笔画真值表，画出 a 笔画的卡诺图。

观察真值表，对应 Y0＝1 的最小项有三个：m2、m3、m5。在这 3 个方格中填入 1，如图 7-39 所示，将相邻的最小项合并，得出 a 笔画 Y0 的逻辑表达式：

$$Y0 = M1\overline{M2} + M0\overline{M1}M2$$

（2）根据七段数码管 b 笔画真值表，画出 b 笔画的卡诺图，如图 7-40 所示，将相邻的最小项合并，得出 b 笔画 Y1 的逻辑表达式：

$$Y1 = M1\overline{M2} + M0\overline{M2} + \overline{M0}\ \overline{M1}M2 = (M1 + M0)\overline{M2} + \overline{M0}\ \overline{M1}M2$$

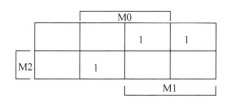

(a) a笔画卡诺图

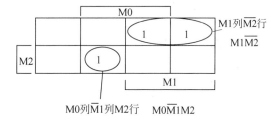

(b) a笔画卡诺图的化简

图 7-39　a 笔画卡诺图及化简

（3）根据七段数码管 c 笔画真值表画出 c 笔画的卡诺图，如图 7-41 所示，将相邻的最小项合并，得出 c 笔画 Y2 的逻辑表达式：

$$Y2 = M0\overline{M2} + \overline{M1}M2$$

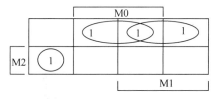

图 7-40　b 笔画卡诺图及化简

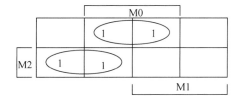

图 7-41　c 笔画卡诺图及化简

（4）由真值表可知，a 笔画和 d 笔画相同，所以 Y3＝Y0。

（5）由真值表可直接看出 e 笔画，所以 Y4＝$\overline{M2}\,\overline{M1}\,\overline{M0}$。

（6）同上述方法得出：

$$Y5 = M2\overline{M1} + \overline{M2}M1M0$$

$$Y6 = M2\overline{M1} + \overline{M2}M1\overline{M0}$$

（7）根据以上逻辑表达式可以画出 PLC 的梯形图如图 7-42（a）所示，PLC 接线图如图 7-42（b）所示。

由于 Y3＝Y0，可以用 Y3 同时控制 a 笔画和 d 笔画，Y0 另做他用。

8. 卡诺图的无关项

前面提到 n 个变量有 2^n 个变量，如 3 个变量有 8 个最小项，用卡诺图表示就有 8 个方格。如例 7.9 中 M2、M1、M0 的卡诺图表示就有 8 个方格。但是在真值表中只有最小项 m0～m5，而 m6 和 m7 是不存在的。这个不存在最小项称为无关项。

在卡诺图中，无关项用×来表示。无关项既可以是 1 也可以是 0，这样在化简中既可以把它当作 0 来用，也可以当作 1 来用，所得的结果也就更加简单了。

仍以例 7.9 为例，在没有加无关项时，a 笔画 Y0 的逻辑表达式：

$$Y0 = M1\overline{M2} + M0\overline{M1}M2$$

加上无关项后，卡诺图如图 7-43（a）所示，化简后的 a 笔画 Y0 的逻辑表达式为：

$$Y0 = M0\,M2 + M1$$

同理，由图 7-43（b）～图 7-43（f）可得：

b 笔画的逻辑表达式为：Y1＝$M0\overline{M2} + M2\overline{M0} + M1$

c 笔画的逻辑表达式为：Y2＝M0＋M2

d 笔画的逻辑表达式为：Y3＝Y0

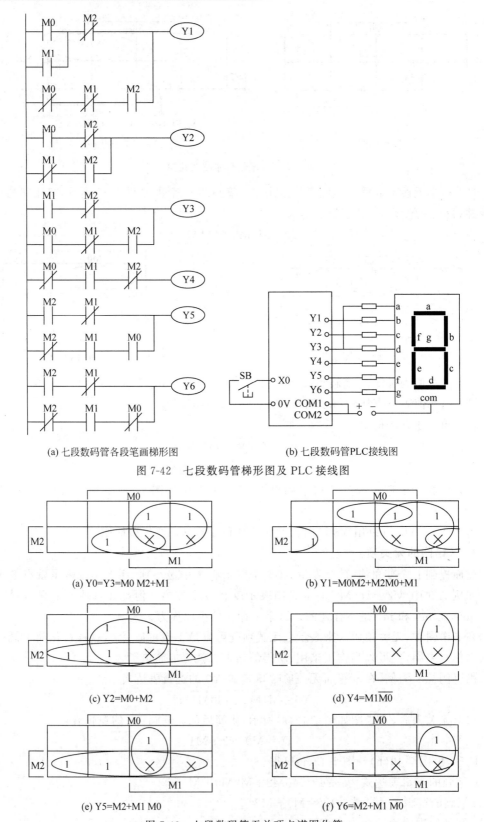

(a) 七段数码管各段笔画梯形图　　　　(b) 七段数码管PLC接线图

图 7-42　七段数码管梯形图及 PLC 接线图

(a) Y0=Y3=M0 M2+M1

(b) Y1=M0$\overline{M2}$+M2$\overline{M0}$+M1

(c) Y2=M0+M2

(d) Y4=M1$\overline{M0}$

(e) Y5=M2+M1 M0

(f) Y6=M2+M1 $\overline{M0}$

图 7-43　七段数码管无关项卡诺图化简

e 笔画的逻辑表达式为：$Y4 = M1\overline{M0}$。

f 笔画的逻辑表达式为：$Y5 = M2 + M1M0$

g 笔画的逻辑表达式为：$Y6 = M2 + M1\overline{M0}$

可见，加了无关项卡，卡诺图化简的逻辑表达式更简单。

对应于加上无关项卡诺图化简出的逻辑表达式画出对应的七段数码管各段笔画梯形图如图 7-44(a)所示。可见，图 7-44(a)要比图 7-42(a)对应的梯形图简单。按钮控制七段数码管总梯形图如图 7-44(b)所示。

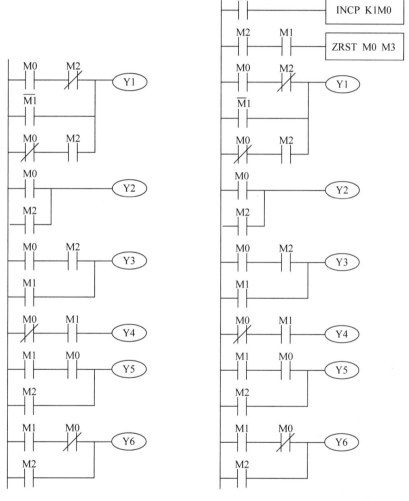

(a) 七段数码管各段笔画梯形图　　　　(b) 按钮控制七段数码管总梯形图

图 7-44　PLC 控制七段数码管 PLC 梯形图

例 7.10　用 PLC 控制一个 5 人表决器。

用 PLC 控制一个 5 人表决器，当两人以上同意，则红灯亮，当两人及以下同意，则绿灯亮。我们知道，5 个变量有 $2^5 = 32$ 个变量，如用真值表比较麻烦。可以直接画出 5 变量卡诺图如图 7-45 所示。

根据题意,在5位二进制数中有3～5个1的最小项方框中填上1,如第一行,在00111方格中填入1,如第二行,在01011(01行,011列)方格中填入1等。

为了看得清楚,先把卡诺图右边相邻的1圈起来,如图7-45(a)所示。再把卡诺图左边相邻的1圈起来,如图7-45(b)所示。注意:5变量卡诺图左右对称的框是相邻的。

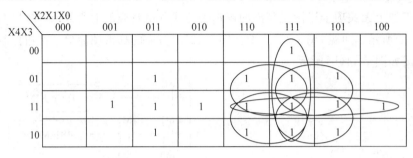

(a) 卡诺图1

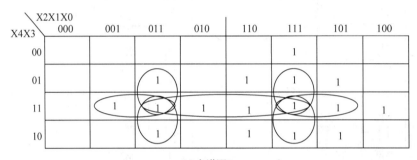

(b) 卡诺图2

图7-45　5人表决器卡诺图

由图7-45(a),得:

$$Y0_{(a)} = X0X1X2 + X3X4X2 + X0X4X2 + X1X4X2 + X0X3X2 + X1X3X2$$
$$= (X0X1 + X3X4 + X0X4 + X1X4 + X0X2 + X1X3)X2$$
$$= (X0X1 + (X3 + X0 + X1)X4 + (X0 + X1)X3)X2$$

由图7-45(b),得:

$$Y0_{(b)} = X1X3X4 + X0X3X4 + X0X1X4 + X0X1X3$$
$$= (X1 + X0)X3X4 + (X4 + X3)X0X1$$

由图7-45(a)和图7-45(b)合并,得:

$$Y0 = (X0X1 + (X3 + X0 + X1)X4 + (X0 + X1)X3)X2 + (X1 + X0)X3X4 + (X4 + X3)X0X1$$

由上述Y0逻辑表达式画出梯形图如图7-46所示。很明显 $Y1 = \overline{Y0}$。

如图7-46所示梯形图是一个组合电路,不能记忆结果。当控制人松开按钮后结果就变了。并且在未表决之前,X0～X4均为0,绿灯是亮的。为了改变这一现象,可改为如图7-47所示的梯形图。每个按钮控制一个ALTP交替指令,按一次按钮,结果由0变1,再按一次按钮,结果由1变0,变为一个记忆电路。

初始状态,常开接点M5,断开Y0和Y1线圈,灯不亮。5个控制人按按钮进行表决,其结果记忆在M0～M4中。按下按钮X5,M5=1,接通Y0和Y1线圈,显示结果。结束后,再按下按钮X5,M5=0,断开Y0和Y1线圈,同时M5下降沿接点使M0～M4复位。

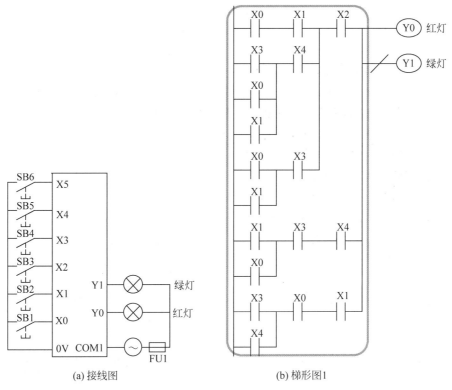

图 7-46　5 人表决器接线图和梯形图 1

(a) 接线图　　(b) 梯形图1

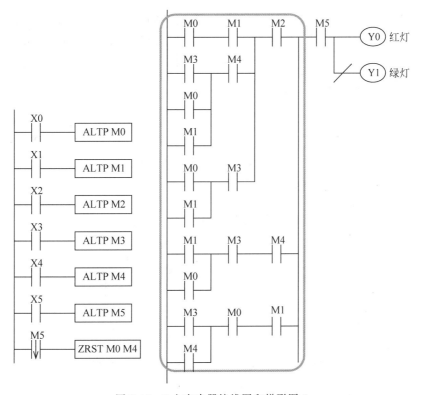

图 7-47　5 人表决器接线图和梯形图 2

习题

1. 主令元件和检测元件有什么不同？
2. 设计用 3 个开关都可以控制一盏灯，只有当两个开关闭合时灯才亮的梯形图。
3. 4 个开关的闭合与断开有几种组合？用二进制数表示。
4. 设计用 3 个开关都可以控制一盏灯的梯形图。
5. 化简逻辑表达式 $Y=AB+\bar{B}C+\bar{A}C$。
6. 化简逻辑表达式 $Y=AB+\bar{A}\bar{B}C+BC$。
7. 什么是组合电路？什么是时序电路？
8. 在题图 1 所示的梯形图中，哪些是组合电路？哪些是时序电路？

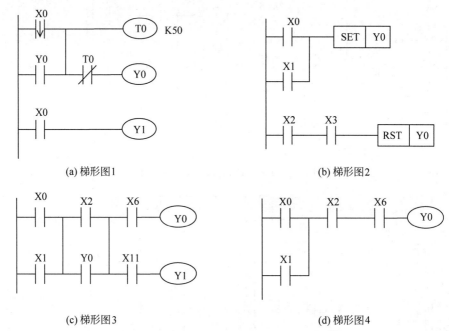

题图 1   4 个梯形图

9. 证明题图 2 两个梯形图相同。

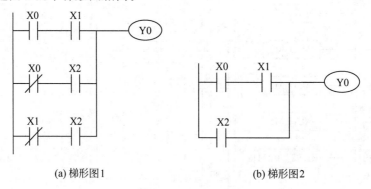

题图 2   两个梯形图

10. 化简题图 3 梯形图的接点。

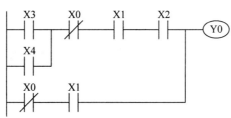

题图 3 化简梯形图接点

第 8 章

PLC 设计基本方法

可编程控制器(PLC)在电气控制系统中,主要根据控制梯形图进行开关量的逻辑运算,根据运算结果进行开关量的输出控制。如果和特殊模块连接,也可以进行模拟量的输入/输出控制。可编程控制器的设计主要分为控制梯形图设计、可编程控制器的输入/输出接线设计以及主电路的设计等,其中控制梯形图的设计是整个设计的核心部分。由于控制梯形图的设计基本上和常规电器的控制电路一样,所以掌握常规电器控制电路的控制原理和设计方法是可编程控制器设计的基础。

可编程控制器(PLC)使用范围十分广泛,往往涉及许多相关的电气知识和其他专业控制领域的相关知识,要想较好地掌握可编程控制器的使用和设计,要具备一定的相关基础知识,如电工学(含电工基础、电机学、电气控制)、电子学(含数字电路、模拟电路)、计算机基础等。

8.1 PLC 控制设计的基本要求

PLC 电气控制系统是控制电气设备的核心部件,因此 PLC 的控制性能是关系到整个控制系统是否能正常、安全、可靠、高效运行的关键所在。在设计 PLC 控制系统时,应遵循以下基本原则。

(1) 最大限度地满足被控对象的控制要求。

(2) 力求控制系统简单、经济、实用,维修方便。

(3) 保证控制系统的安全、可靠性。

(4) 操作简单、方便,并考虑有防止误操作的安全措施。

(5) 满足 PLC 的各项技术指标和环境要求。

8.2 PLC 控制设计的基本步骤

1. 对控制系统的控制要进行详细了解

在进行 PLC 控制设计之前,首先要详细了解其工艺过程和控制要求,应采取什么控制方式,需要哪些输入信号,选用什么输入元件,哪些信号需输出到 PLC 外部,通过什么元件执行驱动负载;弄清整个工艺过程各个环节的相互联系;了解机械运动部件的驱动方式,是液压、气动还是电动,运动部件与各电气执行元件之间的联系;了解系统的控制方式是全自动还是半自动的,控制过程是连续运行还是单周期运行,是否有手动调整要求等。另外,还要注意哪些量需要监控、报警、显示,是否需要故障诊断,需要哪些保护措施等。

2. 控制系统初步方案设计

控制系统的设计往往是一个渐进式、不断完善的过程。在这一过程中,先大致确定一个初步控制方案,首先解决主要控制部分,对于不太重要的监控、报警、显示、故障诊断以及保护措施等可暂不考虑。

3. 根据控制要求确定输入/输出元件,绘制输入/输出接线图和主电路图

根据 PLC 输入/输出量选择合适的输入和输出控制元件,计算所需的输入/输出点数,并参照其他要求选择合适的 PLC 机型。根据 PLC 机型特点和输入/输出控制元件绘制 PLC 输入/输出接线图,确定输入/输出控制元件与 PLC 的输入/输出端的对应关系。输入/输出元件的布置应尽量考虑接线、布线的方便,同一类的电气元件应尽量排在一起,这样有利于梯形图的编程。一般主电路比较简单,可一并绘制。

4. 根据控制要求和输入/输出接线图绘制梯形图

这一步是整个设计过程的关键,梯形图的设计需要掌握 PLC 的各种指令的应用技能和编程技巧,同时还要了解 PLC 的基本工作原理和硬件结构。梯形图的正确设计是确保控制系统安全可靠运行的关键。

5. 完善上述设计内容

完善和简化绘制的梯形图,检查是否有遗漏,若有必要,还可再反过来修改和完善输入/输出接线图和主电路图及初步方案设计,加入监控、报警、显示、故障诊断和保护措施等,最后进行统一完善。

6. 模拟仿真调试

在电气控制设备安装和接线前最好先在 PLC 上进行模拟调试,或在模拟仿真软件上进行仿真调试。三菱公司全系列可编程控制器的通用编程软件 GX Developer Version 8.34L (SW8D5C-GPPW-C)附带有仿真软件(GX Simulator Version 6),可对所编的梯形图进行仿真,确保控制梯形图没有问题后再进行联机调试。但仿真软件对某些部分功能指令是不支持的,这部分控制程序只能在 PLC 上进行模拟调试或现场调试。

7. 设备安装调试

将梯形图输入 PLC 中,根据设计的电路进行电气控制元件的安装和接线,在电气控制设备上进行试运行。

8.3　输入/输出接线图的设计

在设计 PLC 梯形图之前,应先设计输入/输出接线图,这一点很多读者不太关注,有些认为梯形图和输入/输出接线图关系不大,可以分开设计,这是不对的。

下面通过简单的实例说明 PLC 输入/输出接线图的设计。

例 8.1　两个地点控制一台电动机的控制。

将图 8-1 所示的两个地点控制一台电动机的控制电路改为 PLC 控制。

解:图 8-1 电路中有两个起动按钮、两个停止按钮和一个热继电器常闭接点,共有 5 个输入量。1个输出量为接触器线圈。将输入接点全部以常开接点的形式接在 PLC 的输入端上,将输出元件接在 PLC 的输出端上。将控制电路图 8-1 改为 PLC 控制的梯形图和 PLC 接线图,如图 8-2 所示。[①]

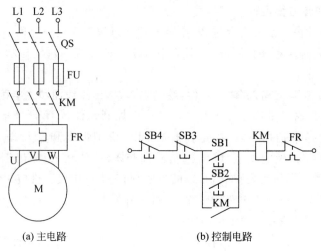

(a) 主电路   (b) 控制电路

图 8-1 两个地点控制一台电动机的控制电路

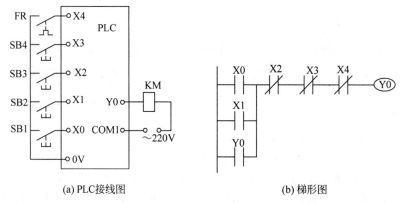

(a) PLC 接线图   (b) 梯形图

图 8-2 两个地点控制一台电动机的 PLC 控制图 1

1. 输入接线图的设计

例 8.1 是将一般控制电路转换为 PLC 控制,但是大多数情况下,PLC 的控制设计是根据控制要求设计的。

输入电路中最常用的输入元件有按钮、限位开关、无触点接近开关、普通开关、选择开关、各种继电器接点等。另外,常用的输入元件还有数字开关(也称拨码开关、拨盘)、旋转编码器和各种传感器等。

在输入接线图的设计时,应考虑输入接点的合理使用,下面介绍节省输入点的方法。

1) 梯形图中串、并联接点外接法

在图 8-2 中用了 5 个输入继电器,将梯形图中的 X0、X1 并联接点移至 PLC 输入端,将 X2、X3、X4 串联接点移至 PLC 输入端,如图 8-3(a)所示,就减少了输入点数。对应的梯形

---

① 在本书实例中一般不给出电动机主电路图。

图如图 8-3(b)所示。

为了便于读者理解,本书实例中的输入接点一般采用常开接点。注意,对于停止按钮和起保护作用的输入接点应采用常闭接点。这是因为,如果采用常开接点,一旦接点损坏不能闭合,或断线电路不通,人们一般不易察觉,设备将不能及时停止,可能造成设备损坏或危及人身安全。

根据下列公式可将如图 8-3(a)所示常开接点变成常闭接点。

$$X1 = SB3 + SB4 + FR$$

$$\overline{X1} = \overline{SB3}\ \overline{SB4}\ \overline{FR}$$

将图 8-3(a)所示的输入接点由常开接点改为常闭接点的同时,梯形图中对应的接点也要相应取反(常开接点改为常闭接点,常闭接点改为常开接点),如图 8-3(b)和图 8-3(d)所示。

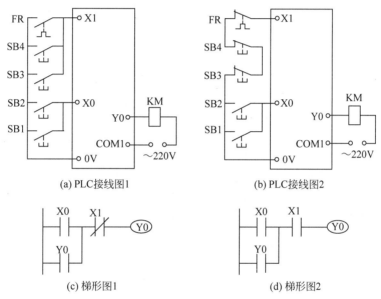

图 8-3 两个地点控制一台电动机的 PLC 控制图 2

2) 局部电路外移法

局部电路外移法是将控制电路图中的局部电路接到 PLC 的输入或输出端上。如图 8-4(a)所示,两个地点控制一台电动机的控制电路图,实际上是将全部控制电路外移到 PLC 的输入端,如图 8-4(b)所示。

比较图 8-3 和图 8-4,其控制功能是一样的,都是两个地点控制一台电动机。但是图 8-3是软件自锁,自锁接点是 Y0。图 8-4 是硬件自锁,自锁接点是 KM。

图 8-3 控制图在接触器 KM 故障时,对输入没有影响,输出端 Y0 不会变化。图 8-4 控制图在接触器 KM 出现故障时,自锁接点,KM 断开,输入继电器失电,输出继电器 Y0 失电,对输入和输出都是有影响的。

本书配套教学资源《工程案例手册》中的案例 10.11 绕线型电动机转子串电阻时间原则起动,也是采用的局部电路外移法。该实例是将原电路中的部分电路直接移至 PLC 的输入端,使多个输入接点共占用一个输入继电器。该实例还阐述了一个重要问题,就是并非所有的常规控制电路都可以直接转换成 PLC 控制梯形图,特别是电路中的互锁和联锁,往往要通过 PLC 外部硬接线才能实现。

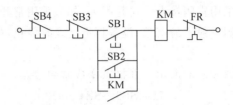

(a) 两个地点控制一台电动机的控制电路图

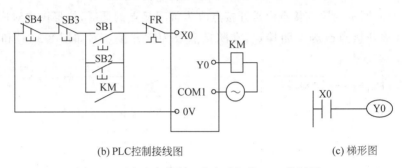

(b) PLC控制接线图　　　　(c) 梯形图

图 8-4　两个地点控制一台电动机的 PLC 控制图 3

3）编码输入法

编码输入是将多个输入继电器的组合作为输入信号,n 个输入继电器有 2^n 种组合,可以用 n 位二进制数表示,这种输入方法可以最大限度地利用输入点,一般需要梯形图译码。如图 8-5 所示,输入继电器 X0、X1 有 4 种组合（2 位二进制数 00、01、10、11）,用 M0～M3 表示,相当于 4 个输入信号。例如,开关在 2 位置,X1、X0＝10,梯形图中 M2 线圈得电。

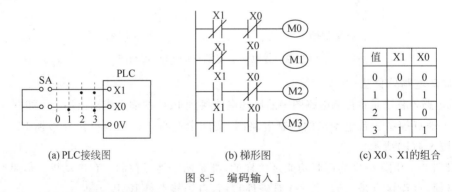

(a) PLC接线图　　　　(b) 梯形图　　　　(c) X0、X1的组合

图 8-5　编码输入 1

图 8-6 所示为使用按钮的编码输入,其原理和图 8-5 所示的原理基本一样。图 8-6（a）为按钮编码输入 PLC 接线图,例如按下按钮 SB1,X0＝1,X1＝0,X2＝0,图 8-6（b）梯形图中的 M1 线圈得电（M1＝1）。同理,按下按钮 SB2,X0＝0,X1＝1,X2＝0,图 8-6（b）梯形图中的 M2 线圈得电（M2＝1）等,这样可以表示 8 种不同输入的状态。图 8-6（b）译码梯形图也可以用译码指令 DECO 完成,如图 8-6（c）所示。

图 8-6（d）为图 8-6（c）译码梯形图 2 对应的辅助继电器 M0～M7 的值。

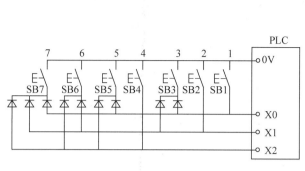

(a) 按钮编码输入PLC接线图

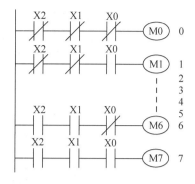

(b) 译码梯形图1

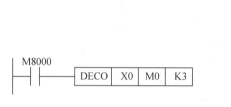

(c) 译码梯形图2

值	X2	X1	X0	M7	M6	M5	M4	M3	M2	M1	M0
0	0	0	0	0	0	0	0	0	0	0	1
按钮1	1	0	0	1	0	0	0	0	0	0	1	0
按钮2	2	0	1	0	0	0	0	0	0	1	0	0
按钮3	3	0	1	1	0	0	0	0	1	0	0	0
按钮4	4	1	0	0	0	0	0	1	0	0	0	0
按钮5	5	1	0	1	0	0	1	0	0	0	0	0
按钮6	6	1	1	0	0	1	0	0	0	0	0	0
按钮7	7	1	1	1	1	0	0	0	0	0	0	0

(d) 译码梯形图2对应的输出辅助继电器

图 8-6 编码输入 2

4）矩阵输入法

图 8-7 所示为 3 行 2 列输入矩阵,这种接线一般常用于有多种输入操作方式的场合。

例如,图 8-7 中的选择开关 SA 打在左边,则执行手动操作方式,用按钮进行输入操作;开关打在右边,则执行自动操作方式,由系统接点进行自动控制。

例 8.2 小车控制。

控制 1 辆小车在 A、B 两点之间运行,要求采用自动运行和手动两种控制方式。

在自动运行方式下,小车在 A、B 两点之间自动反复运行,采用过限位保护。在手动控制方式下,小车不受限位开关的控

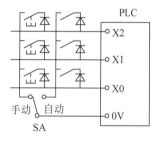

图 8-7 3 行 2 列输入矩阵

制,用按钮控制小车的前进、后退和停止。小车运行如图 8-8(a)所示。

小车运行控制 PLC 接线图和梯形图如图 8-8(b)和图 8-8(c)所示,当选择开关 SA 打在左边时,为手动控制,手动控制时,用按钮 SB1、SB2 和 SB3 分别控制小车的停止、前进和后退。

当选择开关 SA 打在右边时,为自动控制,自动控制时,小车起动后,前进到 B 点,碰到限位开关 SQ1,X2＝1,Y1 线圈失电,停止前进,Y2 线圈得电,小车后退。后退到 A 点,碰到限位开关 SQ2,X1＝1,Y2 线圈失电,停止后退,Y1 线圈得电,小车前进,并自动往返运行。

如果 SQ1、SQ2 限位开关损坏,小车运行过限位,碰到过限位开关 SQ3、SQ4,则 X0＝1,小车停止运行。

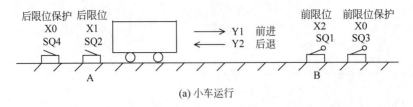

(a) 小车运行

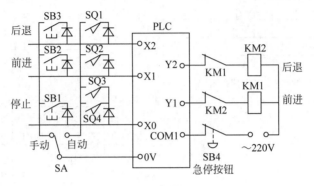

(b) PLC接线图

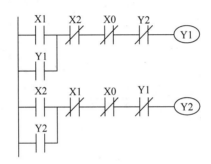

(c) PLC梯形图

图 8-8　小车运行控制

5）编程输入法

图 8-9 所示为用编程的方式组成的输入电路。输入按钮 SB 相当于一个 10 挡位的选择开关，初始位置为 M20 线圈得电，M20=1，接点闭合。

其工作原理如下：

按下按钮 SB，X1 接通一次，SFTL 指令执行一次左移，将 M20 的值"1"左移到 M21 中，使 M21=1，M21 的常闭接点断开，M20 线圈失电，M20=0。

再按下按钮 SB，SFTL 指令又执行一次左移，将 M21 的值"1"左移到 M22 中，使 M22=1，M22 的常闭接点断开，M20 线圈仍失电。

每按下一次按钮 SB，SFTL 指令执行一次左移。每次只有 1 个继电器 M=1，使 M20～M29 这 10 个继电器的接点依次轮流闭合，相当于一个 10 挡位的选择开关。

用编程的方法可以实现多种多样的输入方式和控制方式，关键在于灵活地应用各种基本逻辑指令和功能指令。

本书配套教学资源《工程案例手册》中的案例 10.2 单按钮控制三台电动机顺序起动、顺序停止以及例 10.4 单按钮控制三台电动机顺序起动，逆序停止等就是采用了编程输入法。

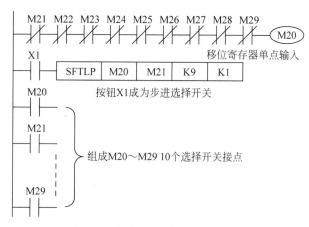

图 8-9　按钮式 10 挡位选择开关

6）一个按钮多用法

例 8.3 三相异步电动机"星形-三角形"降压起动 PLC 控制以及本书配套教学资源《工程案例手册》中的案例 10.5 控制 n 台电动机顺序起动，逆序停止其控制按钮 SB 既是起动按钮又是停止按钮。

2. 输出接线图的设计

PLC 输出电路中常用的输出元件有各种继电器、接触器、电磁阀、信号灯、报警器、发光二极管等。

PLC 输出电路采用直流电源时，对于感性负载，应反向并联二极管，否则接点的寿命会显著下降，二极管的反向耐压应大于负载电压的 5～10 倍，正向电流大于负载电流。

PLC 输出电路采用交流电源时，对于感性负载，应并联阻容吸收器（由一个 $0.1\mu F$ 电容器和一个 $100～120\Omega$ 电阻串联而成），以保护接点的寿命。

PLC 输出电路无内置熔断器，当负载短路等故障发生时将损坏输出元件。为了防止输出元件损坏，在输出电源中串接一个 5～10A 的熔断器，如图 8-10 所示。

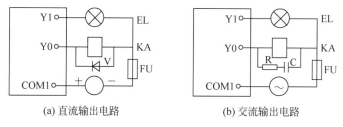

(a) 直流输出电路　　　　　　　　　(b) 交流输出电路

图 8-10　PLC 输出电路保护的措施

为了突出重点，本书中继电器、接触器未加反向并联二极管和阻容吸收器。在输出接线图的设计时，应考虑输出继电器的合理使用，下面介绍节省 PLC 输出点的方法。

1）利用控制电路的逻辑关系节省输出点

如图 8-11 所示，根据图 8-11(a) 的逻辑关系，对应的 PLC 接线图如图 8-11(b) 所示，需要三个输出继电器。利用控制电路的逻辑关系将其改为如图 8-11(c) 和图 8-11(d) 所示，则只需要两个输出继电器。

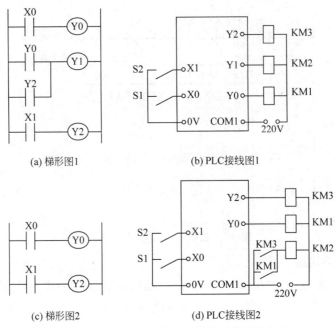

(a) 梯形图1　　　　　　　　(b) PLC接线图1

(c) 梯形图2　　　　　　　　(d) PLC接线图2

图 8-11　利用控制电路的逻辑关系节省输出点

2）利用控制电路的逻辑关系节省输出点

例 8.3　三相异步电动机"星形-三角形"降压起动 PLC 控制。

用 PLC 控制一台三相异步电动机的"星形-三角形"降压起动停止。

"星形-三角形"降压起动 PLC 控制电路一般需用 2 点输入（一个起动按钮，一个停止按钮），3 点输出（接触器 KM1～KM3）。利用控制电路的输出特点，考虑到星形起动接触器 KM2 只是在起动时用一下，可以和 KM1 共用一个输出点 Y1。SB 既做起动按钮又做停止按钮。这样，在图 8-12 所示的"星形-三角形"降压起动 PLC 控制电路中只用了 1 点输入，2 点输出。

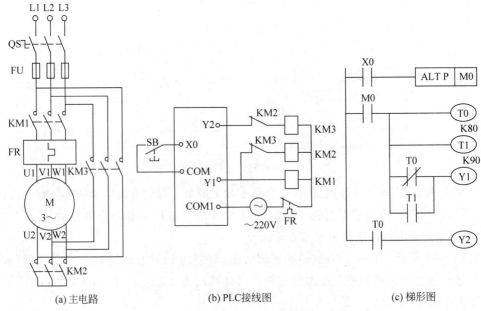

(a) 主电路　　　　　　　(b) PLC接线图　　　　　　　(c) 梯形图

图 8-12　"星形-三角形"降压起动 PLC 控制

3）矩阵输出

如例8.4工业袋式除尘器控制，使用了4点输出，当Y0＝0时，用于卸灰，当Y0＝1时，用于清灰。Y1～Y4既可以用于卸灰，也可以用于清灰。

例8.4　工业袋式除尘器控制。

某除尘器有4个除尘室，当除尘器开始工作时，1～4室依次轮流卸灰，每室卸灰时间为20s，卸灰完毕后起动反吹风机，3s后1～4室再依次轮流清灰，每室清灰时间为15s，结束后，再反复执行上述过程。图8-13所示为工业袋式除尘器的部分PLC控制电路。

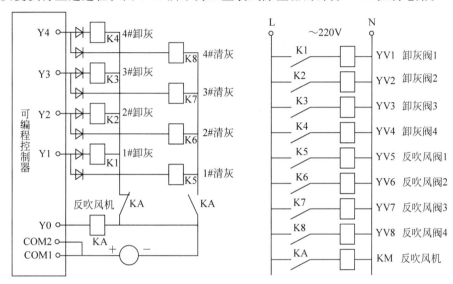

图8-13　工业袋式除尘器的部分PLC控制电路

每个除尘室分别有两个输出量：一个为卸灰，另一个为清灰，4个除尘室需用8个输出量，占用8个输出继电器。但是从分析除尘的工作过程可以知道，这8个输出量并不是同时工作，而是分为卸灰和清灰两个时间段。这样可以考虑用4个输出继电器Y1～Y4先依次控制1～4室的卸灰，卸灰结束后由反吹风输出继电器Y0将卸灰继电器K1～K4断开，并接通清灰继电器K5～K8，由输出继电器Y1～Y4再依次控制1～4室的清灰，这样就可以节省近一半的输出继电器。

这个电路实际上是一个4行2列的输出矩阵，采用直流电源和直流继电器，图8-13中的二极管用于防止产生寄生回路。

袋式除尘器PLC梯形图如图8-14所示。

4）外部译码输出

用七段数码管译码指令SEGD，可以直接驱动一个七段数码管，十分方便。电路也比较简单，但需要7个输出端。若采用在输出端外部译码，则可减少输出端的数量。外部译码的方法很多，如用七段数码管分时显示指令SEGL可以用12点输出控制8个七段数码管等。

图8-15所示为用集成电路4511组成的1位BCD译码驱动电路，只用了4点输出。如果显示值小于8可用3点输出，显示值小于4可用2点输出。

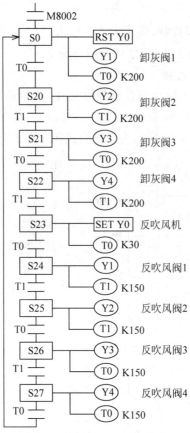

图 8-14　袋式除尘器 PLC 梯形图

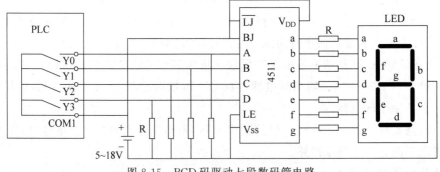

图 8-15　BCD 码驱动七段数码管电路

8.4　PLC 基本设计编程方法

控制电路根据逻辑关系可以分为组合电路和时序电路,在一个复杂的控制电路中也可能既有组合电路也有时序电路。

1. 组合电路的设计

控制结果只和输入有关的电路称为组合电路,由于组合电路的控制结果只和输入变量的状态有关,所以可以用布尔代数(也称为开关代数或逻辑代数)通过计算得出。

组合电路的梯形图设计步骤一般如下：

（1）根据控制条件列出真值表。

（2）由真值表写出逻辑表达式并进行化简。

（3）根据逻辑表达式画出控制电路。

例 8.5　三相电路缺相保护。

在三相电路缺相保护系统中，要求三相电压正常时，不报警；停电时，不报警；当一相或两相缺相时，则发出报警信号。

（1）根据控制要求列出真值表，如表 8-1 所示。

表 8-1　三相电路缺相保护真值表

A 相电压	B 相电压	C 相电压	报警信号	系统运行情况
X1	X2	X3	Y0	
0	0	0	0	停电
0	0	1	1	C 相缺相
0	1	0	1	B 相缺相
0	1	1	1	B 相、C 相缺相
1	0	0	1	A 相缺相
1	0	1	1	A 相、C 相缺相
1	1	0	1	A 相、B 相缺相
1	1	1	0	三相电压正常

（2）由真值表写出逻辑表达式：

$$Y0 = \bar{A}\bar{B}C + \bar{A}B\bar{C} + \bar{A}BC + A\bar{B}\bar{C} + A\bar{B}C + AB\bar{C}$$

用卡诺图化简逻辑表达式。卡诺图如图 8-16(a)所示。

（3）由卡诺图写出逻辑表达式：

$$Y = \bar{A}C + A\bar{B} + B\bar{C} = \overline{X1}X3 + X1\overline{X2} + + X2\overline{X3}$$

（4）由逻辑表达式画出 PLC 梯形图，如图 8-16(b)所示。

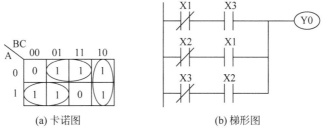

(a) 卡诺图　　　　　　(b) 梯形图

图 8-16　三相电路缺相保护设计卡诺图和梯形图 1

在卡诺图中，如果"0"比较少，可以圈"0"写出其反变量。如图 8-17(a)所示，写出逻辑表达式：

$$\bar{Y} = \bar{A}\,\bar{B}\,\bar{C} + ABC$$

$$Y = (A + B + C)(\bar{A} + \bar{B} + \bar{C})$$

由逻辑表达式画出 PLC 梯形图，如图 8-17(b)所示。

从上述可知，由卡诺图化简出的逻辑表达式及 PLC 梯形图不是唯一的。

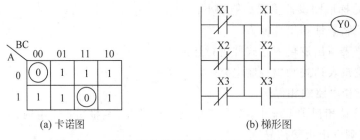

| | (a) 卡诺图 | | (b) 梯形图 |

图 8-17　三相电路缺相保护设计卡诺图和梯形图 2

2. 时序电路的设计

时序电路也称为记忆电路,其中包含有记忆元件。时序电路的控制结果不仅和输入变量的状态有关,也和记忆元件的状态有关。由于中间逻辑元件和输出执行元件中有记忆元件,所以,时序电路的控制结果是和输入变量、中间逻辑变量和输出逻辑变量三者都有关系的,由于时序电路的逻辑关系比较复杂,这类电路目前主要用经验法来设计。

在控制电路中,绝大部分电路都是时序电路,由继电器组成的控制电路中,时序电路实际上就是自锁电路,这种电路应用得十分广泛,一般没有固定的设计方式。

在 PLC 梯形图中含有 SET、OUT、MC 等逻辑线圈的梯形图都可以组成时序电路。

例 8.6　三相异步电动机的正反转控制。

如图 8-18 所示,按下正转按钮 SB1(X0),Y0 线圈得电自锁,电动机正转起动。按下 SB3,X0 和 X1 同时得电,电动机停止。按下反转按钮 SB2(X1),Y1 线圈得电自锁,电动机反转起动。由梯形图可知,输出线圈的得电或失电不仅和输入接点 X0 和 X1 有关,而且也和输出线圈 Y0 和 Y1 有关。这是一个具有自锁的电路,也称时序电路。

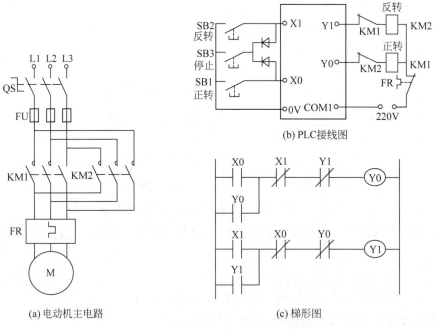

(a) 电动机主电路

(b) PLC接线图

(c) 梯形图

图 8-18　三相异步电动机的正反转控制

图 8-18 中三相异步电动机的正反转控制梯形图也可用图 8-19 所示的梯形图来控制。

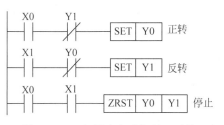

图 8-19　三相异步电动机的正反转控制梯形图

例如按下正转按钮 SB1(X0)，Y0 线圈得电置位，电动机正转起动。按下 SB3，X0 和 X1 同时得电，电动机停止。按下反转按钮 SB2(X1)，Y1 线圈得电置位，电动机反转起动。梯形图中 SET 指令用于记忆，这也同样是一个时序电路。

在时序电路中还有一种电路称为顺序控制电路，这种电路的特点是控制电路根据控制条件按一定顺序进行工作，设计方法较多，一般基本指令、步进指令和功能指令都可以使用。但是比较复杂的控制电路一般用步进顺控指令编程比较直观方便。

顺序控制电路也可以分为行程顺序控制、时间顺序控制和计数顺序控制等多种形式。

行程顺序控制：是电气设备触动行程开关的动作而进行工作的。如本书配套教学资源《工程案例手册》中的案例 10.10 组合钻床、案例 12.1 大小球分拣传送机械手、案例 12.2 电镀自动生产线 PLC 控制、案例 12.3 传送带机械手控制均为行程顺序控制。

时间顺序控制：是电气设备按照给定时间而进行工作的。如本书配套教学资源《工程案例手册》中的案例 10.1 三台电动机顺序定时起动同时停止和案例 10.6 六台电动机顺序起动、逆序停止等都是一种时间顺序控制。

计数顺序控制：是电气设备按照 PLC 计数器的计数顺序而进行工作的。如例 6.36 4 台电动机轮换运行控制和例 6.35 用一个按钮控制 4 台电动机顺序起动、逆序停止等为计数顺序控制。

8.5　PLC 的输入/输出接线方式

FX$_{3U}$ 型 PLC 的输入/输出接线方式如图 8-20 所示(以 FX$_{3U}$—48MR/ES(—A)和 FX$_{3U}$—48MT/ES(—A)为例)。

L 端用于连接交流电源的火线，N 端用于连接交流电源的零线。0V 和 24V 端子为 PLC 内部直流电源端子。S/S 为输入继电器内部的公共端。

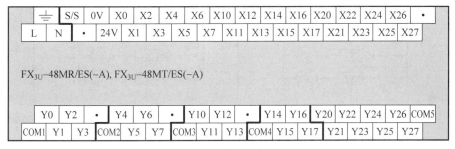

⏚	S/S	0V	X0	X2	X4	X6	X10	X12	X14	X16	X20	X22	X24	X26	•
L	N	•	24V	X1	X3	X5	X7	X11	X13	X15	X17	X21	X23	X25	X27

FX$_{3U}$-48MR/ES(—A), FX$_{3U}$-48MT/ES(—A)

Y0	Y2	•	Y4	Y6	•	Y10	Y12	•	Y14	Y16	Y20	Y22	Y24	Y26	COM5
COM1	Y1	Y3	COM2	Y5	Y7	COM3	Y11	Y13	COM4	Y15	Y17	Y21	Y23	Y25	Y27

图 8-20　PLC 输入/输出接线方式

1. FX$_{3U}$ 型 PLC 输入接线方式

FX$_{2N}$ 型可编程控制器的输入外部接线只可以接成漏型输入，输入公共端为 COM。我国一般采用漏型输入方式。

FX$_{3U}$ 型可编程控制器的输入根据外部接线,可以接成漏型输入,也可以接成源型输入。

漏型输入型的 S/S 端子连接在 DC24V 的"＋"极,输入电流从输入端流出,接近开关、编码器等传感器一般要采用 NPN 型,如图 8-21(a)和图 8-21(c)所示。

源型输入型的 S/S 端子连接在 DC24V 的"－"极,输入电流从输入端流入,接近开关、编码器等传感器一般要采用 PNP 型,如图 8-21(b)和图 8-21(d)所示。

对于 AC 电源型 PLC,有源开关(如接近开关等)可以连接在 PLC 内部提供的 24V 电源上,如图 8-21(a)和图 8-21(b)所示,也可以采用外接 24V 电源。

对于 DC 电源型 PLC,有源开关(如接近开关等)不要连接在 PLC 内部提供的 24V 电源端子上,如图 8-21(c)和图 8-21(d)所示。

2. FX$_{3U}$ 型 PLC 输出接线方式

PLC 输出通常有 4 种形式:继电器输出、双向晶闸管输出、晶体管源型输出和晶体管漏型输出,如图 8-22 所示。

继电器输出可驱动直流 30V 或交流 250V 负载,驱动负载较大,但响应时间较慢,常用于各种电动机、电磁阀及信号灯等负载的控制。

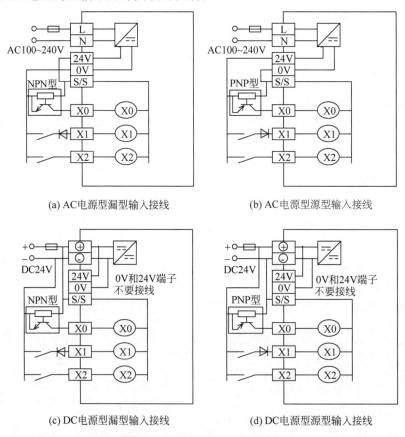

(a) AC电源型漏型输入接线   (b) AC电源型源型输入接线

(c) DC电源型漏型输入接线   (d) DC电源型源型输入接线

图 8-21   FX$_{3U}$ 型 PLC 输入接线

晶体管源型输出和漏型输出为直流输出,能驱动 5～30V 直流负载,驱动负载较小,但响应时间快,多用于电子线路的控制。

双向晶闸管输出为交流输出,能驱动 85～240V 交流负载,驱动负载较大,响应时间较慢。

从输出接点的连接方式可分为单点输出、4点共出和8点共出。图8-22所示均为4点共出连接方式。

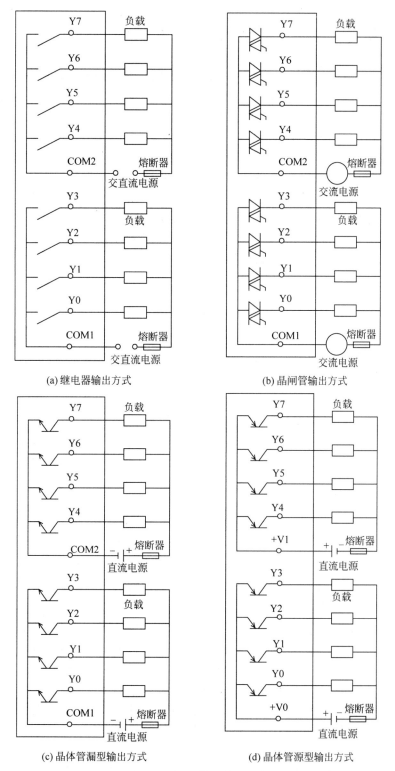

(a) 继电器输出方式

(b) 晶闸管输出方式

(c) 晶体管漏型输出方式

(d) 晶体管源型输出方式

图8-22 PLC输出接线方式

本书约定 PLC 输入为 AC 电源型漏型接线方式,输出接线一般采用继电器输出接线方式,少部分实例必须采用晶体管输出的,则输出接线采用晶体管漏型输出方式。

8.6 满足 PLC 控制设计的基本要求

PLC 控制设计除了满足基本的控制要求之外,还要满足前面提到的一些基本要求。如控制系统简单、经济、实用,维修方便,系统安全、可靠,并考虑有防止误操作的安全措施,以及满足 PLC 的各项技术指标和环境要求等。

例 8.7 用 PLC 控制一个大门的开和关。

用 PLC 控制一个大门的开和关,图 8-23 是门电机主电路和 PLC 接线图,主电路的保护有熔断器 FU 做电源的短路保护,热继电器 FR 做电动机的过载保护。

注意,图 8-23(b)PLC 接线图的输出一定要接常闭互锁接点 KM1 和 KM2,而不能只依靠 PLC 梯形图中的互锁接点。如果不接常闭互锁接点 KM1 和 KM2,那么在关门时,突然开门,Y1 失电 Y0 得电,KM2 失电有一个过程,主电路 KM2 触点还没有断开,KM1 迅速闭合,轻者烧坏接触器触点,重者造成三相电源两相短路。

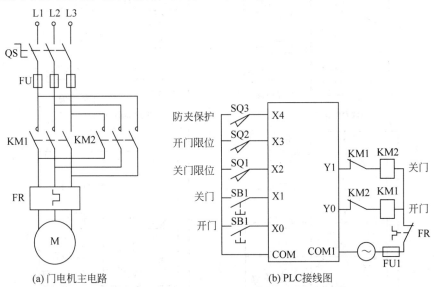

(a)门电机主电路   (b) PLC接线图

图 8-23　门电机主电路和 PLC 接线图

图 8-24 是开门和关门控制梯形图。这里有三种梯形图,这三种梯形图都有输出互锁保护和防夹保护。

图 8-24(a)的特点是开门时,必须是开门到位,碰到开门限位开关后才能关门。缺点是在开门过程中要关门时等的时间长,并且在开门的过程中,按关门按钮是无效的。

图 8-24(b)的特点是开门时,可以立即关门,不必开门到位,碰到开门限位开关后才能关门。缺点是在开门过程中突然关门,电机突然反转,起动电流太大。

为避免上述问题,可考虑采用 6-24(c)的梯形图。其特点是开门时,按关门按钮是有效的,当开门到位,碰到开门限位开关后就会自动关门。

图 8-24(c)开门和关门控制梯形图的工作原理如下。

在开门的过程中,Y0 得电。按下关门按钮 X1,由于 Y0 常闭接点断开,关门线圈 Y1 不能得电。但是 X1 接点使 M0 得电自锁,作为一个记忆信号给 Y1 线圈回路。当开门到位,碰到开门限位开关 X2,X2 常闭接点断开 Y0,Y0 常闭接点接通 Y1 线圈并自锁。X2 常开接点闭合,使 PLS M1 线圈发一个脉冲,M1 常闭接点断开 M0 的自锁,M0 线圈失电,M0 的两个接点断开。

可见图 8-24(c)对图 8-24(a)和图 8-24(b)进行了优化。

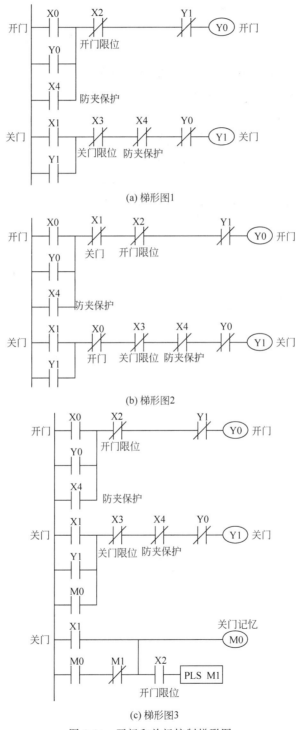

(a) 梯形图1

(b) 梯形图2

(c) 梯形图3

图 8-24　开门和关门控制梯形图

习题

1. 为什么停止按钮的输入接点应采用常闭接点？

2. PLC 的输出电路保护的措施有哪些？

3. 漏型输入型的 PLC 要采用什么型接近开关？源型输入型的 PLC 要采用什么型接近开关？

4. 组合电路用布尔代数设计梯形图的步骤一般分哪几步？

5. PLC 电动机正、反转控制的梯形图中已经有互锁接点了，为什么还要在输出电路的正、反转控制接触器电路加互锁接点？

6. 图 8-13 工业袋式除尘器 PLC 接线图中为什么要加二极管？

7. FX$_{3U}$ 型 PLC 有哪几种输出接线方式？

8. FX$_{3U}$-48MR/ES(−A)型 PLC 共有多少输入端和多少输出端？电源电压是交流还是直流？有多少伏？输出端可以同时接交流和直流电压吗？最多可以用几种电源电压？

9. 交流接触器和电磁阀应该用哪种 PLC 的输出方式？

第9章

PLC 编程软件

三菱公司 FX 系列 PLC 的编程输入主要有手持编程器和计算机编程软件。手持编程器体积小,携带方便,用于现场编程和程序调试,比较方便,但只能以指令的形式输入,所以程序输入或对程序的分析理解不太方便。目前比较常用的方法是采用计算机编程软件。三菱公司针对 PLC 编程软件分为 FXGP/WIN-C、GX Developer 和 GX Works2。

FXGP/WIN-C 编程软件可用于 FX_0/FX_{0S}、FX_{0N}、FX_1、FX_2/FX_{2C}、FX_{1S}、FX_{1N} 和 FX_{2N}/FX_{2NC} 系列 PLC。该软件简单易学、容量小,适合于初学者。

GX Developer 为全系列编程软件,低版本的可以用于上述 FX 系列 PLC,高版本的还可以用于 FX_{3G}、FX_{3U} 和 FX_{3UC} 系列 PLC,也可以用于 Q 系列、Q_{nA} 和 A 系列大中型系列 PLC,和仿真软件配合还可以对程序进行仿真。

GX Works2 编程软件为最新推出的全系列编程软件,使用方法和 GX Developer 基本类似,是一种功能更加强大的软件,有梯形图、SFC、结构化梯形图和 ST 多种程序语言。

由于 FX_{2N}/FX_{2NC} 等系列 PLC 已停产,FX_{3S}、FX_{3G}、FX_{3GC}、FX_{3U}、FX_{3UC} 和 FX_{5U} 系列 PLC 已成为主流的小型 PLC 产品。所以本书主要介绍 GX Developer 编程软件,该软件可以在三菱机电自动化(中国)有限公司的官方网站 http://www. mitsubishielectric-automation. cn/免费下载,并可免费申请安装序列号。

GX Developer 编程软件的安装和其他软件安装方法基本一致,安装时先安装环境包 EnvMEL 文件夹中的 SETUP. EXE,然后返回主目录,安装主目录下的 SETUP. EXE,安装过程中注意不要勾选"监控 GX Developer",最后安装仿真软件。

9.1　编程软件的基本操作

1. 编程软件的启动与退出

(1) 启动 GX Developer 编程软件,可以双击桌面上的图标,也可以依次单击桌面左下角的"开始"→"所有程序(P)"→"MELSOFT 应用程序"→"GX Developer"命令,如图 9-1 所示。弹出如图 9-2 所示的 GX Developer 编辑软件窗口。

图 9-1　初始打开 GX Developer 编程软件的方法

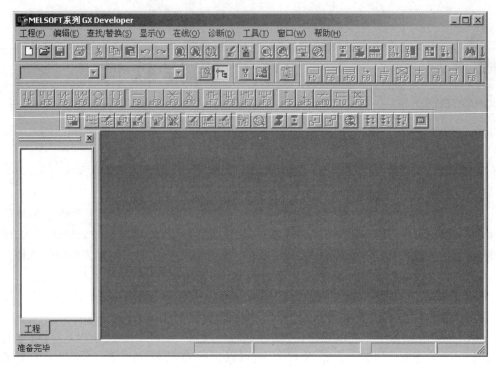

图 9-2 打开 GX Developer 编程软件窗口

（2）退出编程软件系统，选择"工程"→"关闭工程"命令即可。

2．文件的管理

1）创建新工程

选择"工程"→"创建新工程"命令，或者按 Ctrl＋N 快捷键操作，或者单击工具栏上的 图标，然后在弹出的"创建新工程"对话框中选择 PLC 系列、PLC 类型、程序类型（一般选择梯形图），再勾选"设备工程名"复选框，如图 9-3 所示。单击"确定"按钮，弹出如图 9-4 所示的对话框，单击"是"按钮，弹出梯形图编辑窗口，如图 9-5 所示。

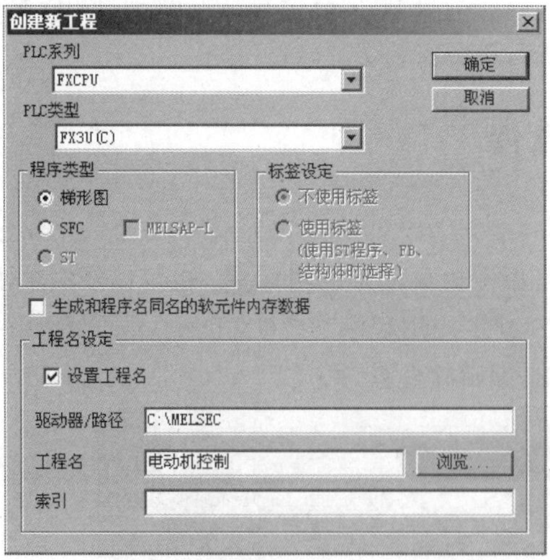

图 9-3 "创建新工程"对话框

图 9-4 对话框

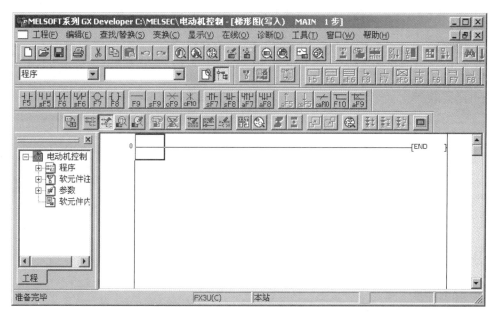

图 9-5 梯形图编辑窗口

2）打开原有工程

（1）打开原有工程就是打开已经保存工程的程序，选择"工程"→"打开工程"命令或按 Ctrl＋O 快捷键，或者单击工具栏中的 ⬚ 图标，弹出"打开工程"对话框，如图 9-6 所示。

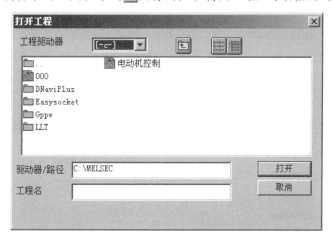

图 9-6 "打开工程"对话框

（2）在打开的对话框中选择一个所需的工程，然后单击"打开"按钮即可。也可在"工程名"文本框中输入要选择的一个工程名，然后单击"打开"按钮。

3）工程的保存和退出

（1）如果保存一个工程的程序，只要单击"工程保存"按钮 ⬚ 即可。如果将一个工程修改后另存为一个工程名，可选择"工程"→"另存工程为"命令，弹出"另存工程为"对话框，如图 9-7 所示，如将工程名修改为"电动机控制（2）"，单击"保存"按钮即可。

（2）将已处于打开状态的工程程序关闭，选择"工程"→"关闭工程"命令，弹出如图 9-8 所示的对话框，单击"是"按钮即可。

图 9-7 "另存工程为"对话框

图 9-8 "退出工程"的对话框

9.2 程序编辑操作

1. 梯形图编程输入法

用梯形图编程是较常用的一种方法。梯形图编程输入法包括图形符号输入法和指令输入法。

1) 图形符号输入法

用图形符号输入梯形图的方法如下：

(1) 选择菜单栏中的"编辑"→"梯形图标记"命令，再选择梯形图符号。此种方法使用较少。

(2) 单击梯形图符号的工具栏按钮，如图 9-9 所示。

图 9-9 工具栏

用梯形图符号编辑梯形图的方法如图 9-10 所示，如编辑常开接点 X6，可单击"常开接点"按钮，弹出"梯形图输入"对话框，输入 x6，单击"确定"按钮即可。

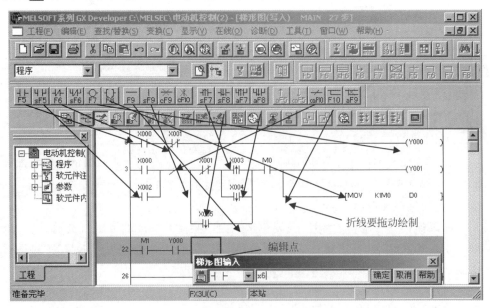

图 9-10 用图形符号输入梯形图

单击按钮 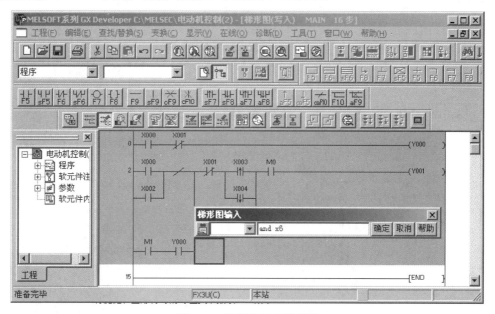，在编辑点处向下拖动一条竖线，再向右拖动一条横线，可以画一条 L 形折线。按钮 和按钮 用于删除横线、竖线和折线。

2）指令输入法

用指令也可以直接输入梯形图，如编辑常开接点 X6，可双击编辑点，弹出"梯形图输入"对话框，输入 and x6，单击"确定"按钮即可，如图 9-11 所示。

图 9-11　用指令输入梯形图

2. 指令表编程输入法

用指令表进行编程输入比较简单，单击按钮 即可，如图 9-12 所示。另外，也可通过选择菜单栏中的"显示"→"列表显示"命令，直接将指令用键盘输入。

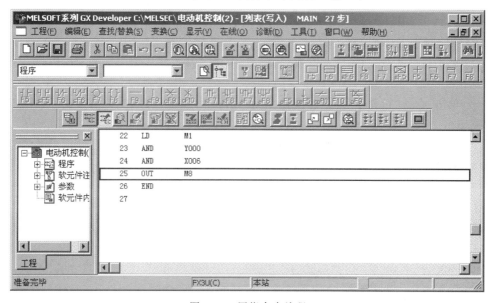

图 9-12　用指令表编程

3. SFC 图输入

（1）打开编程软件，单击左上角的 图标，弹出"创建新工程"对话框，选择 PLC 系列和类型，选择程序类型为 SFC，勾选"设置工程名"复选框，在"工程名"文本框中输入工程名，单击"确定"按钮，再单击"是"按钮，弹出如图 9-13 所示界面。

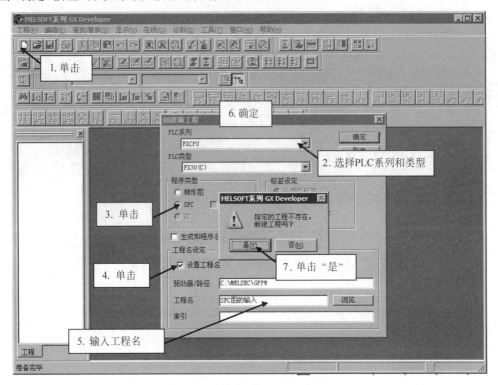

图 9-13　SFC 图输入过程 1

（2）如图 9-14 所示，单击 No 列中的 0，如果前面有梯形图，先输入梯形图，单击"梯形图块"单选按钮，再单击"执行"按钮，如图 9-14 所示。弹出梯形图界面，如图 9-15 所示，输入初始状态的梯形图。

（3）输入梯形图，梯形图全部输入后，单击"编译"图标，梯形图由灰色变成白色，单击 图标关闭梯形图，弹出如图 9-16 所示界面。

（4）单击 No 中 1，弹出"块信息设置"对话框，在"块标题"文本框中输入块标题，也可以不输入，单击"执行"按钮，弹出如图 9-17 所示界面。

（5）输入 S0 的状态步，单击 0 步编号，输入梯形图，全部梯形图输入完毕，单击"程序变换"图标，弹出如图 9-18(a)所示的界面。

（6）单击"?0"，单击梯形图，输入 S0 的转换条件，再单击"程序变换"图标，弹出如图 9-18(b)所示界面。

单击"下一步"，即 No 中 4 处，弹出"SFC 符号输入"对话框，单击，输入状态步如 S20，单击"确定"按钮，弹出如图 9-19 所示界面。

单击 S20 步，再单击右边梯形图的 0 步，输入 S20 的梯形图，单击"程序变换"图标，完成一个状态步的输入，以此类推，完成下一步。程序结果，要加 RET 指令，有些软件会自动加RET 指令。

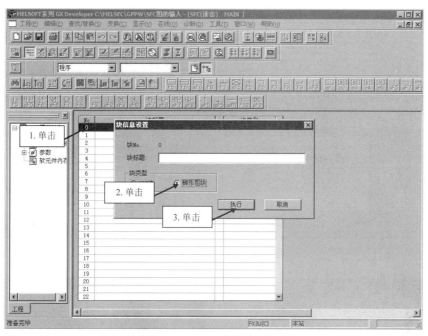

图 9-14 SFC 图输入过程 2

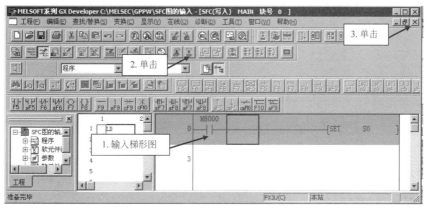

图 9-15 SFC 图输入过程 3

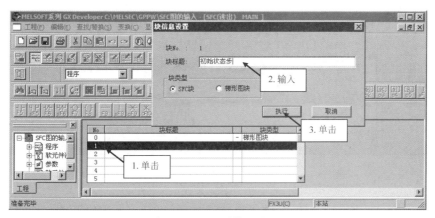

图 9-16 SFC 图输入过程 4

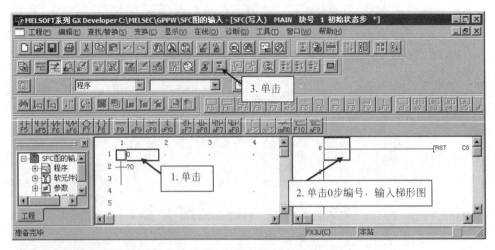

图 9-17　SFC 图输入过程 5

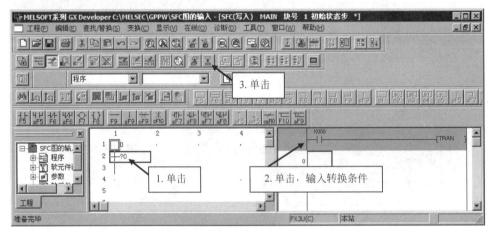

(a) SFC图输入过程6

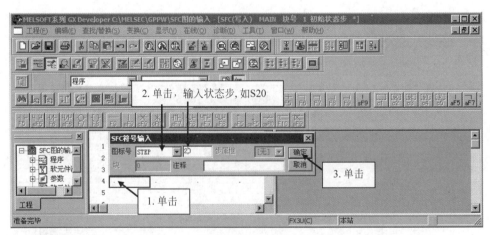

(b) SFC图输入过程7

图 9-18　SFC 图输入过程 6 和过程 7

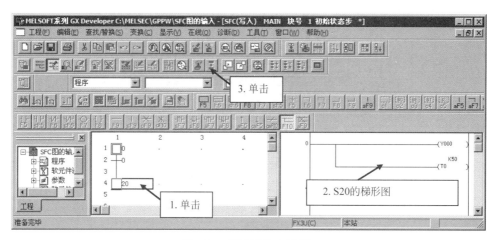

图 9-19 SFC 图输入过程 8

4. 梯形图修改

例如将图 9-20(a)所示的 OUT M8 改为 SET M8,可双击 M8 线圈,弹出梯形图输入对话框,将图 9-20(a)中对话框信息改为图 9-20(b)所示信息,单击"确定"按钮,变换结果如图 9-20(c)所示,按 F4 键,梯形图变换为如图 9-20(d)所示的结果。

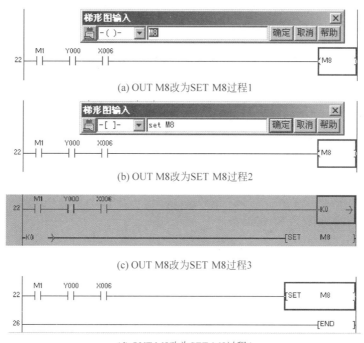

图 9-20 梯形图修改

5. 添加注释

(1) 为了便于阅读梯形图程序的控制原理,可以在梯形图上添加注释,选择"编辑"→"文档生成"→"注释编辑"命令,或单击按钮 ⬚。

(2) 双击要注释的软元件,如图 9-21(a)所示的 X000,弹出"注释输入"对话框,在对话框中输入软元件的名称如"开关 0",单击"确定"按钮即可添加软元件的名称,如图 9-21(b)所示。

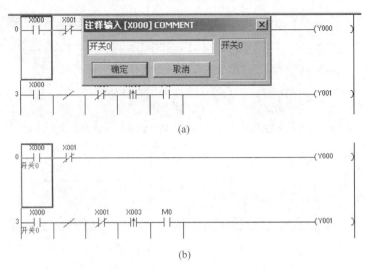

(a)

(b)

图 9-21　在梯形图上添加注释

（3）展开"软元件注释"，双击如图 9-22 所示的 COMMENT 项，在"软元件名"中输入 X0，单击"显示"按钮，即可看到 X 软元件的注释。如果要注释其他 X 软元件，也可以直接在表中添加。

图 9-22　在表中添加注释

6. 梯形图变换

用梯形图编程，其梯形图必须要经过变换，变换方法包括：①单击快捷按钮栏中的⬛图标；②按 F4 键；③选择"变换"→"变换"命令。经过变换的梯形图，会由深暗色变成白色，且可以自动生成指令表。

9.3　程序的传送

把编译好的程序写入 PLC 中称为下载，把 PLC 中的程序读取到计算机的编程界面中称为上传。在下载和上传之前，要把 PLC 的编程口和计算机的通信口用编程电缆连接起来，FX 系列 PLC 的编程电缆常用的是 SC-09。

1. 程序下载

程序下载之前必须要进行程序变换。

在菜单栏中选择"在线"→"PLC 写入"命令（或单击"PLC 写入"按钮⬛），弹出"PLC 写入"对话框,在对话框中根据需要勾选"程序""参数""软元件内存"复选框,然后单击"执行"按钮,程序即可由计算机写入 PLC 中。

2. 程序上传

在菜单栏中选择"在线"→"PLC 读取"命令(或单击"PLC 读取"按钮），弹出"PLC 读取"对话框,在对话框中根据需要勾选"程序""参数""软元件内存"复选框,然后单击"执行"按钮,程序即可由 PLC 读取到计算机中。

9.4 在线监视

在线监视就是通过计算机编程界面,实时监视 PLC 的程序执行情况。

在菜单栏中选择"在线"→"监视"→"监视模式"命令(或单击"监视模式"按钮），梯形图(程序)进入监视状态。

在监视状态下,凡是接通的接点和得电的线圈均以绿色条块显示,同时还能显示 T、C、D 等字元件的当前值。这样就能很方便地观察和分析各部分电路的工作状态。

9.5 程序的仿真

三菱公司为 PLC 设计了一款仿真软件 GX-Simulator,安装仿真软件 GX-Simulator 后,工具栏中将出现一个亮色的梯形图逻辑测试按钮，否则梯形图逻辑测试按钮是灰色的。

单击梯形图逻辑测试按钮，梯形图进入 RUN 运行状态,弹出如图 9-23 所示的界面。单击"软元件测试"按钮，弹出如图 9-24 所示的"软元件测试"界面。

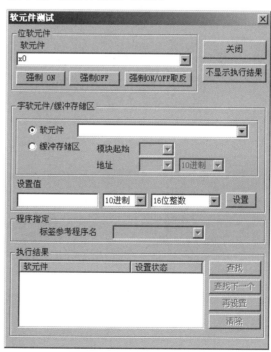

图 9-23 梯形图的 RUN 界面   图 9-24 软元件测试界面

　　例如模拟输入继电器 X0 接点闭合,可在"位软元件"栏的下拉列表框中输入 X0,如图 9-24 所示,单击"强制 ON"按钮,可模拟梯形图中的 X0 接点闭合,如图 9-25 所示,X0 接点变成亮蓝色,表示 X0 接点闭合。单击"强制 OFF"按钮,可模拟梯形图中的 X0 接点断开,X0 接点亮蓝色消失。

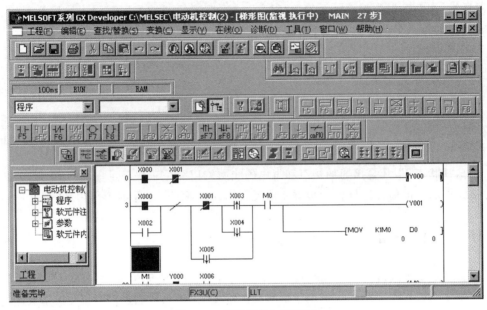

图 9-25　梯形图的仿真测试

FX₃U · FX₃UC 可编程

控制器软元件表

软 元 件 名	软元件编号	点数	说　明
输入输出继电器			
输入继电器	X000～X367 *¹	248 点	软元件的编号为八进制编号
输出继电器	Y000～Y367 *¹	248 点	输入/输出合计为 256 点
辅助继电器			
一般用[可变]	M0～M499	500 点	通过参数可以更改保持/非保持的
保持用[可变]	M500～M1023	524 点	设定
保持用[固定]	M1024～M7679 *²	6656 点	失电保持型
特殊用	M8000～M8511	512 点	
状态继电器			
初始化状态（一般用[可变]）	S0～S9	10 点	通过参数可以更改保持/非保持的设定
一般用[可变]	S10～S499	490 点	
保持用[可变]	S500～S899	400 点	
信号报警器用（保持用[可变]）	S900～S999	100 点	
保持用[固定]	S1000～S4095	3096 点	失电保持型
定时器			
100ms	T0～T191	192 点	0.1～3276.7s
100ms[子程序、中断子程序用]	T192～T199	8 点	0.1～3276.7s
10ms	T200～T245	46 点	0.01～327.67s
1ms 累计型	T246～T249	4 点	0.001～32.767s
100ms 累计型	T250～T255	6 点	0.1～3276.7s
1ms	T256～T511	256 点	0.001～32.767s
计数器			
一般用增计数（16 位）[可变]	C0～C99	100 点	0～32 767 的计数器通过参数可以更改保持/非保持的设定
保持用增计数（16 位）[可变]	C100～C199	100 点	

续表

软元件名	软元件编号	点数	说　明
一般用双方向（32 位）［可变］	C200～C219	20 点	−2 147 483 648 ～＋2 147 483 647 的计数器通过参数可以更改保持/非保持的设定
保持用双方向（32 位）［可变］	C220～C234	15 点	
高速计数器			
单相单计数的输入双方向（32 位）	C235～C245		C235～C255 中最多可以使用 8 点［保持用］通过参数可以更改保持/非保持的设定 −2 147 483 648 ～＋2 147 483 647 的计数器
单相双计数的输入双方向（32 位）	C246～C250		硬件计数器 单相：100kHz×6 点,10kHz×2 点 双相：50kHz(1 倍)、50kHz(4 倍)
双相双计数的输入双方向（32 位）	C251～C255		软件计数器 单相：40kHz 双相：40kHz(1 倍)、10kHz(4 倍)
数据寄存器（成对使用时 32 位）			
一般用（16 位）［可变］	D0～D199	200 点	通过参数可以更改保持/非保持的设定
保持用（16 位）［可变］	D200～D511	312 点	
保持用（16 位）［固定］ ＜文件寄存器＞	D512～D7999 ＜D1000～D7999＞	7488 点 ＜7000 点＞	通过参数可以将寄存器 7488 点中 D1000 以后的软元件以每 500 点为单位设定为文件寄存器
特殊用（16 位）	D8000～D8511	512 点	
变址用（16 位）	V0～V7,Z0～Z7	16 点	
扩展寄存器,扩展文件寄存器			
扩展寄存器（16 位）	R0～R32767	32768 点	通过电池进行停电保持
扩展文件寄存器（16 位）	ER0～ER32767	32768 点	仅在安装存储器盒时可用
指针			
JUMP、CALL 分支用	P0～P4095	4096 点	CJ 指令、CALL 指令用
输入中断输入延迟中断	I0□□～I5□□	6 点	
定时器中断	I6□□～I8□□	3 点	
计数器中断	I010～I060	6 点	HSCS 指令用
嵌套			
主控用	N0～N7	8 点	MC 指令用
常数			
十进制数（K）	16 位		−32 768～ ＋32 767
	32 位		−2 147 483 648～ ＋2 147 483 647
十六进制数（H）	16 位		0～FFFF
	32 位		0～FFFFFFFF
实数（E）	32 位		$−1.0×2^{128}$ ～ $−1.0×2^{−126}$, 0, $1.0×2^{−126}$ ～ $1.0×2^{128}$ 可以用小数点和指数形式表示
字符串（" "）	字符串		用" "框起来的字符进行指定。指令上的常数中,最多可以使用到半角的 32 个字符

应用指令一览表

FNC №	指 令	指 令 功 能	FX₃S	FX₃G	FX₃GC	FX₃U	FX₃UC	FX₁S	FX₁N	FX₁NC	FX₂N	FX₂NC
程序流程												
00	CJ(P)	条件跳转	○	○	○	○	○	○	○	○	○	○
01	CALL(P)	子程序调用	○	○	○	○	○	○	○	○	○	○
02	SRET	子程序返回	○	○	○	○	○	○	○	○	○	○
03	IRET	中断返回	○	○	○	○	○	○	○	○	○	○
04	EI※	允许中断	○	○	○	○	○	○	○	○	○	○
05	DI(P)※	禁止中断	○	○	○	○	○	○	○	○	○	○
06	FEND	主程序结束	○	○	○	○	○	○	○	○	○	○
07	WDT(P)※	看门狗定时器	○	○	○	○	○	○	○	○	○	○
08	FOR	循环范围的开始	○	○	○	○	○	○	○	○	○	○
09	NEXT	循环范围的结束	○	○	○	○	○	○	○	○	○	○
传送·比较												
10	(D)CMP(P)	比较	○	○	○	○	○	○	○	○	○	○
11	(D)ZCP(P)	区间比较	○	○	○	○	○	○	○	○	○	○
12	(D)MOV(P)	传送	○	○	○	○	○	○	○	○	○	○
13	SMOV(P)	位移动	○	○	○	○	○	—	—	—	○	○
14	(D)CML(P)	反转传送	○	○	○	○	○	—	—	—	○	○
15	BMOV(P)	成批传送	○	○	○	○	○	○	○	○	○	○
16	(D)FMOV(P)	多点传送	○	○	○	○	○	—	—	—	○	○
17	(D)XCH(P)	交换	—	—	—	○	○	—	—	—	○	○
18	(D)BCD(P)	BCD 转换	○	○	○	○	○	○	○	○	○	○
19	(D)BIN(P)	BIN 转换	○	○	○	○	○	○	○	○	○	○
四则·逻辑运算												
20	(D)ADD(P)	BIN 加法运算	○	○	○	○	○	○	○	○	○	○
21	(D)SUB(P)	BIN 减法运算	○	○	○	○	○	○	○	○	○	○
22	(D)M(D)UL(P)	BIN 乘法运算	○	○	○	○	○	○	○	○	○	○
23	(D)DIV(P)	BIN 除法运算	○	○	○	○	○	○	○	○	○	○
24	(D)INC(P)	BIN 加一	○	○	○	○	○	○	○	○	○	○
25	(D)DEC(P)	BIN 减一	○	○	○	○	○	○	○	○	○	○
26	(D)WAND(P)	逻辑与	○	○	○	○	○	○	○	○	○	○

续表

FNC №	指　　令	指 令 功 能	FX3S	FX3G	FX3GC	FX3U	FX3UC	FX1S	FX1N	FX1NC	FX2N	FX2NC
27	(D)WOR(P)	逻辑或	○	○	○	○	○	○	○	○	○	○
28	(D)WXOR(P)	逻辑异或	○	○	○	○	○	○	○	○	○	○
29	(D)NEG(P)	补码	—	—	—	○	○	—	—	—	○	○
循环·移位												
30	(D)ROR(P)	循环右移	○	○	○	○	○	—	—	—	○	○
31	(D)ROL(P)	循环左移	○	○	○	○	○	—	—	—	○	○
32	(D)RCR(P)	带进位循环右移	—	—	—	○	○	—	—	—	○	○
33	(D)RCL(P)	带进位循环左移	—	—	—	○	○	—	—	—	○	○
34	SFTR(P)	位右移	○	○	○	○	○	○	○	○	○	○
35	SFTL(P)	位左移	○	○	○	○	○	○	○	○	○	○
36	WSFR(P)	字右移	○	○	○	○	○	—	—	—	○	○
37	WSFL(P)	字左移	○	○	○	○	○	—	—	—	○	○
38	SFWR(P)	移位写入[先入先出/先入后出控制用]	○	○	○	○	○	○	○	○	○	○
39	SFRD(P)	移位读出[先入先出控制用]	○	○	○	○	○	○	○	○	○	○
数据处理												
40	ZRST(P)	成批复位	○	○	○	○	○	○	○	○	○	○
41	DECO(P)	译码	○	○	○	○	○	○	○	○	○	○
42	ENCO(P)	编码	○	○	○	○	○	○	○	○	○	○
43	(D)SUM(P)	1 的个数	○	○	○	○	○	—	—	—	○	○
44	(D)BON(P)	置 1 位的判断	○	○	○	○	○	—	—	—	○	○
45	(D)MEAN(P)	平均值	○	○	○	○	○	○	○	○	○	○
46	ANS	信号报警器置位	—	○	○	○	○	—	—	—	○	○
47	ANR(P)	信号报警器复位	—	○	○	○	○	—	—	—	○	○
48	(D)SQR(P)	BIN 开方运算	—	—	—	○	○	—	—	—	○	○
49	(D)FLT(P)	BIN 整数→二进制浮点数转换	○	⑥	○	○	○	—	—	—	○	○
高速处理												
50	REF(P)※	输入/输出刷新	○	○	○	○	○	○	○	○	○	○
51	REFF(P)※	输入刷新(带滤波器设定)	—	—	—	○	○	—	—	—	○	○
52	MTR※	矩阵输入	○	○	○	○	○	○	○	○	○	○
53	D HSCS ※	比较置位(高速计数器用)	○	○	○	○	○	○	○	○	○	○
54	D HSCR ※	比较复位(高速计数器用)	○	○	○	○	○	○	○	○	○	○
55	D HSZ ※	区间比较(高速计数器用)	○	○	○	○	○	—	—	—	○	○
56	SPD※	脉冲密度	○	○	○	○	○	○	○	○	○	○
57	(D)PLSY ※	脉冲输出	○	○	○	○	○	○	○	○	○	○
58	PWM ※	脉宽调制	○	○	○	○	○	○	○	○	○	○
59	(D)PLSR ※	带加减速的脉冲输出	○	○	○	○	○	○	○	○	○	○
方便指令												
60	IST	初始化状态	○	○	○	○	○	○	○	○	○	○

续表

FNC No	指　　令	指令功能	FX₃S	FX₃G	FX₃GC	FX₃U	FX₃UC	FX₁S	FX₁N	FX₁NC	FX₂N	FX₂NC
61	(D)SER(P)	数据查找	○	○	○	○	○	—	—	—	○	○
62	(D)ABSD	凸轮顺控绝对方式	○	○	○	○	○	○	○	○	○	○
63	INCD	凸轮顺控相对方式	○	○	○	○	○	○	○	○	○	○
64	TTMR	示教定时器	—	—	—	○	○	—	—	—	○	○
65	STMR	特殊定时器	—	—	—	○	○	—	—	—	○	○
66	ALT(P)	交替输出	○	○	○	○	○	○	○	○	○	○
67	RAMP	斜坡信号	○	○	○	○	○	○	○	○	○	○
68	ROTC ※	旋转工作台控制	—	—	—	○	○	—	—	—	○	○
69	SORT	数据排序	—	—	—	○	○	—	—	—	○	○
外部设备 I/O											
70	TKY ※	数字键输入	—	—	—	○	○	—	—	—	○	○
71	HKY ※	十六进制数字键输入	—	—	—	○	○	—	—	—	○	○
72	DSW ※	数字开关	○	○	○	○	○	—	—	—	○	○
73	SEGD(P)※	七段解码器	—	—	—	○	○	—	—	—	○	○
74	SEGL※	7SEG 时分显示	○	○	○	○	○	—	—	—	○	○
75	ARWS※	箭头开关	—	—	—	○	○	—	—	—	○	○
76	ASC	ASCII 数据输入	—	—	—	○	○	—	—	—	○	○
77	PR※	ASCII 码打印	—	—	—	○	○	—	—	—	○	○
78	(D)FROM(P)	BFM 的读出	—	○	○	○	○	—	○	○	○	○
79	(D)TO(P)	BFM 的写入	—	○	○	○	○	—	○	○	○	○
外部设备(选件设备)											
80	RS※	串行数据传送	○	○	○	○	○	○	○	○	○	○
81	(D)PRUN(P)※	八进制位传送	○	○	○	○	○	○	○	○	○	○
82	ASCI(P)	HEX→ASCII 的转换	○	○	○	○	○	○	○	○	○	○
83	HEX(P)	ASCII→HEX 的转换	○	○	○	○	○	○	○	○	○	○
84	CCD(P)※	校验码	○	○	○	○	○	○	○	○	○	○
85	VRRD(P)※	电位器读出	○	⑥	—	⑨	⑨	○	○	—	○	—
86	VRSC(P)※	电位器刻度	○	⑥	—	⑨	⑨	○	○	—	○	—
87	RS2※	串行数据传送 2	○	○	○	○	○	—	—	—	—	—
88	PID※	PID 运算	○	○	○	○	○	○	○	○	○	○
数据传送 2											
102	ZPUSH(P)	变址寄存器的成批保存	—	—	—	○	⑤	—	—	—	—	—
103	ZPOP(P)	变址寄存器的恢复	—	—	—	○	⑤	—	—	—	—	—
二进制浮点数运算											
110	D ECMP(P)	二进制浮点数比较	○	⑥	○	○	○	—	—	—	○	○
111	D EZCP(P)	二进制浮点数区间比较	—	—	—	○	○	—	—	—	○	○
112	D EMOV(P)	二进制浮点数数据传送	○	⑥	○	○	○	—	—	—	—	—
116	D ESTR(P)	二进制浮点数→字符串的转换	—	—	—	○	○	—	—	—	—	—
117	D EVAL(P)	字符串→二进制浮点数的转换	—	—	—	○	○	—	—	—	—	—

续表

FNC No	指　令	指令功能	FX3S	FX3G	FX3GC	FX3U	FX3UC	FX1S	FX1N	FX1NC	FX2N	FX2NC
118	D EBCD(P)	二进制浮点数→十进制浮点数的转换	—	—	—	○	○	—	—	—	○	○
119	D EBIN(P)	十进制浮点数→二进制浮点数的转换	—	—	—	○	○	—	—	—	○	○
120	D EADD(P)	二进制浮点数加法运算	—	⑥	○	○	○	—	—	—	○	○
121	D ESUB(P)	二进制浮点数减法运算	—	⑥	○	○	○	—	—	—	○	○
122	D EMUL(P)	二进制浮点数乘法运算	—	⑥	○	○	○	—	—	—	○	○
123	D EDIV(P)	二进制浮点数除法运算	—	⑥	○	○	○	—	—	—	○	○
124	D EXP(P)	二进制浮点数指数运算	—	—	—	○	○	—	—	—	—	—
125	D LOGE(P)	二进制浮点数自然对数运算	—	—	—	○	○	—	—	—	—	—
126	D LOG10(P)	二进制浮点数常用对数运算	—	—	—	○	○	—	—	—	—	—
127	D ESQR(P)	二进制浮点数开方运算	○	⑥	○	○	○	—	—	—	○	—
128	D ENEG(P)	二进制浮点数符号翻转	—	—	—	○	○	—	—	—	—	—
129	(D)INT(P)	二进制浮点数→BIN 整数的转换	○	⑥	○	○	○	—	—	—	○	○
130	D SIN(P)	二进制浮点数 SIN 运算	—	—	—	○	○	—	—	—	○	○
131	D COS(P)	二进制浮点数 COS 运算	—	—	—	○	○	—	—	—	○	○
132	D TAN(P)	二进制浮点数 TAN 运算	—	—	—	○	○	—	—	—	○	○
133	D ASIN(P)	二进制浮点数 SIN-1 运算	—	—	—	○	○	—	—	—	—	—
134	D ACOS(P)	二进制浮点数 COS-1 运算	—	—	—	○	○	—	—	—	—	—
135	D ATAN(P)	二进制浮点数 TAN-1 运算	—	—	—	○	○	—	—	—	—	—
136	D RAD(P)	二进制浮点数角度→弧度的转换	—	—	—	○	○	—	—	—	—	—
137	D DEG(P)	二进制浮点数弧度→角度的转换	—	—	—	○	○	—	—	—	—	—
数据处理 2												
140	(D)WSUM(P)	算出数据合计值	—	—	—	○	⑤	—	—	—	—	—
141	WTOB(P)	字节单位的数据分离	—	—	—	○	⑤	—	—	—	—	—
142	BTOW(P)	字节单位的数据结合	—	—	—	○	⑤	—	—	—	—	—
143	UNI(P)	16 数据位的 4 位结合	—	—	—	○	⑤	—	—	—	—	—
144	DIS(P)	16 数据位的 4 位分离	—	—	—	○	⑤	—	—	—	—	—
147	(D)SWAP(P)	高低字节互换	—	—	—	○	○	—	—	—	○	—
149	(D)SORT2	数据排序 2	—	—	—	○	⑤	—	—	—	—	—
定位控制												
150	DSZR※	带 DOG 搜索的原点回归	○	○	○	○	④	—	—	—	—	—

右上角：续表

FNC No	指　　令	指 令 功 能	FX_{3S}	FX_{3G}	FX_{3GC}	FX_{3U}	FX_{3UC}	FX_{1S}	FX_{1N}	FX_{1NC}	FX_{2N}	FX_{2NC}
151	(D)DVIT ※	中断定位	—	—	—	○	②④	—	—	—	—	—
152	D TBL ※	表格设定定位	—	○	○	○	⑤	—	—	—	—	—
155	D ABS ※	读出 ABS 当前值	○	○	○	○	○	○	○	○	①	①
156	(D)ZRN ※	原点回归	○	○	○	○	④	○	○	○	○	○
157	(D)PLSV ※	可变速脉冲输出	○	○	○	○	○	○	○	○	○	○
158	(D)DRVI ※	相对定位	○	○	○	○	○	○	○	○	○	○
159	(D)DRVA ※	绝对定位	○	○	○	○	○	○	○	○	○	○
时钟运算												
160	TCMP(P)	时钟数据比较	○	○	○	○	○	○	○	○	○	○
161	TZCP(P)	时钟数据区间比较	○	○	○	○	○	○	○	○	○	○
162	TADD(P)	时钟数据加法运算	○	○	○	○	○	○	○	○	○	○
163	TSUB(P)	时钟数据减法运算	○	○	○	○	○	○	○	○	○	○
164	(D)HTOS(P)	时、分、秒数据的秒转换	—	—	—	○	○	—	—	—	—	—
165	(D)STOH(P)	秒数据的［时、分、秒］转换	—	—	—	○	○	—	—	—	—	—
166	TRD(P)	读出时钟数据	○	○	○	○	○	○	○	○	○	○
167	TWR(P)※	写入时钟数据	○	○	○	○	○	○	○	○	○	○
169	(D)HOUR	计时表	○	○	○	○	○	○	○	○	①	①
外部设备												
170	(D)GRY(P)	格雷码的转换	○	○	○	○	○	—	—	—	○	○
171	(D)GBIN(P)	格雷码的逆转换	○	○	○	○	○	—	—	—	○	○
176	RD3A※	模拟量模块的读出	—	○	○	○	○	—	○	○	①	①
177	WR3A※	模拟量模块的写入	—	○	○	○	○	—	○	○	①	①
替换指令												
180	EXTR※	变频器控制替代指令（FX_{2N}/FX_{2NC}用）	—	—	—	—	—	—	—	—	①	①
其他指令												
182	COMRD(P)※	读出软元件的注释数据	—	—	—	○	⑤	—	—	—	—	—
184	RND(P)※	产生随机数	—	—	—	○	○	—	—	—	—	—
186	DUTY※	产生定时脉冲	—	—	—	○	⑤	—	—	—	—	—
188	CRC(P)※	CRC 运算	—	—	—	○	○	—	—	—	—	—
189	D HCMOV ※	高速计数器传送	—	—	—	○	④	—	—	—	—	—
数据块处理												
192	(D)BK+(P)	数据块的加法运算	—	—	—	○	⑤	—	—	—	—	—
193	(D)BK-(P)	数据块的减法运算	—	—	—	○	⑤	—	—	—	—	—
194	(D)BKCMP=(P)	数据块比较 S1＝S2	—	—	—	○	⑤	—	—	—	—	—
195	(D)BKCMP＞(P)	数据块比较 S1＞S2	—	—	—	○	⑤	—	—	—	—	—
196	(D)BKCMP＜(P)	数据块比较 S1＜S2	—	—	—	○	⑤	—	—	—	—	—
197	(D)BKCMP＜＞(P)	数据块比较 S1≠S2	—	—	—	○	⑤	—	—	—	—	—
198	(D)BKCMP≤(P)	数据块比较 S1≤S2	—	—	—	○	⑤	—	—	—	—	—

FNC №	指　令	指令功能	FX3S	FX3G	FX3GC	FX3U	FX3UC	FX1S	FX1N	FX1NC	FX2N	FX2NC
199	(D)BKCMP≥(P)	数据块比较 S1≥S2	—	—	—	○	⑤	—	—	—	—	—
字符串控制												
200	(D)STR(P)	BIN 转换为字符串	—	—	—	○	⑤	—	—	—	—	—
201	(D)VAL(P)	字符串转换为 BIN	—	—	—	○	⑤	—	—	—	—	—
202	$＋(P)	字符串的结合	—	—	—	○	○	—	—	—	—	—
203	LEN(P)	检测出字符串的长度	—	—	—	○	○	—	—	—	—	—
204	RIGHT(P)	从字符串的右侧开始取出	—	—	—	○	○	—	—	—	—	—
205	LEFT(P)	从字符串的左侧开始取出	—	—	—	○	○	—	—	—	—	—
206	MIDR(P)	从字符串中的任意取出	—	—	—	○	○	—	—	—	—	—
207	MIDW(P)	字符串中的任意替换	—	—	—	○	○	—	—	—	—	—
208	INSTR(P)	字符串的检查	—	—	—	○	⑤	—	—	—	—	—
209	$MOV(P)	字符串的传送	—	—	—	○	○	—	—	—	—	—
数据处理 3												
210	FDEL(P)	数据表的数据删除	—	—	—	○	⑤	—	—	—	—	—
211	FINS(P)	数据表的数据插入	—	—	—	○	⑤	—	—	—	—	—
212	POP(P)	读取后入的数据[先入后出控制用]	—	—	—	○	○	—	—	—	—	—
213	SFR(P)	16 位数据 n 位右移(带进位)	—	—	—	○	○	—	—	—	—	—
214	SFL(P)	16 位数据 n 位左移(带进位)	—	—	—	○	○	—	—	—	—	—
触点比较指令												
224	LD(D)＝	触点比较 LD S1＝S2	○	○	○	○	○	○	○	○	○	○
225	LD(D)＞	触点比较 LD S1＞S2	○	○	○	○	○	○	○	○	○	○
226	LD(D)＜	触点比较 LD S1＜S2	○	○	○	○	○	○	○	○	○	○
228	LD(D)＜＞	触点比较 LD S1≠S2	○	○	○	○	○	○	○	○	○	○
229	LD(D)≤	触点比较 LD S1≤S2	○	○	○	○	○	○	○	○	○	○
230	LD(D)≥	触点比较 LD S1≥S2	○	○	○	○	○	○	○	○	○	○
232	AND(D)＝	触点比较 AND S1＝S2	○	○	○	○	○	○	○	○	○	○
233	AND(D)＞	触点比较 AND S1＞S2	○	○	○	○	○	○	○	○	○	○
234	AND(D)＜	触点比较 AND S1＜S2	○	○	○	○	○	○	○	○	○	○
236	AND(D)＜＞	触点比较 AND S1≠S2	○	○	○	○	○	○	○	○	○	○
237	AND(D)≤	触点比较 AND S1≤S2	○	○	○	○	○	○	○	○	○	○
238	AND(D)≥	触点比较 AND S1≥S2	○	○	○	○	○	○	○	○	○	○
240	OR(D)＝	触点比较 OR S1＝S2	○	○	○	○	○	○	○	○	○	○
241	OR(D)＞	触点比较 OR S1＞S2	○	○	○	○	○	○	○	○	○	○
242	OR(D)＜	触点比较 OR S1＜S2	○	○	○	○	○	○	○	○	○	○
244	OR(D)＜＞	触点比较 OR S1≠S2	○	○	○	○	○	○	○	○	○	○
245	OR(D)≤	触点比较 OR S1≤S2	○	○	○	○	○	○	○	○	○	○

FNC No	指　　令	指令功能	FX₃S	FX₃G	FX₃GC	FX₃U	FX₃UC	FX₁S	FX₁N	FX₁NC	FX₂N	FX₂NC
246	OR(D)≥	触点比较 OR S1≥S2	○	○	○	○	○	○	○	○	○	○
数据表处理												
256	(D)LIMIT(P)	上下限限位控制	—	—	—	○	○	—	—	—	—	—
257	(D)BAND(P)	死区控制	—	—	—	○	○	—	—	—	—	—
258	(D)ZONE(P)	区域控制	—	—	—	○	○	—	—	—	—	—
259	(D)SCL(P)	定坐标(不同点坐标数据)	—	—	—	○	○	—	—	—	—	—
260	(D)DABIN(P)	十进制 ASCII→BIN 的转换	—	—	—	○	⑤	—	—	—	—	—
261	(D)BINDA(P)	BIN→十进制 ASCII 的转换	—	—	—	○	⑤	—	—	—	—	—
269	(D)SCL2(P)	定坐标 2(X/Y 坐标数据)	—	—	—	○	③	—	—	—	—	—
外部设备通信												
270	IVCK	变换器的运转监视	○	⑥	○	○	○	—	—	—	—	—
271	IVDR	变频器的运行控制	○	⑥	○	○	○	—	—	—	—	—
272	IVRD	读取变频器的参数	○	⑥	○	○	○	—	—	—	—	—
273	IVWR	写入变频器的参数	○	⑥	○	○	○	—	—	—	—	—
274	IVBWR	成批写入变频器的参数	—	—	—	○	○	—	—	—	—	—
275	IVMC	变频器的多个命令	○	⑧	○	⑨	⑨	—	—	—	—	—
276	ADPRW	MODBUS 读出·写入	○	⑩	○	⑪	⑪	—	—	—	—	—
数据传送 3												
278	RBFM	BFM 分割读出	—	—	—	○	⑤	—	—	—	—	—
279	WBFM	BFM 分割写入	—	—	—	○	⑤	—	—	—	—	—
高速处理 2												
280	D HSCT ※	高速计数器表比较	—	—	—	○	○	—	—	—	—	—
扩展文件寄存器控制												
290	LOADR(P)※	读出扩展文件寄存器	—	○	○	○	○	—	—	—	—	—
291	SAVER(P)※	成批写入扩展文件寄存器	—	—	—	○	○	—	—	—	—	—
292	INITR(P)※	扩展寄存器的初始化	—	—	—	○	○	—	—	—	—	—
293	LOGR(P)※	登录到扩展寄存器	—	—	—	○	○	—	—	—	—	—
294	RWER(P)※	扩展文件寄存器的删除·写入	—	○	○	○	③	—	—	—	—	—
295	INITER(P)※	扩展文件寄存器的初始化	—	—	—	○	③	—	—	—	—	—
FX₃U-CF-ADP 应用指令												
300	FLCRT※	文件的制作·确认	—	—	—	⑦	⑦	—	—	—	—	—
301	FLDEL※	文件的删除·CF 卡格式化	—	—	—	⑦	⑦	—	—	—	—	—
302	FLWR※	写入数据	—	—	—	⑦	⑦	—	—	—	—	—

续表

FNC №	指　令	指 令 功 能	FX₃ₛ	FX₃G	FX₃GC	FX₃U	FX₃UC	FX₁ₛ	FX₁N	FX₁NC	FX₂N	FX₂NC
303	FLRD※	数据读出	—	—	—	⑦	⑦	—	—	—	—	—
304	FLCMD※	FX₃U-CF-ADP 的动作指示	—	—	—	⑦	⑦	—	—	—	—	—
305	FLSTRD※	FX₃U-CF-ADP 的状态读出	—	—	—	⑦	⑦	—	—	—	—	—

※：表示该指令不能用 GX Simulator 仿真软件仿真。

(D)：表示该指令前加 D 是 32 位指令，不加 D 是 16 位指令。

D：表示该指令是 32 位指令，该指令前必须加 D。

(P)：表示该指令后加 P 是脉冲执行型指令，不加 P 是连续执行型指令。

〇：表示该型号 PLC 可以使用的指令。

—：表示该型号 PLC 不能使用的指令。

①：FX₂N/FX₂NC 系列 Ver. 3.00 以上产品中支持。

②：FX₃UC 系列 Ver. 1.30 以上产品中可以更改功能。

③：FX₃UC 系列 Ver. 1.30 以上产品中支持。

④：FX₃UC 系列 Ver. 2.20 以上产品中可以更改功能。

⑤：FX₃UC 系列 Ver. 2.20 以上产品中支持。

⑥：FX₃G 系列 Ver. 1.10 以上产品中支持。

⑦：FX₃U/FX₃UC 系列 Ver. 2.61 以上产品中支持。

⑧：FX₃G 系列 Ver. 1.40 以上产品中支持。

⑨：FX₃U/FX₃UC 系列 Ver. 2.70 以上产品中支持。

⑩：FX₃G 系列 Ver. 1.30 以上产品中支持。

⑪：FX₃U/FX₃UC 系列 Ver. 2.40 以上产品中支持。

参 考 文 献

[1] 王阿根.电气可编程控制原理与应用[M].4 版.北京：清华大学出版社,2018.

[2] 王阿根.PLC 控制程序精编 108 例[M].修订版.北京：电子工业出版社,2015.

[3] 王阿根.PLC 应用指令编程实例与技巧[M].北京：中国电力出版社,2015.

[4] 王阿根.电气可编程控制原理与应用(S7-200PLC)[M].北京：电子工业出版社,2013.

[5] 王阿根.西门子 S7-200PLC 编程实例精解[M].北京：电子工业出版社,2011.

[6] 三菱公司.FX_{3S} FX_{3G} FX_{3U} FX_{3GC} FX_{3UC} 系列微型可编程控制器编程手册[基本·应用指令说明书],2014.

[7] 三菱公司.FX_{3G} FX_{3U} FX_{3GC} FX_{3UC} 系列微型可编程控制器用户手册[模拟量控制篇],2012.

[8] 三菱公司.FX_{3S} FX_{3G} FX_{3U} FX_{3GC} FX_{3UC} 系列微型可编程控制器用户手册[定位控制篇],2014.

[9] 三菱公司.GX Developer 版本 8 操作手册,2013.

[10] 阎石.数字电子技术基础[M].北京：高等教育出版社,1998.

[11] 刘明亮,绕敏.实用数字逻辑[M].北京：北京航空航天大学出版社,2009.

[12] 国家标准局.电气制图及图形符号国家标准汇编[M].北京：中国标准出版社,1989.